普通高等院校土建类专业"十四五"创新规划教材

混凝土结构设计

王成虎　黄太华　谢清涛　寇晓娜　**编著**

中国建设科技出版社有限责任公司
China Construction Science and Technology Press Co., Ltd.
北　京

图书在版编目（CIP）数据

混凝土结构设计/王成虎等编著．--北京：中国建设科技出版社有限责任公司，2025.3. —ISBN 978-7-5160-4323-3

Ⅰ．TU370.4

中国国家版本馆 CIP 数据核字第 2024LL0250 号

内容提要

本书共分 6 章，主要内容包括结构设计概论、梁板结构设计、多层框架结构设计、装配式框架结构设计、单层厂房设计、框架结构设计样例。本书根据现行规范编写并与工程实践紧密联系，介绍了常用混凝土结构设计的基本原理与设计方法，注重对规范的准确理解和应用，通过适当的例题使学生能对重要概念进行准确掌握。

本书可作为高等院校建筑工程、土木工程及相关专业教材，也可作为工程技术人员加强理论学习的参考书，还可作为毕业设计手算的指导书，对注册结构工程师的考试也会有所帮助。

混凝土结构设计
HUNNINGTU JIEGOU SHEJI
王成虎　黄太华　谢清涛　寇晓娜　编著

出版发行：中国建设科技出版社有限责任公司
地　　址：北京市西城区白纸坊东街 2 号院 6 号楼
邮　　编：100054
经　　销：全国各地新华书店
印　　刷：北京印刷集团有限责任公司
开　　本：787mm×1092mm　1/16
印　　张：17.5
字　　数：400 千字
版　　次：2025 年 3 月第 1 版
印　　次：2025 年 3 月第 1 次
定　　价：**68.00 元**

通过学习《混凝土结构设计原理》，同学们掌握了截面的受弯、受剪及受扭承载力设计方法，以及杆件的轴心受力、偏心受力承载力设计方法。《混凝土结构设计》这门课程将已经学到的混凝土结构设计的基础知识应用于楼盖体系、框架体系和排架体系等平面结构体系，为后续高层混凝土结构设计、工程软件的学习打下基础。因此，本门课程是土木工程专业一门承上启下的重要专业课程。

本书以通用规范和现行规范、标准作为重要编写依据，注重理论与实践相结合，力求将基本概念论述清楚，使读者通过对有关内容的学习，熟练掌握基本结构设计方法。

本书分为以下6章。

第1章主要讲述作用于结构上的各种荷载、结构分析方法等基础知识。

第2章讲述梁板结构，按是否需要计算双向弯矩将板分为单向板、双向板，不同于大多数教材将梁、板混在一个小节，本章将梁、板分节表述，避免认识上的混乱。重点讲述单向板、双向板、非框架梁的弹性理论、设计方法，在学习了塑性铰的基本原理后，引入工程中常用的弯矩调幅法进行梁的设计。最后还讲述了楼梯、雨篷这两种梁板特殊组合形式的设计方法。

第3章讲述多层框架结构设计，重点讲述结构布置、手算结构简图及荷载的确定、内力手算方法及内力组合方法，还简要介绍了工程中使用的结构软件分析方法。

第4章简要介绍装配式框架结构设计。

第5章讲述单层厂房设计，工程中传统的混凝土排架结构已经很少使用，本章重点讲述排架的传力路径及支撑体系。根据工程中屋面常用轻型围护的特点，屋面梁采用钢梁，重点为排架的内力计算及屋面水平支撑体系、柱间支撑体系的设计。

第6章为某框架结构的手算样例，从一个贴近工程实践的建筑平面入手，通过结构平面布置确定合理的构件截面尺寸，选择手算的平面框架确定结构计算简图以及平面框架上的线荷载、点荷载；这些荷载由恒载、活载或风荷载形成，利用有限元软件计算各荷载工况的内力，通过内力组合得到内力基本组合值及准永久组合值，进行截面设计确定梁、柱配筋，正常使用设计验算裂缝宽度。书中插入了刚重比的验算和结构整体变形验算，绘制了贴近工程实践的平面框架图。通过该样例使学生对框架结构设计全过程有一个全面地了解，有助于学生完成课程设计及毕业设计的手算。

本书重点为楼盖结构及框架结构，为帮助学生理解与应用，重点章节配置了大量的例题及结构详图。

本书编写分工为：第1章由毛健宇、方辉、姜龙编写，第2章由王成虎、谢清涛编写，第3章由黄诗芸、谢清涛、刘方成编写，第4章由寇晓娜、岳洪滔、宾佳编写，第

5 章由王成虎、高连生、尹向东编写,第 6 章由谢清涛、黄诗芸编写。刘家融、尹向东参与了本书的插图编辑工作。本书编写大纲由中南林业科技大学陈伯望教授、黄太华副教授完成,黄太华副教授对全书进行修改定稿。陈伯望教授审阅了全部书稿,马远荣副教授对第 6 章提出了宝贵建议,在此表示衷心感谢。

本书的出版得到了湖南智谋规划工程设计咨询有限责任公司、湖南中天杭萧钢构科技股份有限公司、湖南泓孜钢结构工程有限公司和徐州天达网架幕墙有限公司的赞助和支持,在此表示感谢。

全书编撰过程历时 4 年有余,内容完整准确并使用现行标准规范,遵循力学常识并有所创新。虽竭尽全力,但限于编著者水平,书中难免存在错漏,恳请读者批评指正并提出宝贵意见。

本书在编撰过程中参考了大量文献,虽在书后的参考文献中力求列全,但未必能够如愿,若有遗漏望能指出,便于在后续版本中补充。

编著者

2024 年 7 月

目　录

第1章 | 结构设计概论

1.1 混凝土结构概述

1.1.1 结构定义

各类房屋建筑，需要柱、墙、梁、板、基础等组成承重骨架，承受作用在建筑物上的竖向荷载和水平荷载，通常把地面以上的由柱、墙、梁、板所组成的结构称为上部结构，柱、墙（不含隔墙）称为竖向承重构件，梁、板称为水平承重构件，梁、板组成的楼（屋）盖体系称为水平承重体系。

桥梁、大坝、码头等构筑物，也需要由墩、台、梁、板、基础等承重构件组成承重骨架。

由所有结构构件组成的承重体系，统称为结构。按承重构件的材料组成分为混凝土结构、钢结构、混合结构、砌体结构。以钢筋混凝土为主要材料的结构称为钢筋混凝土结构，一般简称混凝土结构；没有配置钢筋或配筋率小于最小配筋率的结构称为素混凝土结构，配置了预应力筋或预应力索的结构称为预应力混凝土结构。混合结构一般指由钢和混凝土这两种材料共同作为结构构件材料的结构体系。

结构设计是为实现建筑物、构筑物的施工和使用要求，满足结构的安全性、适用性和耐久性等结构可靠性要求，根据建筑设计和相关设计规范、标准等进行的结构选型、材料选择、结构布置、内力（或应力）分析计算、承载力设计、构造设计及施工图绘制等工作，结构选型和材料选择一般不会出现较大偏差，结构设计的主要工作包含结构布置、内力（或应力）分析计算、承载力设计、构造设计及施工图绘制。

1.1.2 结构组成

建筑结构将各种结构构件合理地组合形成结构分体系，以承受各种必然和可能出现的荷载和作用。

结构承载体系分为竖向承载体系和水平承载体系。

竖向承载体系由梁、柱、剪力墙或筒体组成，以梁为支座的梁不是竖向承载体系的组成部分，以梁为支座的梁的内力基本不受水平荷载的影响，以柱、剪力墙或筒体为支座的梁是竖向承载体系的组成部分。竖向构件将竖向荷载、水平荷载传给基础，竖向承载体系是重要的抗侧力结构，要有足够的抗侧力能力和抗侧刚度。

水平承载体系一般由梁、板等构件组成，有板无梁时称为无梁楼（屋）盖，有板有梁时称为肋梁楼（屋）盖，水平承载体系绝大多数都是水平放置的，当为屋面时，依据建筑设计要求也可能倾斜放置。梁和板的主要内力为弯矩和剪力，当为曲线梁时，梁上还会有扭矩作用，这种扭矩称为平衡扭矩；梁与梁相交时，结构软件会考虑相互间的变形协调，支撑梁会出现协调被支撑梁的扭转，在支撑梁上会产生扭矩，这种扭矩称为协调扭矩，同时在被支撑梁上产生支座负弯矩，若支撑梁的两侧均有梁，则一般会出现两侧被支撑梁负弯矩不平衡的现象。水平承载体系将竖向荷载传给竖向构件，水平承载体系还能对竖向构件形成支撑，保证结构的整体刚度，水平承载体系也能协调竖向构件的水平变形，将水平荷载分配给竖向构件。

结构的竖向构件和水平构件互为支撑，形成结构总体刚度。

1.1.3 混凝土结构体系

混凝土结构体系应满足承载能力、刚度和延性要求。竖向构件不应采用混凝土结构构件与砌体结构构件混合承重的结构体系；房屋建筑结构应采用双向抗侧力结构体系。常用的混凝土结构体系有框架结构、排架结构、剪力墙结构、框架-剪力墙结构、部分框支剪力墙结构、板柱-剪力墙结构等。在不增加层高的前提下，为了获得较大的建筑净空，常采用有板无梁的水平承载体系，若竖向构件只有柱则称为板柱结构，若竖向构件同时有柱和剪力墙，则称为板柱-剪力墙结构。各结构体系的主要特征如下。

框架结构：由梁和柱以刚接或铰接相连接形成承重体系的房屋建筑结构。框架结构布置灵活，可以形成较大的梁跨，框架柱对建筑使用的影响较小，容易满足建筑大空间要求。结构体系抗侧刚度主要取决于梁和柱截面尺寸的大小，尤其是柱截面尺寸的大小，不易形成较大的抗侧刚度。在水平荷载作用下结构整体变形呈剪切型变形特征，适用高度受到限制，常应用于多层建筑。图 1.1.1 为某一框架结构体系结构平面布置图，通过框架柱和框架梁在纵横两个方向布置，形成双向抗侧力结构体系，实际工程中不是所有柱和梁都是对齐的。现浇楼梯没有采用铰接滑动支座时，楼梯梯段通过拉压参与承受水平力，将使结构整体刚度增大，结构自振周期缩短，地震反应增大，此时应考虑楼梯的抗侧刚度对整栋楼的不利影响。

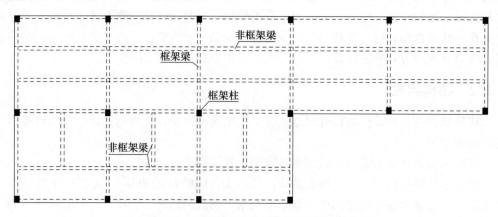

图 1.1.1 框架结构体系结构平面布置图

排架结构：单层厂房需要很大的跨度，绝大多数单层厂房还需设置吊车，早期的单层厂房大多采用混凝土结构，柱、屋面梁或桁架型号较少，采用预制构件以便节省工程整体造价，为了适应预制柱的安装，基础采用杯口基础，当面层土质较差且软弱土层过厚时可在杯口基础下设计桩，当面层土质较差且软弱土层不是很厚时可将表层软土挖除设计为高杯口基础，厂房跨度较大时一般采用预制混凝土桁架，厂房跨度较小时一般采用预制屋面梁。柱与屋面梁或桁架铰接，组成排架结构。这种厂房一般采用大型屋面板，屋面体系结构自重很大，随着轻型屋面体系的出现，钢结构的门式刚架体系替代了传统的混凝土排架体系。当厂房外立面设计为公建式的立面时，门式刚架的钢柱不便于满足立面需求，有时将外圈设计为混凝土结构，屋面梁及内部柱仍为钢结构，这种结构由混凝土柱和钢梁组成，其受力结构仍为排架结构。排架结构为横向平面受力体系，纵向受力通过设置屋面横向水平支撑、柱间垂直支撑保证，当使用空间结构模型时，支撑的内力也可以计算出来。排架结构体系如图 1.1.2 所示。

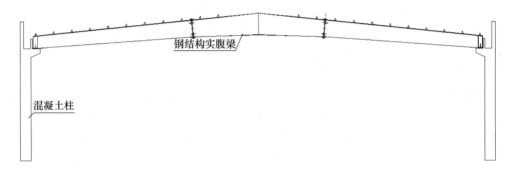

图 1.1.2　排架结构体系

剪力墙结构：剪力墙结构是竖向构件由剪力墙、水平构件由梁和板组成的能承受竖向荷载、水平荷载或作用的结构。一般剪力墙要求截面高度与厚度的比值大于 8，柱的截面高度与截面宽度较为接近，同样截面积的剪力墙，其抗侧刚度、偏心受压承载力要远大于柱，故剪力墙结构的适用高度要远大于框架结构。由于剪力墙对建筑使用存在一定影响，剪力墙结构的梁跨度不是很大，剪力墙结构不能形成较大的使用空间；受剪力墙最大间距的影响，也不能形成较大的连续使用空间。有些建筑高度不是很大的高层建筑，不需要很大的抗侧刚度和偏心受压承载力，根据剪力墙间距的规范规定和竖向荷载受力的需要（过大的剪力墙间距会使梁设计变得不经济），剪力墙的数量不能减少过多，通过减小剪力墙截面高度与厚度的比值可以使设计更为合理，工程中将截面高度与厚度的比值处于 4～8 区间的剪力墙称为短肢剪力墙。

框架-剪力墙结构：竖向构件同时有柱和剪力墙的结构称为框架-剪力墙结构。框架-剪力墙结构兼有框架结构、剪力墙结构的优点，同时克服了这两种结构的缺点，剪力墙的存在使框剪结构具备了较强的抗侧力能力和较大的抗侧刚度，可以适用于较高的高层建筑；设计适量的柱，又可以在局部形成较大的使用空间，适用于高层办公楼、宾馆等公共建筑。框架柱设置过少时，框剪结构的受力接近于剪力墙结构，按剪力墙结构的规范规定设计；剪力墙设置过少时，为少墙框剪结构，按框架结构的规范规定设计。

部分框支剪力墙结构：框架-剪力墙结构或剪力墙结构若建筑功能需要在结构底部设计大空间，底部几层部分剪力墙不能落地，通过设置转换梁、转换柱实现上部楼层与下部楼层结构形式的转变。转换梁、转换柱亦称框支梁、框支柱，由于框支柱抗侧刚度与剪力墙抗侧刚度相差悬殊，形成结构体系的薄弱环节。框支框架的刚度小于剪力墙的刚度，不能用框支框架将所有剪力墙转换，必须有一定数量的剪力墙落地，故称部分框支剪力墙结构。

板柱-剪力墙结构：由无梁楼板和柱组成的板柱框架与剪力墙共同承受竖向和水平作用的结构。该体系楼板可采用实心平板、空心板或密肋板，板柱节点设置托板或柱帽。管线安装方便，建筑净空大，建筑层高可减小，从而节约工程造价，在地下建筑、多层停车场或多层仓库中较常使用。由于板柱框架抗侧力能力弱，需要在两个主轴方向设置剪力墙以提高抗侧力能力。

1.2 结构上的荷载及作用

结构在设计工作年限内，需要承受施工和使用期间可能出现的各种荷载和作用，按荷载的作用方向分为竖向荷载、水平荷载。

竖向荷载一般包含所有重力荷载，包括结构构件的自重以及结构构件的装饰、隔墙、墙面的装饰、楼面的面层和板底装饰、屋面找坡和防水层等产生的重力荷载，还可能包括位置固定的永久设备产生的重力荷载、预加应力等，当为地下室外墙时还包括土压力，这些荷载在施工单位交工时已经施加上去，称为恒载，在使用期间基本不发生变化，也称为永久荷载，楼面预留的精装修面层荷载一般也作为恒载计算；使用期间的家具、吊顶和墙面装修荷载、人员活动荷载、屋面的雪荷载在时间和空间上均有较大的不确定性，将这些荷载称为活载；恒载、活载都是竖向荷载。

水平荷载包含风荷载、地震作用，地震作用是由地面运动带来的结构振动形成的，在结构振动时会出现加速度，加速度是由不平衡力产生的，为了建立平衡方程，将导致结构振动的不平衡力假想为惯性力，有时候也不严谨地把地震作用称为地震荷载。

混凝土收缩应力由于混凝土的徐变等因素导致，准确计算较为困难，爆炸、撞击等作用由于在作用部位和作用强度上存在较大的不确定性，准确计算更为困难。

1.2.1 恒载

恒载在设计工作年限内始终存在，且量值变化与平均值相比可以忽略不计。恒载标准值应按设计尺寸与材料密度计算确定，恒载标准值接近于平均值。常用材料的自重可按附录1采用。

常见楼面的面荷载含板底装饰层、楼板结构层、楼面面层的重力荷载，楼面面层一般包含找平层、结合层和饰面层，找平层在施工单位交工时已经完成，结合层和饰面层在二次装修时施工，当有施工于板上的轻质隔墙时还包含隔墙等效均布荷载，住宅卫生间采用同层排水，排水横管设置于结构板上，住宅卫生间还包含数值较大的卫生间填料荷载。

常见屋面的面荷载含板底装饰层、屋面板结构层、屋面面层的重力荷载，屋面面层一般包含找平层、找坡层、保温隔热层、防水层、防护层，若为上人屋面还会有饰面层，局部还可能有花池。

直接作用于梁上的常见线荷载主要含隔墙荷载、门窗荷载，隔墙荷载包含隔墙砌体的自重、隔墙双面粉刷荷载，一般外隔墙的外侧粉刷荷载要大于内侧粉刷荷载，分户隔墙、与外部直接接触或间接接触的隔墙还包含保温隔热层荷载，多层厂房还可能有吊挂荷载。

1.2.2 活载

活载在设计使用年限内量值随时间变化、空间分布存在不确定性，且变化量值与平均值相比不可忽略，分为楼面活载及屋面活载。

活载由房屋中生活或工作的人群、家具、用品、设施等重力荷载构成。考虑到活载在楼面位置上的不确定性，为方便工程设计，一般将活载处理为均布荷载。均布活载的量值与建筑物的功能有关。针对使用功能不同的建筑，均布活载取值是不同的。《工程结构通用规范》（GB 55001—2021）对活载取值进行了规定，民用建筑楼面均布活载取值见表1.2.1，屋面均布活载标准值见表1.2.2。

电梯机房还会有电梯安装吊钩的吊挂活载。

活载标准值是活载的一个重要基准值，活载标准值是设计使用年限内在时间上超越概率为5%的值，具有95%的保证率不超过该值，与材料强度标准值具有95%的保证率等同。频遇值、准永久值的超越概率依次为10%、50%，荷载值相应变小。当与其他可变荷载相遇时，为了取得同等超越概率，须将活载乘以表中组合值系数。

表 1.2.1 民用建筑楼面均布活载标准值及其组合值系数、频遇值系数和准永久值系数

项次	类别	标准值 （kN/m²）	组合值系数 ψ_c	频遇值系数 ψ_f	准永久值系数 ψ_q
1	住宅、宿舍、旅馆、医院病房、托儿所、幼儿园	2.0	0.7	0.5	0.4
	办公室、教室、医院门诊室	2.5	0.7	0.6	0.5
2	食堂、餐厅、实验室、阅览室、会议室、一般资料档案室	3.0	0.7	0.6	0.5
3	礼堂、剧场、影院、有固定座位的看台、公共洗衣房	3.5	0.7	0.5	0.3
4	商店、展览厅、车站、港口、机场大厅及其旅客等候室	4.0	0.7	0.6	0.5
	无固定座位的看台	4.0	0.7	0.5	0.3
5	健身房、演出舞台	4.5	0.7	0.6	0.5
	运动场、舞厅	4.5	0.7	0.5	0.3
6	书库、档案库、储藏室（书架高度不超过2.5m）	6.0	0.9	0.9	0.8
	密集柜书库（书架高度不超过2.5m）	12.0	0.9	0.9	0.8
7	通风机房、电梯机房	8.0	0.9	0.9	0.8

项次	类别		标准值 (kN/m²)	组合值系数 ψ_c	频遇值系数 ψ_f	准永久值系数 ψ_q
8	厨房	餐厅	4.0	0.7	0.7	0.7
		其他	2.0	0.7	0.6	0.5
9	浴室、卫生间、盥洗室		2.5	0.7	0.6	0.5
10	走廊、门厅	宿舍、旅馆、医院病房、托儿所、幼儿园、住宅	2.0	0.7	0.5	0.4
		办公楼、餐厅、医院门诊部	3.0	0.7	0.6	0.5
		教学楼及其他可能出现人员密集的情况	3.5	0.7	0.5	0.3
11	楼梯	多层住宅	2.0	0.7	0.5	0.4
		其他	3.5	0.7	0.5	0.3
12	阳台	可能出现人员密集的情况	3.5	0.7	0.6	0.5
		其他	2.5	0.7	0.6	0.5

表 1.2.2　屋面均布活载标准值及其组合值系数、频遇值系数和准永久值系数

项次	类别	标准值 (kN/m²)	组合值系数 ψ_c	频遇值系数 ψ_f	准永久值系数 ψ_q
1	不上人的屋面	0.5	0.7	0.5	0
2	上人的屋面	2.0	0.7	0.5	0.4
3	屋顶花园	3.0	0.7	0.6	0.5
4	屋顶运动场地	4.5	0.7	0.6	0.4

屋顶花园活载包含了园林绿化的荷载，植物生长的覆土荷载按恒载计算。

面积范围较大时，所有范围达到标准值的概率变小，若以同等概率水平衡量，可将大范围的活载标准值折减。当采用楼面等效均布活载方法设计楼面梁时，表 1.2.1 中的楼面均布活载标准值的折减系数取值不应小于下列规定值。

（1）表 1.2.1 中第 1 项第 1 类，当楼面梁从属面积不超过 25m²（含）时，不应折减；超过 25m² 时，不应小于 0.9。

（2）表 1.2.1 中第 1 项第 2 类～第 7 项，当楼面梁从属面积不超过 50m²（含）时，不应折减；超过 50m² 时，不应小于 0.9。

（3）表 1.2.1 中第 8～12 项应采用与所属房屋类别相同的折减系数。

随着建筑层数增加，竖向构件计算截面以上的负荷范围楼板全部达到活载标准值的概率变小；基础也随建筑的层数增加，基础负荷范围楼板全部达到活载标准值的概率变小。为了在设计时，取得概率的同等超越水准，当采用楼面等效均布活载方法设计墙、柱和基础时，折减系数取值应符合下列规定。

（1）表 1.2.1 中第 1 项第 1 类，单层建筑楼面梁的从属面积超过 25m² 时，不应小于 0.9；其他情况应按表 1.2.3 的规定采用。

表 1.2.3　活载按楼层的折减系数

墙、柱、基础计算截面以上的层数	2～3	4～5	6～8	9～20	>20
计算截面以上各楼层活载总和的折减系数	0.85	0.70	0.65	0.60	0.55

（2）表 1.2.1 中第 1 项第 2 类～第 7 项，应采用与其楼面梁相同的折减系数；表 1.2.1 中第 8～12 项应采用与所属房屋类别相同的折减系数。

1.2.3　风荷载

空气从气压大的地方向气压小的地方流动形成风，气流碰到建筑物，在建筑物表面形成压力（迎风面）或吸力（背风面），即为风荷载。风荷载的大小与风速、建筑物平面形状、结构自振特性、风速波动等因素有关，风速与地貌、离地高度等因素有关。

垂直于建筑物表面上的风荷载标准值按下式计算：

$$\omega_k = \beta_z \mu_s \mu_z \omega_0 \tag{1.2.1}$$

式中：ω_k——风荷载标准值（kN/m^2）；

β_z——风荷载放大系数（风振系数或阵风系数），为高度的函数；计算值小于 1.20 时，取 1.20；

μ_s——风荷载体型系数，主要与建筑物的平面形状有关；

μ_z——风压高度变化系数；

ω_0——基本风压（kN/m^2）。

《工程结构通用规范》（GB 55001—2021）新增地形修正系数、风向影响系数等风荷载影响因素，有需要时可乘以相应系数。

1. 基本风压

基本风压应根据基本风速值进行计算，且其值不得低于 $0.3kN/m^2$。

基本风速通过将标准地面粗糙度条件下观测得到的历年最大风速记录，统一换算为离地 10m 高、10min 平均最大风速之后，采用适当的概率分布模型，按 50 年重现期计算得到。

城市的基本风速为城市郊区、地势平坦、50 年一遇的 10min 最大风速区段的平均值，位置在离地 10m 的地方。

2. 风压高度变化系数

风压与高度、地面粗糙度有关，风压随高度的增大而增大，随地面粗糙度的增大而减小。地面粗糙度应以结构上风向一定距离范围内的地面植被特征和房屋高度、密集程度等因素确定，需考虑的最远距离不应小于建筑高度的 20 倍且不应小于 2000m。标准地面粗糙度条件应为周边无遮挡的空旷平坦地形，对应的地面粗糙度为 B 类，B 类地形 10m 高处的风压高度变化系数取 1.0。

标准地面粗糙度对应的是基本风速取值的标准场地，其风压高度变化系数一般按照下式确定。

$$\mu_z = \begin{cases} 1.0 & 0 < z \leqslant 10m \\ \left(\dfrac{z}{10}\right)^{0.3} & 10m < z \leqslant 350m \end{cases}$$

式中：z——距地面高度（m）。

地面粗糙度分为 A、B、C、D 四类：A 类指近海海面和海岛、海岸、湖岸及沙漠地区；B 类指田野、乡村、丛林、丘陵以及房屋比较稀疏的乡镇；C 类指有密集建筑群的城市市区；D 类指有密集建筑群且房屋较高的城市市区。

3. 风荷载体型系数

风荷载体型系数是指建筑物表面实际风压与基本风压的比值。它主要与建筑物的外形、周边干扰情况有关，比如圆形平面或近圆形的多边形平面的建筑风压要比矩形平面的建筑风压小，Y 形平面则比矩形平面的建筑风压大。常见房屋和构筑物的风荷载体型系数见《建筑结构荷载规范》（GB 50009—2012）表 8.3.1。对于体型复杂、周边干扰效应明显或风敏感的重要结构应通过风洞试验来获取体型系数。

在建筑物的墙角边、屋面局部部位、檐口、雨篷等部位风压并不均匀，实际风压比平均风压大。《建筑结构荷载规范》（GB 50009—2012）第 8.3.3 条单独列出这些部位的体型系数，如檐口、雨篷、遮阳板、边棱处的装饰条等凸出构件体型系数取 −2.0，负号表示与重力方向相反。

4. 风荷载放大系数

在出现 50 年一遇的大风时，风速不是恒定不变的，风速是时间的函数。基本风压对应的是 50 年一遇的 10min 最大风速区段的平均值，风速围绕平均值的波动对于刚度很大的低层建筑不会引起风振，但不能用与平均风速对应的风压计算结构内力，应对基本不产生风振的刚度很大的低层建筑限定一个最小放大系数；对于高柔结构，结构自振周期长，围绕平均值的波动，风速会使结构产生比恒定的平均风速更大的结构侧移，结构的内力也更大，须通过计算风振影响放大基本风压，由于结构侧移的增大幅度在各个高度不同，风荷载放大系数是高度的函数。

《建筑结构荷载规范》（GB 50009—2012）对于"主要受力结构"和"围护结构"的计算分别采用了风振系数和阵风系数作为平均风荷载的放大倍数，《工程结构通用规范》（GB 55001—2012）将二者统一为"风荷载放大系数"，取值原则为：主要受力结构的风荷载放大系数应根据地形特征、脉动风特性、结构周期、阻尼比等因素确定，其值不应小于 1.2；围护结构的风荷载放大系数应根据地形特征、脉动风特性和流场特征等因素确定，且不应小于 $1+\dfrac{0.7}{\sqrt{\mu_z}}$，其中 μ_z 为风压高度变化系数。

1.2.4 地震作用简介

地震分为火山地震、陷落地震和构造地震，工程设计主要考虑构造地震对结构的影响。地震能量通过地震波传播，地震波分为在岩石圈传播的体波和在地面传播的面波。体波从震源出发，在岩石圈传播到达建筑物位置后通过建筑物下的岩土层到达地表，体波分为纵波和横波，纵波传给建筑物后引起建筑物上下振动，横波传给建筑物后引起建筑物水平振动。面波分为瑞雷波和洛夫波，由体波二次反射形成，衰减较快，振动规律较难把握，准确计算面波带来的建筑物振动较为困难。

纵波作用于多高层建筑时，多高层建筑竖向刚度由轴向刚度形成，刚度很大，一般多高层结构不会对纵波进行动力放大，结构各点的竖向加速度与纵波同时等量；对于大跨度结构，水平构件竖向刚度由受弯刚度形成，刚度较小，需要通过振型分解法求取结构的竖向地震反应。横波作用于建筑时，主要由结构的侧向弯曲刚度形成结构抗侧刚度，结构对横波存在动力反应，应通过振型分解法求取结构的水平向地震反应；结构的抗侧刚度很大时，结构几乎没有振动，结构各点的水平加速度与横波同时等量，水平地震反应由横波的最大加速度即可直接算出；高度很大的结构，结构抗侧刚度较小，结构基本振型自振周期较长，结构动力放大效应不明显，地震反应较小。

纵波又称为压缩波，传播速度较快，在岩石圈为一波接一波的挤压，挤压的幅度随时间而变化，振动方向与传播方向一致。横波又称为剪切波，传播速度较慢，振动方向与传播方向垂直，反应为岩石圈一波接一波的抖动，抖动的幅度随时间而变化。纵波最大值总是与横波最大值不在同一时间出现。

地震引起建筑结构的振动，相对于静止状态，结构各点常处于加速与减速的状态，结构各点加速与减速需要的力等于质量乘以振动加速度，该力由基础上传到振动点。地震反应计算时，将振动点的质量乘以振动加速度得到的力与加速度方向进行反向，用以建立平衡方程式，将不平衡问题转换为平衡问题，这个不真实存在的力称为惯性力。

我国颁发的《中国地震动参数区划图》（GB 18306—2015）明确了地震区划，给出了乡镇级峰值加速度和反应谱特征周期，用于工程结构抗震设计。

1.2.5 混凝土的收缩

混凝土的收缩包含干缩和凝缩，干缩是由混凝土的失水引起的，主要发生在混凝土形成强度的时期；凝缩是由混凝土的水化反应引起的，主要发生在水化反应剧烈的早期。

混凝土自身的收缩会引起结构构件的开裂，累计收缩量主要与建筑物的总长度有关，高强度混凝土的水泥和水的掺量会更多，也会引起收缩量的增加。

针对混凝土收缩主要发生在早期的特点，可以通过设置后浇带、膨胀带解决混凝土收缩带来的裂缝问题，可以将变形缝的间距做得更大，从而避免设置过多的永久性的结构缝。

1.2.6 温度作用

结构或结构构件中由于温度变化所引起的作用称为温度作用，热天结构膨胀在建筑物中部长向构件中产生较大的压应力，冬天结构收缩在建筑物中部长向构件中产生较大的拉应力，当应力足够大时就会产生构件的开裂或挠曲现象。

温度作用应考虑气温变化、太阳辐射及使用热源等因素，作用在结构或构件上的温度作用应采用温度的变化量来表示。如施工时的温度和使用时的温度差异形成季节温差，室内室外温度的差异形成内外温差，太阳每天东升西落每个时点照射在建筑物的位置不同形成日照温差。温差产生的温度作用会使结构产生内力和变形，严重时会引起构件开裂。

温度作用应通过专门的分析，工程上通常采用设置伸缩缝、设置膨胀带、加强带，拉应力较大位置应设置温度应力钢筋等，来减少温度作用对建筑结构的不良影响。

1.3 混凝土结构的设计内容

1.3.1 混凝土结构的设计流程

结构设计是建筑物设计的重要组成部分。其基本原则是保证结构的安全性、耐久性和经济性。建筑物设计包含建筑设计、结构设计、给排水设计、电气设计和暖通设计，消防设计贯穿所有专业设计。其中，建筑设计包含建筑方案设计、建筑施工图设计，电气设计包含生活用电设计和弱电设计，一般建筑物的暖通设计为消防用的通风设计。对于复杂的工程或规模较大的工程，分为初步设计（或扩大初步设计）、施工图设计两个阶段，通过初步设计（或扩大初步设计）解决工程设计的重点、难点问题，避免施工图设计出现大的返工。对于结构超限的工程，应进行结构超限分析，提出有针对性的超限解决方案并通过超限评审。

混凝土结构设计是建筑物设计的重要组成部分，其基本原则是保证结构的安全性、耐久性和经济性。混凝土结构设计的基本流程：结构布置→结构分析→结构整体指标判断→构件设计→施工图绘制和结构设计计算书；在结构整体指标不满足规范时，应调整结构布置或重要构件的截面尺寸，必要时需要调整结构体系；在构件截面尺寸影响使用或不合理时，应调整结构布置。

在设计前期应搜集各种设计依据和基础性资料，如建设单位的合同、设计委托书、岩土工程详细勘察报告、各阶段的政府批复、现行设计规范规程、与建筑和设备专业间互提设计条件资料等。经过规划部门审批通过的建筑图、初步设计文件是结构设计的重要依据。

1.3.2 结构布置

根据建筑和设备专业提供的设计条件图进行结构布置，结构布置应简洁明了，减少对建筑功能的不利影响，充分考虑机电专业的布设空间。竖向构件应布置在对建筑使用影响不大的位置，通过合理布置竖向构件使梁的内力较为均匀，通过梁的合理布置使板的受力合理。

结构的平面布置应尽量简单、均匀、对称、规则，竖向构件的均匀布置应使水平力的传递路径较短；竖向构件的均匀、对称布置应使结构的刚度中心与质量中心尽量靠近，减少扭转效应的影响。结构的竖向体型宜规则、均匀，避免过大的外挑、内收和错层，结构的侧向刚度宜下大上小、逐步均匀变化；结构的传力途径应简捷、明确。需要设置结构缝时，应根据结构受力特点及建筑尺度、形状、使用功能要求，合理确定结构缝的位置和构造形式。

1.3.3 结构分析

结构分析应根据结构类型、材料性能和受力特点等因素，选用线性或非线性分析方法。当动力作用对结构影响显著时，尚应采用动力响应分析或动力系数等方法考虑其影响。结构分析采用的计算模型应能合理反映结构在相关因素作用下的作用效应，计算模型的处理应符合结构实际工作状态，分析所采用的简化或假定，应以理论和工程实践为基础；在现有计算水平能进行较为准确的计算时，不应人为引入多余的假定，使结构受力偏离实际受力情况；分析时设置的边界条件应符合结构的实际情况。复杂结构应采用不少于两个力学模型进行分析，并进行包络设计，所有计算机的计算结果，应经分析判断，确定其正确、合理后方可用于工程设计。

结构在施工和使用期的不同阶段有多种受力状况时，应分别进行结构分析，并确定其最不利的作用组合。根据在施工和使用期的时间变化特性，结构作用分为永久作用、

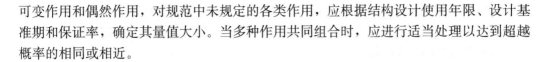

可变作用和偶然作用，对规范中未规定的各类作用，应根据结构设计使用年限、设计基准期和保证率，确定其量值大小。当多种作用共同组合时，应进行适当处理以达到超越概率的相同或相近。

1.3.4 结构整体指标判断

在受到地震作用时，结构要实现"小震不坏，中震可修，大震不倒"的三水准设防目标，必须进行小震作用下的承载力设计和变形验算，必要时还需进行大震作用下的抗震设计。由于地震作用的复杂性，现在的计算水平仅能进行体波作用下的小震弹性分析，无法计算面波引起的结构内力和变形；对于不同的地震波，小震的地震反应是不同的。对于大震，结构会进入弹塑性状态，有些耗能构件会损坏退出工作或承载能力减弱，准确模拟大震结构反应还存在一定难度。鉴于上述原因，计算出的地震反应与实际地震反应还存在一定差距，为了保证结构在地震作用下的安全性，需进行结构整体指标判断。

将结构整体指标控制在规范规定的范围内，能有效保证结构在地震作用下的安全性，进行结构整体指标控制比构件承载力设计更重要。结构整体指标主要包含层刚度比、周期比、位移比、剪重比、层间受剪承载力比、刚重比、层间位移角等，结构最大适用高度、高宽比也须进行严格控制。

1.3.5 构件设计

将各种工况的构件内力计算出来以后，通过内力组合求得最不利内力，对各控制截面进行承载力设计。对于竖向构件需进行正截面、斜截面承载力设计，正截面承载力设计须同时考虑弯矩和轴力，斜截面承载力设计需考虑剪力和轴力。对于水平构件也需进行正截面、斜截面承载力设计，一般不需要考虑轴力对水平构件承载力设计的影响，若有较大的轴力，水平构件也需计入轴力的作用，若为曲线梁或通过梁变形协调计算出了扭矩，还需通过剪扭相关数据计算出箍筋及附加的纵筋数量。对于板柱结构，还需进行板对柱的冲切验算。对于承受循环荷载作用的吊车梁，尚应进行构件的疲劳承载力设计。

对于大体积或复杂截面形状的混凝土结构构件，如转换梁，应通过应力分析计算出应力，将拉应力积分配置受拉钢筋。

1.3.6 施工图绘制和结构设计计算书

结构施工图应包含图纸目录、结构设计说明、基础平面图、基础详图、结构平面图、钢筋混凝土构件详图、钢筋混凝土结构节点构造详图、楼梯图、预埋件图、水箱烟道等。施工图设计文件必须符合国家、行业及各级政府主管部门的相关规定，其中工程建设标准强制性条文必须严格执行。施工图设计文件的编制应具有通用性，可参考国家建筑标准设计图集《混凝土结构施工图平面整体表示方法制图规则和构造详图（现浇混凝土框架、剪力墙、梁、板）》（16G101-1）绘制。

结构设计计算书是结构施工图绘制的主要依据。结构设计计算书内容应完整、清晰，计算步骤要条理分明，引用数据有可靠依据，采用计算图表及不常用的计算公式时，应注明其来源出处，构件截面尺寸、配筋量应与图纸一致。

结构设计计算书内容主要包含荷载计算、地基基础计算、结构整体计算、构件计算和关键节点计算等。采用手算的结构设计计算书，应给出构件平面布置简图、计算简图、荷载取值的计算或说明。

1.3.7 特殊设计简介

结构耐久性的设计应考虑设计工作年限、环境条件、结构材料、构造措施、维护和养护要求，还需考虑结构全寿命周期的使用和维护，形成一个完整的体系。耐久性设计包括下列内容：

（1）确定结构所处的环境类别。

（2）提出对混凝土材料耐久性的基本要求。

（3）确定构件中钢筋的混凝土保护层厚度。

（4）确定不同环境条件下的耐久性技术措施。

（5）提出结构使用阶段的检测与维护要求。

结构防倒塌一般进行概念设计，以定性设计的方法增强结构的整体稳固性，控制可能发生连续倒塌和大范围破坏的范围。防倒塌设计宜符合下列要求：

（1）采取减少偶然作用效应的措施。

（2）采取使重要构件及关键传力部位避免直接遭受偶然作用的措施。

（3）在结构容易遭受偶然作用影响的区域增加冗余约束，布置备用的传力途径。

（4）增强疏散通道、避难空间等重要结构构件及关键传力部位的承载力和变形性能。

（5）配置贯通水平、竖向构件的钢筋，并与周边构件可靠锚固。

（6）设置结构缝，控制可能发生连续倒塌的范围。

混凝土结构的耐火性较好，一般不需要进行耐火计算。预应力混凝土结构耐火性较差，须保证耐火计算满足规范的耐火极限规定。

1.4 结构分析的规范规定

1.4.1 基本原则

混凝土结构分析应遵循以下基本原则。

（1）混凝土结构进行正常使用阶段和施工阶段的作用效应分析时应采用符合工程实际的结构分析模型。

（2）结构分析模型应符合下列规定：①应确定结构分析模型中采用的结构及构件几何尺寸、结构材料性能指标、计算参数、边界条件及计算简图；②应确定结构上可能发生的作用及其组合、初始状态等；③当采用近似假定和简化模型时，应有理论、试验依据及工程实践经验。

（3）结构计算分析应符合下列规定：①应满足力学平衡条件，包含力的平衡条件和力矩平衡条件；②应在不同程度上满足变形协调条件；不同构件的交点在各个方向上具有相同的角位移和线位移，同一构件的节点在各个方向上也应具有相同的角位移和线位移；在结构简图难以准确反映实际情况时，引入适当的假定，会使变形协调条件得不到充分满足；③采用合理的钢筋与混凝土本构关系或构件的受力-变形关系；④计算结果的精度应满足工程设计要求。

（4）混凝土结构采用静力或动力弹塑性分析方法进行结构分析时，应符合下列规定：①结构与构件尺寸、材料性能、边界条件、初始应力状态、配筋等应根据实际情况确定；②材料的性能指标应根据结构性能目标需求取强度标准值、强度设计值或实测值；承载力设计时一般用材料强度设计值，正常使用设计时用材料强度标准值或强度设计值，非线性分析时选用材料强度实测值；③分析结果用于承载力设计时，应根据不确定性对结构抗力进行调整，主要指有地震作用参与的组合，按构件破坏的延性程度及构件重要性适当放大结构抗力，调低地震时的构件安全度。

（5）混凝土结构应进行结构整体稳定性分析和抗倾覆验算并满足工程需要的安全性要求。对于高柔的结构，可能会出现结构重力稳定的安全问题，应通过屈曲分析计算出稳定因子，依据工程经验保证稳定因子不小于某个合理的数值。

1.4.2　模型简化

在工程中，常将梁、柱用杆单元模拟，忽略杆件的截面尺寸；若梁、柱的截面尺寸很大，通过将节点区域设置为刚域，同时考虑杆件的剪切刚度来准确计算出梁、柱的变形和内力。剪力墙则用四边形有限单元模拟，主要考虑剪力墙的面内刚度；在对楼板进行整体计算时，假定在平面内有无限大的刚度，平面外的刚度为零；若楼板的局部水平尺寸不够大，通过准确考虑楼板的面内刚度可以使水平力的分配接近实际情况；对于板柱结构，应考虑楼板的面外刚度；若为厚板转换层，则应同时考虑厚板转换层的面内刚度和面外刚度。混凝土结构在基础位置一般假定为固接，其他位置的所有交点均为刚性连接，完全满足变形协调条件。

实际工程中的简化很少，上部结构计算出的内力与实际很接近，一般将一栋楼、用变形缝分开的一个结构单元或与地下室连在一起的所有楼栋一次计算。

手算时无法计算整栋楼，只能计算一根梁或一榀平面框架。手算一根梁时，常将梁的所有支座简化为竖向不动铰，忽略支撑梁的竖向位移差和支撑梁的受扭刚度，将梁的所有支座简化为竖向不动铰与实际明显不符，会导致梁的内力与实际内力存在一定差异。手算平面框架时，假定框架独立受力，各同向框架没有变形协调，也无法计算整栋楼的整体扭转，导致水平力不能准确分配，致使水平力产生的内力和变形与实际差距较大；计算节点力时，按简支梁计算出传到手算框架的集中力，无法考虑垂直计算框架的梁的连续性和柱刚度的影响，使竖向荷载的内力计算结果偏离实际受力；由于框架另一方向的弯矩无法准确算出，框架柱由双向偏心受压变成了单向偏心受压，使柱的设计偏于不安全。

1.4.3　常用分析方法

结构分析应根据结构类型、材料性能和受力特点选择相应的分析方法。

1. 线弹性分析方法

线弹性分析方法忽略钢筋的影响，把钢筋混凝土结构看成均质材料，假定混凝土材料的本构关系和构件的受力-变形关系均是线弹性的。当忽略二阶效应影响时，荷载（作用）效应与荷载大小成正比，使内力分析和内力组合较为简便。

线弹性分析方法可用于正常使用极限状态和承载能力极限状态的作用效应分析。一般来说，结构在正常使用极限状态下，采用线弹性分析方法得到的结构内力和变形与实际情况的误差很小。但当结构达到承载能力极限状态时，由于结构中不同构件的屈服次序有先后，同一构件不同截面的屈服次序有先后，结构材料也有不同程度的塑性，因而采用线弹性分析方法得到的内力和变形与结构的实际内力和变形会有差别，变形计算结果的误差无法消除，截面设计时通过放大内力、减小承载力能保证结构安全。

由于线弹性分析方法软件编制简单、计算效率高、内力组合简便，线弹性分析方法是目前结构设计中最普遍使用的一种方法。

2. 塑性内力重分布分析方法

承载力极限状态下，混凝土结构会出现开裂，开裂的先后及严重程度各不相同，混凝土结构在一定条件下可以采用考虑塑性内力重分布的分析方法，该方法能充分发挥结构潜力、节约材料、简化设计、方便施工。

目前应用广泛的是梁、板构件的弯矩调幅法。按该方法设计的结构和构件，尚应满足正常使用极限状态的要求，并应采取有效的构造措施。弯矩调幅法以构件开裂为代价，对于直接承受动力荷载的结构、要求不出现裂缝或处于严重侵蚀环境等情况下的结构，不应采用这种方法。

3. 塑性极限分析方法

混凝土结构和构件（框架、连续梁、板）的承载能力极限状态设计可采用塑性极限分析方法。对于承受均布荷载的矩形双向板，可采用塑性铰线法或条带法等塑性极限分析方法进行设计。工程设计和使用实践经验证明，塑性极限分析方法有更大的承载力，在正常使用时开裂的可能性更大，应满足正常使用极限状态的要求。

4. 非线性分析方法

结构的非线性包括材料非线性、几何非线性和接触非线性，建筑结构的非线性主要为材料非线性和几何非线性。

材料非线性是指材料、截面或构件的非线性本构关系，如应力-应变关系、弯矩-曲率关系、荷载-位移关系等，考虑材料非线性时，结构的弹性模量随应力变化而变化。几何非线性是指结构的内力不仅与结构、荷载有关，还与结构变形有关；结构在竖向荷载、水平荷载作用下产生水平变形以后，竖向荷载在变形以后的结构上还会产生新的内力，该新的内力又会产生新的变形，如此往复不断；若变形不收敛，则结构会发生破坏，若变形收敛，则将内力和变形算出用于结构设计，几何非线性又称为二阶效应。

非线性分析方法以材料（如钢筋混凝土）的实际力学性能为依据，通过引入相应的材料非线性本构关系，可精确分析结构受力全过程的各种荷载反应，详尽地描述结构受力各个阶段直至破坏的内力、变形和裂缝发展，在遭遇罕遇地震作用时，考虑材料非线性尤为重要。

当结构变形对结构受力的影响不可忽略时，还需考虑结构的几何非线性。如进行高层建筑结构、高耸结构分析时，就必须考虑竖向荷载作用下结构侧移引起的附加内力，悬索结构、薄膜结构等柔性结构，也必须考虑结构几何非线性的影响。

1.4.4　特殊分析方法

对于体型复杂、受力状况特殊的结构或其他部分，如不规则的空间壳体、结构转换构件、复杂节点等，现有整体分析方法对计算结果没有把握或无法得到合理结果时，可采用特殊分析、试验方法对结构的正常使用极限状态和承载能力极限状态进行进一步分析或复核。

特殊分析方法中，又有各种具体的计算方法，如解析法、数值法、精确解法、近似解法。在进行结构设计时，应根据结构的重要性和使用要求、结构体系的类型和受力特点、构件布置、材料性能、荷载（作用）工况以及计算精度等加以选择。数值法常用的方法有有限元法、差分法、有限条法等，一般需要借助特别的计算程序，可以计算各种复杂的结构局部和边界条件。

对于计算把握不大的结构或结构局部，可以采用模型试验、足尺试验给设计提供依据，建筑结构常用的有风洞试验、振动台试验、静载试验、拟动力试验等方法。

1.5　工程结构软件简介

结构整体计算最常使用的工程设计软件有盈建科、PKPM、迈达斯和 3D3S 等，设计混凝土结构时常用盈建科、PKPM，设计钢结构尤其是网架结构时常用 3D3S。在进行局部构件计算时，常用理正结构工具箱等小软件做补充计算。

结构软件包含上部结构设计和基础设计两个大的部分，上部结构设计包含结构模型建立、结构参数设置、结构计算和结构施工图四个部分。

结构软件计算前需建立真实的结构模型，在电脑里布置三维的柱、剪力墙、梁、板和斜撑等结构构件，在构件上按实际情况布置竖向荷载，通过设置风荷载参数、地震参数施加水平荷载，通过结构参数设置，使结构软件套用合适的结构规范及规范条文进行设计。

结构上的任意一个节点具有 6 个自由度，包含 3 个线位移和 3 个角位移，结构的内力计算采用有限元求解，求得所有节点的位移后，任意 2 个节点间构件的所有内力即可得到，通过内力组合即可得到配筋设计所需的内力，结构计算由软件自动运行，运算过程中不能人工干预。结构软件一般进行三维空间有限元计算，将除板以外的所有构件内力一次算出；对于平面排架、门式刚架等结构，可以建立平面模型进行计算。

通过读取结构计算的配筋结果，可完成初步的结构施工图，将结构施工图转入 CAD，可完成施工图的进一步细化工作。

1.6　强制性条文

1.6.1　强制性条文的制定背景

2017 年 11 月 4 日，第十二届全国人民代表大会常务委员会第三十次会议修订通过了《中华人民共和国标准化法》，标准化法规定少数全文强制性的国家标准是法定的强制性标准，其他所有国家推荐性标准，行业、地方标准都不设强制性条文，象征着我国标准化体系发生重大转变，体现了国家法定约束与市场手段约束的结合，同时与国际接轨，也是国际技术法规与技术标准通行规则，成为社会主义市场经济标准化体制新模式。

2016 年 8 月 9 日住房城乡建设部印发了《关于深化工程建设标准化工作改革的意见》，提出政府制定强制性标准、社会团体制定自愿采用性标准的长远目标，逐步采用全文强制性工程建设规范取代现行标准中分散的强制性条文改革任务，逐步形成由法律、行政法规、部门规章中的技术规定与全文强制性工程建设规范构成的技术法规体系。

1.6.2 混凝土结构设计的强制性条文（不含高层）

以前我国规范主要重视对结构构件的承载力和变形的设计计算，对工程结构体系的规定较少，工程结构耐久性涉及结构材料、构造措施、维护和养护等内容，以前规范仅做一般性规定。现行《混凝土结构通用规范》（GB 55008—2021）将其列入强制性规定。

1. 结构体系

混凝土结构体系设计应符合以下规定：不应采用混凝土结构构件与砌体结构构件混合承重的结构体系；房屋建筑结构应采用双向抗侧力结构体系。

2. 混凝土的最低强度等级

设计工作年限为 50 年的混凝土结构，混凝土的强度等级应符合以下规定：素混凝土结构构件的混凝土强度等级不应低于 C20，钢筋混凝土结构构件的混凝土强度等级不应低于 C25，采用 500MPa 及以上等级钢筋的钢筋混凝土结构构件，混凝土强度等级不应低于 C30。

3. 混凝土结构构件的最小截面尺寸

矩形截面框架梁的截面宽度不应小于 200mm，矩形截面框架柱的边长不应小于 300mm，圆形截面柱的直径不应小于 350mm，多层建筑剪力墙的截面厚度不应小于 140mm，现浇钢筋混凝土实心楼板的厚度不应小于 80mm；现浇空心楼板的顶板、底板厚度均不应小于 50mm；预制钢筋混凝土实心叠合楼板的预制底板及后浇混凝土厚度均不应小于 50mm。

4. 混凝土结构构件最小配筋率

钢筋混凝土结构构件中纵向受力普通钢筋的配筋率不应小于表 1.6.1 的规定。

表 1.6.1　纵向受力普通钢筋的最小配筋率

受力构件类型			最小配筋率（%）
受压构件	全部纵向钢筋	强度等级 500MPa	0.50
		强度等级 400MPa	0.55
		强度等级 300MPa	0.60
	一侧纵向钢筋		0.20
受弯构件、偏心受拉构件、轴心受拉构件一侧的受拉钢筋			0.20 和 $45f_t/f_y$ 中的较大值

5. 混凝土框架梁设计规定

混凝土框架梁纵向受拉钢筋的最小配筋率不应小于表 1.6.2 规定的数值。

表 1.6.2　梁纵向受拉钢筋的最小配筋率　　　（单位:%）

抗震等级	位置	
	支座（取较大值）	跨中（取较大值）
一级	0.40 和 $80f_t/f_y$	0.30 和 $65f_t/f_y$
二级	0.30 和 $65f_t/f_y$	0.25 和 $55f_t/f_y$
三、四级	0.25 和 $55f_t/f_y$	0.20 和 $45f_t/f_y$

梁端箍筋加密区的长度、箍筋最大间距和最小直径应符合表 1.6.3 的要求。

表 1.6.3　梁端箍筋加密区的长度、箍筋最大间距和最小直径

抗震等级	加密区长度（取较大值）（mm）	箍筋最大间距（取最小值）（mm）	箍筋最小直径（mm）
一级	$2.0h_b$，500	$h_b/4$，$6d$，100	10
二级	$1.5h_b$，500	$h_b/4$，$8d$，100	8
三级	$1.5h_b$，500	$h_b/4$，$8d$，150	8
四级	$1.5h_b$，500	$h_b/4$，$8d$，150	6

注：表中 d 为纵向钢筋直径，h_b 为梁截面高度。

6. 混凝土柱设计规定

混凝土柱全部纵向普通钢筋的配筋率不应小于表 1.6.4 的规定，且柱截面每一侧纵向普通钢筋配筋率不应小于 0.2%，当采用 400MPa 纵向受力钢筋时，应按表中规定值增加 0.05% 采用。

表 1.6.4　柱纵向受力钢筋最小配筋率　　　（单位:%）

柱类型	抗震等级			
	一级	二级	三级	四级
中柱、边柱	0.90（1.00）	0.70（0.80）	0.60（0.70）	0.50（0.60）
角柱、框支柱	1.10	0.90	0.80	0.70

注：表中括号内数值用于房屋建筑纯框架结构柱。

柱箍筋加密区的箍筋最大间距和最小直径应按表 1.6.5 采用，对剪跨比不大于 2 的柱，箍筋应全高加密，且箍筋间距不应大于 100mm。

表 1.6.5　柱箍筋加密区的箍筋最大间距和最小直径

抗震等级	箍筋最大间距（mm）	箍筋最小直径（mm）
一级	$6d$ 和 100 的较小值	10
二级	$8d$ 和 100 的较小值	8
三级、四级	$8d$ 和 150（柱根 100）的较小值	8

注：表中 d 为柱纵向普通钢筋的直径（mm）；柱根指柱底部嵌固部位的加密区范围。

第2章 | 梁板结构设计

2.1 梁板结构简介

2.1.1 梁板的结构类型

梁和板组成了结构的水平承重体系，形成了楼（屋）盖。竖向荷载通过楼（屋）盖传递给竖向承重体系；楼（屋）盖通过协调竖向构件的水平变形，按竖向构件刚度及水平位移大小将水平力分配给竖向承重体系。楼（屋）盖保证了竖向构件的水平联系并对竖向构件形成支撑，是结构体系形成整体承载力、整体刚度的重要组成部分。

混凝土楼盖按组成形式分为单向板肋梁楼盖、双向板肋梁楼盖、无梁楼盖、密肋楼盖、井字楼盖。

肋梁楼盖由梁和板组成，梁将板分成多个区格，根据板长边与短边的长度比值来确定板的计算方法，板的长边与短边长度比较大时按单向板计算，板的长边与短边长度比接近或相同时按双向板计算，单向板肋梁楼盖如图 2.1.1（a）所示，双向板肋梁楼盖如图 2.1.1（b）所示。

无梁楼盖也称为板柱结构，无梁楼盖在两个方向均不应少于三跨，柱网宜采用正方形或接近正方形的矩形，区格内长短跨之比不宜大于 1.5。板柱连接部位板传给柱的力较大，常采用托板或柱帽等加强的形式解决板对柱的冲切问题。只布置板和柱时抗水平荷载能力弱，需要设置剪力墙，加强抗侧力能力，在现行规范体系中称为板柱-剪力墙结构。板柱结构的楼盖高度小，能有效地增大建筑净空，从而减小建筑层高，使总造价下降。在多层车库采用板柱结构，还能减小车道的坡度长度；在多层冷库采用板柱结构，可以减小建筑空间体积，降低能耗。板柱结构如图 2.1.1（c）所示。

当建筑设计需要更大的柱距时，板柱结构的板厚会增大，结构自重的增大会带来设计的不经济，楼盖的竖向刚度也小，将板跨中受拉区的混凝土去除可以有效降低结构自重，还能保证结构的承载力。密肋楼盖肋梁截面较小，肋距一般为 $0.9 \sim 1.5\text{m}$，肋梁间填充芯模，施工时底模平整，拆模后将芯模去除。柱位置处设置柱帽增强板对柱的抗冲切能力，柱连线的梁的截面尺寸加高、加宽以增强抗弯能力和减小板的变形。密肋楼盖如图 2.1.1（d）所示。

井字楼盖可以适用于很大的柱距，要求柱网为正方形或接近正方形，柱连线的框架梁为主受力梁，截面尺寸较大；同一格内的非框架梁采用同样的截面尺寸，间距为 3m 左右；非框架梁互为支撑，不易出现梁的平面外失稳问题，梁的宽高比可以做得较小，建成后较为美观。井字楼盖如图 2.1.1（e）所示。

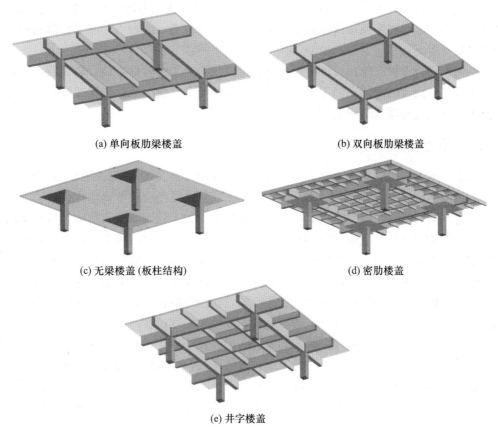

(a) 单向板肋梁楼盖

(b) 双向板肋梁楼盖

(c) 无梁楼盖 (板柱结构)

(d) 密肋楼盖

(e) 井字楼盖

图 2.1.1　现浇楼盖结构形式

2.1.2　板上竖向荷载

作用于板上的竖向荷载包含恒载和活载，恒载标准值由结构板厚度、建筑层的厚度并结合所用材料的重度计算累计得到，恒载标准值采用平均值，超越概率为 50%；活载标准值按房间功能查荷载规范得到，使用期间超越概率为 5%，当设计使用年限大于设计基准期时，活载应乘以荷载规范规定的放大系数。

作用于板上的恒载有均布面荷载（荷载单位为 kN/m² ）和板上线荷载（荷载单位为 kN/m）两类。均布面荷载包含板自重、结构板以上建筑做法荷载、结构板以下天棚抹灰荷载等，若为屋面，结构板以上包含屋面找坡层、保温隔热层、防水层质量等。隔墙下一般布置梁，不将隔墙荷载直接作用于板上，若为荷载不大的轻质隔墙或隔断，可直接将线荷载作用于板上，结构软件可分析出板上线荷载的板内力。均布面荷载一般为板格内的满布面荷载，在局部有较大的设备时，为局部面荷载，现工程软件可分析出局部面荷载的板内力。

除结构板自重以外的板恒载称为附加恒载，附加恒载不受板厚度的影响，同样建筑功能的房间附加恒载值相同。一般情况下，屋面附加恒载大于楼面附加恒载，卫生间、楼梯间的附加恒载要大于一般房间。

楼层活载主要由人群、家具和不确定的二次装修荷载等构成，对于有地下室的一层楼板，施工荷载会大于使用活载，这时应取施工荷载作为活载设计的依据；若为屋面，活载主要由积水、施工检修荷载构成，还应考虑积雪荷载，取积水、施工检修与积雪三者中的最大值。

使用工程软件进行结构设计时，板自重可设置为由工程软件自动计算，板上附加恒载须依据建筑设计的房间功能手工计算并输入结构模型，板上活载依据建筑设计的房间功能查荷载规范并输入结构模型。

2.1.3 梁上竖向荷载

作用于梁上的竖向荷载主要有梁自重、梁面粉刷质量、板传来的荷载。若梁上连接有次一级的梁，还有次梁传来的集中力；若梁上有隔墙，还须计算隔墙线荷载。

当为等截面梁时，同一跨内梁自重、梁面粉刷荷载为满跨均布线荷载。板传来的荷载一般为满跨三角形荷载或满跨梯形荷载，当板被次梁隔断时，将会是局部三角形荷载或局部梯形荷载。满跨隔墙为满跨均布线荷载，局部隔墙为局部均布线荷载。

隔墙面荷载由墙厚、墙的双面粉刷厚度结合重度计算得到，隔墙线荷载由隔墙面荷载并结合隔墙净高计算得到。一般不扣除小的门窗洞口的影响，对于较大的门窗或开间通长的窗，应扣除门窗面积计算隔墙线荷载，并增加门窗荷载。

使用工程软件进行结构设计时，梁自重由工程软件依据梁的截面尺寸并结合给定的重度计算得到，工程软件不接受不计算梁自重的做法，可以通过适度调大重度间接考虑梁上粉刷的影响。隔墙（含门窗）线荷载须手工计算并输入结构模型，板传来的荷载由软件自动导算，无须人工干预。对于非矩形板，可选用有限元导荷；板厚较大的板，若想考虑梁、板的竖向变形协调，也可选用有限元导荷。

梁上线荷载的单位为 kN/m，次梁传来的集中力的单位为 kN。

2.1.4 梁板结构的活载不利布置

活载作用在梁或板上的位置是随机的，结构产生的内力也是随之变化的，要获取全部控制截面在所有可能的活载布置情况下的内力最大值，须研究活载的最不利布置。结构设计时，须计算出所有控制截面的内力包络值，以保证在活载值不增大的前提下，无论荷载位置如何变化，控制截面的内力值都不超出包络范围。

以图 2.1.2 所示 5 跨连续梁或单向连续板为例，分析控制截面产生最大弯矩和剪力时，活载分布的位置规律。

（1）跨中正弯矩值与该跨正向挠曲是正相关的，只要所在跨的跨中挠曲变形增大，该跨的跨中弯矩就会增大。欲求某跨跨中最大正弯矩时，在该跨布置活载，或者向两侧隔跨布置活载，均能使该跨的正向挠曲变形加大；故跨中最大正弯矩可通过在该跨布置活载，并且向两侧隔跨布置活载实现，如图 2.1.2（a）、（b）所示。

（2）求某支座最大负弯矩和最大剪力时，无论是该支座左跨布置活载，还是该支座右跨布置活载，均能使该支座负弯矩增大，同时带来该支座剪力的增大，故应在该支座相邻两跨同时布置活载。左跨往左，隔跨布置活载能使左跨跨中正向挠曲变形增大，会使左跨的右支座弯矩增大，同理右跨往右也应隔跨布置活载；虽然左跨往左，隔跨布置的活载会使支座的右跨正挠曲变形减小，但其影响不如支座的左跨正挠曲变形增大的幅度，总体仍能使左跨右支座负弯矩增大。某支座最大负弯矩和最大剪力的活载布置方式是支座两侧布置活载，然后向两侧隔跨布置活载，如图 2.1.2（c）、（d）所示。

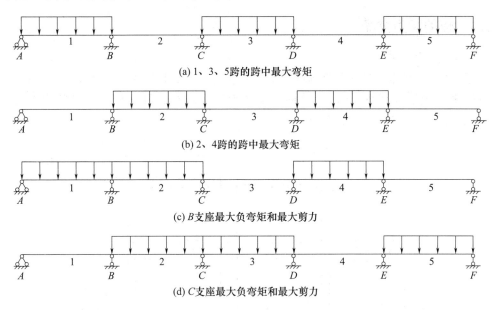

(a) 1、3、5 跨的跨中最大弯矩

(b) 2、4 跨的跨中最大弯矩

(c) B 支座最大负弯矩和最大剪力

(d) C 支座最大负弯矩和最大剪力

图 2.1.2　5 跨连续梁最不利活载布置

一根 n 跨的连续梁，通过 2 次活载布置即可求到所有的跨中最大正弯矩，通过 $n-1$ 次活载布置可以求到所有支座的最大负弯矩。累计通过 $n+1$ 次活载布置，并计算 $n+1$ 次活载布置产生的内力，可以得到所有跨中截面、支座截面的弯矩、剪力包络值。

结构软件在求解多跨连续梁的内力时，采用活载分跨布置的方法，梁的跨中最大弯矩一般不在跨的正中，为了求得某一跨的跨中最大弯矩的逼近值，将梁按节点等分成 9 个或 11 个断面；若梁的跨中有次梁，次梁位置有可能会出现弯矩最大值，按节点等分不会漏掉最大值截面。如一根 n 跨的连续梁，会进行一次恒载内力计算和一次布置一跨的 n 次活载内力计算，在求某断面弯矩的上包络值时，将所有 n 次活载内力的负值相加，再将活载内力累加值与恒载内力组合即可；将所有 n 次活载内力的正值相加，再将活载内力累加值与恒载内力组合，即可得到该断面弯矩的下包络值；这样无论活载布置位置如何变化，在活载数值不超规范的前提下，该断面的弯矩值都不会超过上下包络值范围。以同样的方法，可以求得剪力的包络值。将包络值连成线，即可得到弯矩包络图、剪力包络图。

结构设计时，采用空间建模，一次计算一栋楼、多栋楼或以变形缝划分的多个结构单元，将梁放在整体模型中计算，上述按跨布置活载的方式不再适用。此时采用按板格布置活载的方式，若一层楼被梁划分为 N 个板格，先进行一次恒载内力计算，再进行 N 次活载的内力计算，用上述多跨连续梁的类似方法可以求得梁任意断面的弯矩、剪力包络值。

2.2 板

2.2.1 板的受力分类

1. 理论简化分析

如图 2.2.1 所示，某四边简支的矩形板，长支承边的长度为 l_b，短支承边的长度为 l_s，板上作用有满布均布荷载 q，挠曲变形最大的位置在板的正中，穿过板正中的长、短板条在正中央会产生最大正弯矩。

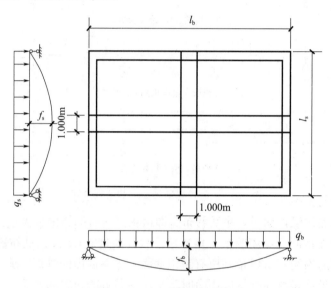

图 2.2.1 四边简支矩形板

为使问题简化，假定同一板条在各断面分得的荷载值一致，长板条分得 q_b，短板条分得 q_s，按静力平衡条件有

$$q = q_b + q_s \tag{2.2.1}$$

假定板条均为满跨均布荷载，长板条的跨中挠曲变形为

$$f_b = \frac{5}{384} \times \frac{q_b l_b{}^4}{E_c I_b} \tag{2.2.2}$$

短板条的跨中挠曲变形为

$$f_s = \frac{5}{384} \times \frac{q_s l_s{}^4}{E_c I_s} \tag{2.2.3}$$

按变形协调条件，$f_b = f_s$。板条混凝土强度相同，截面宽度、高度相同，$E_c I_b = E_c I_s$。长板条跨中弯矩为 $M_b = \frac{1}{8} q_b l_b{}^2$，短板条跨中弯矩为 $M_s = \frac{1}{8} q_s l_s{}^2$。综合可得

$$M_b l_b{}^2 = M_s l_s{}^2 \tag{2.2.4}$$

长板条跨中弯矩与短板条跨中弯矩的比值为

$$\frac{M_b}{M_s} = \frac{l_s{}^2}{l_b{}^2} \tag{2.2.5}$$

从式（2.2.5）可知，长板条的最大弯矩小于短板条的最大弯矩，当长边与短边的比值为 2.0 时，长板条的最大弯矩约为短板条的最大弯矩的 1/4；当长边与短边的比值为 3.0 时，长板条的最大弯矩约为短板条的最大弯矩的 1/9，此时仅需计算出短向弯矩，长向弯矩不需要计算出来，按规范规定的构造要求配置长向钢筋即可。

2. 软件对比结果

表 2.2.1 为四边简支时不同长短边比值理论公式、结构软件分析的长向弯矩与短向弯矩比值，结构软件分析时选用了手册算法和有限元算法。

表 2.2.1 不同长短边比值弯矩比对照表

l_b/l_s		1.0	1.25	1.50	1.75	2.00	2.50	3.00	3.50	4.00	5.00
$M_b : M_s$	理论公式	1:1	1:1.56	1:2.25	1:3.06	1:4	1:6.25	1:9	1:12.25	1:16	1:25
	手册算法	1:1	1:1.41	1:1.83	1:2.27	1:2.71	1:3.43	—	—	—	—
	有限元算法	1:1	1:1.35	1:1.73	1:2.09	1:2.39	1:2.74	1:2.91	1:3.02	1:3.03	1:3.05

注：表中"—"表示达到了单向板的规定范围，无法得出长向弯矩，故无法得出弯矩比。

理论公式假定两个方向的板条在各自方向上竖向荷载恒定不变，两个方向的最大弯矩均出现在板跨的正中。长短边比值较小的板条，实际的板条荷载为靠支座大、跨中小的曲线。当长短边比值很大时，中间板条竖向荷载绝大多数沿短向板条传递，中间板条荷载接近于满跨均布荷载，短向板条弯矩趋于恒定，不再随长短边比值的增大而增大；长向板条荷载在离两侧支座 $l_s/2$ 的范围内为曲线，中间为趋近于零的直线。

有限元算法显示，长向板条的最大弯矩出现在离两侧支座 $l_s/2$ 的位置，当长短边比值很大时，长向弯矩数值不随长短边比值的变化而变化。从有限元算法还可以看出，在长短边比值大于 3 以后，长短边弯矩比值趋于恒定。

对于长短边比值大于 3 的板，为了使问题简化，长向最大弯矩位置为距短支承边 $l_s/2$ 处；由于长向支承边过远，在最大弯矩位置相当于长向失去了支承，荷载主要沿短向传递，近似取长向最大弯矩处的竖向荷载为零；支座处的竖向荷载为 $g+q$；支座与最大弯矩之间的荷载用直线过渡；两最大弯矩之间的竖向荷载为零。该三角形荷载合力为 $\frac{1}{2}(g+q) \times \frac{l_s}{2} = \frac{1}{4}(g+q)l_s$，重心位置距短支承边 $\frac{1}{3} \times \frac{l_s}{2} = \frac{1}{6}l_s$，则长向最大弯矩为

$$M_b = \frac{1}{4}(g+q)l_s \times \frac{1}{6}l_s = \frac{1}{24}(g+q)l_s^2 \tag{2.2.6}$$

中部短向弯矩为

$$M_s = \frac{1}{8}(g+q)l_s^2 \tag{2.2.7}$$

$M_b : M_s = 1:3$，与有限元结果基本接近。

手册算法和有限元算法的长向弯矩值 M_b 随长短边比值增大而先增后减，在长短边比值很小时有一个增大过程，递减时幅度很小，在长短边比值大于 2.5 以后趋于恒定。

短向弯矩值 M_s 随长短边比值增大而递增，初期增长较快，在长短边比值大于 3.0 以后趋于恒定。长向弯矩 M_b 在长短边比值很小时，短向板条对长向板条的支承作用较弱，长向跨度的增加带来了长向弯矩 M_b 的微弱增大。

理论公式以中间板条中点的荷载分摊比例计算全板条，在长短边比值较大时，导致长板条荷载过小，长向弯矩计算值 M_b 偏小很多。在长短边比值较小时，忽略了长板条荷载的曲线特点，也导致长向弯矩计算值 M_b 偏小；同样的原因，短板条的弯矩计算值 M_s 也偏小；这就是理论值与手册算法值既接近，又偏小的原因。

从表 2.2.1 可以看出，当长短边比值达到 1.50 以上时，弯矩比结果与工程结构软件的比值产生很大偏离。

手册算法没有板条竖向荷载恒定不变的假定，但认为最大弯矩出现在板跨的正中，不能准确考虑矩形板的长向板带因短板条的弱支撑作用而带来的影响，计算出的长向弯矩偏小，因而弯矩比也较有限元算法大。

按有限元算法，长短边比值在 1.75 以下时，板的长向弯矩最大值出现在板的正中或接近正中，从表 2.2.1 中比值也可看出，长短边比值在 1.50 以下的板，手册算法与有限元算法的结果较为接近。当长短边比值大于 2.00 时，板的长向弯矩最大值出现在离短支承边中心约半个短支承边长度的位置，该弯矩值的位置和数值基本不发生变化，但长短边比值在 2.00～3.00 的区间，由于长向尺寸增大导致短支承边对短向板条的支承作用减弱，短向弯矩值不断加大，弯矩比也逐步增大；长短边比值大于 3.00 以后，长向弯矩不再增大，比值趋于恒定。

上述比值是四边铰接支承的单块板分析结果，随着板的支承条件发生变化、板的块数增多，会有少许不同。

3. 规范规定

按是否需要计算两个方向的弯矩并进行配筋，将板分为单向板和双向板。

两对边支承的板只有单向弯曲，无支承边方向的弯矩不需要计算，应按单向板设计。

四边支承的板应按下列规定计算：当长边与短边长度之比不大于 2.0 时，应按双向板计算；当长边与短边长度之比大于 2.0，但小于 3.0 时，宜按双向板计算；当长边与短边长度之比大于 3.0 时，宜按沿短边方向受力的单向板计算，并应沿长边方向布置构造钢筋。当长边与短边的比值为 3.0 时，长向弯矩约为计算出的短向弯矩的 11%，板的配筋率很小，相对受压区高度很小，内力臂与配筋量的关系不大，故配筋量与弯矩成近似的线性关系，则长向板条的配筋量约为短向板条配筋量的 11%，规范取整为 15%。

按有限元分析结果，单向板的长向弯矩约为短向弯矩的 1/3，故长向配筋量也应不小于短向配筋量的 1/3。

4. 板面荷载传递

板的支承边反力由板边的剪力决定，板边剪力的特点为中间大、两边小、角部反向。

工程中忽略角部的上拔力，反力按线性过渡的原则，荷载沿最短路径传递。在肋梁楼盖设计中，对于单向板和双向板都近似按图 2.2.2 所示的 45°线划分，将均布面荷载传递给临近的支撑梁（墙）。

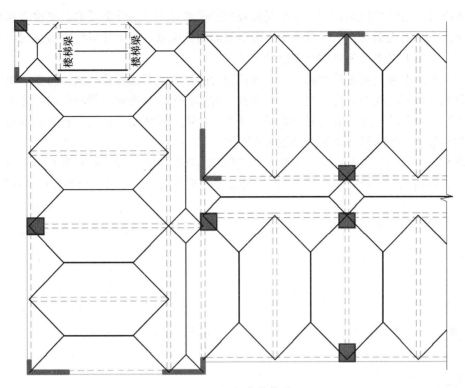

图 2.2.2　板荷载传递

　　楼梯梁支承的斜梯段板,是两对边支承的斜板,侧面不进支承梁或隔墙,是标准的单向导荷板。

2.2.2　楼(屋)盖结构布置

　　楼(屋)盖结构布置的原则如下。

　　(1)结构平面布置应合理,结构布置主要包含柱和梁的布置。柱对建筑的使用影响最大,柱应布置在对建筑使用影响不大的位置;柱对结构设计的经济性影响也最大,柱应均匀、分散布置,通过柱的布置达到梁的内力均匀的效果。过大的隔墙荷载若布置在板上,会对板形成冲切破坏,故隔墙下一般须布置梁;当出现很大空间的房间时,通过合理布置梁将大房间的板分割为较小的板格,可以使板厚减小、内力减小;若大空间的房间建筑不允许有梁,则应加大板厚,优先满足建筑需求而不是考虑结构设计的经济性。

　　(2)在满足轴压比的前提下,柱的截面尺寸尽可能小,以减小对建筑使用的影响,同时达到设计经济的效果;当很大房间出现接近单向偏心的柱时,柱应设计成矩形截面,截面尺寸较大的方向应与大跨梁的方向一致,增大钢筋的内力臂达到提高大跨梁方向偏心受压承载力的效果;柱的截面尺寸种类不能过多,过多的截面尺寸会使模板的通用性不强、施工效率下降;柱的截面尺寸应满足规范中最小截面尺寸的规定。

　　(3)梁不应布置在严重影响建筑使用的位置,如卧室的中间、客厅的中间和门窗的上方等位置;梁的荷载传递路径应简捷,不宜经过多次传递将梁的竖向荷载传给竖向构件。通过选择梁的截面尺寸将梁的配筋率控制在合理范围内,跨度较大的梁截面尺寸还需考虑挠度、裂缝的控制；对于卫生间降板的梁应考虑施工方便取梁高，梁顶面和临近房间板面平，梁底面和卫生间板底平，可不考虑梁高模数；梁底接近门窗顶部时，梁底应和门窗顶平，可不考虑梁截面取值的经济性。

（4）板的厚度应满足受力需求，影响板受力的因素主要有楼盖形式、跨度（短跨）、竖向荷载、板的连续性、长短边比值等因素；过厚的板会降低房间的净空高度并带来造价的增加，过薄的板会影响管线的暗埋；地下室顶板、屋面板和转换层板须协调水平力的分配和传递，板的最小厚度须满足规范要求。

图2.2.3为某建筑的其中一个楼层的建筑平面图，按照上述结构布置原则，结构平面布置图如图2.2.4所示。通过在B~C轴设置2道纵向梁，将板分割为较小的板跨。

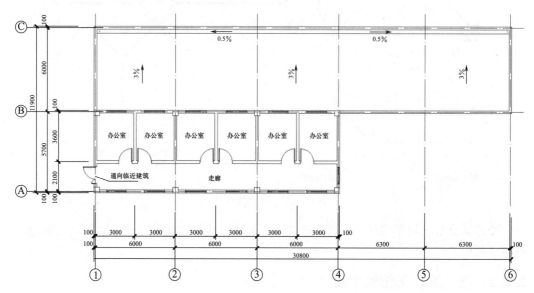

图2.2.3　建筑平面图（单位：mm）

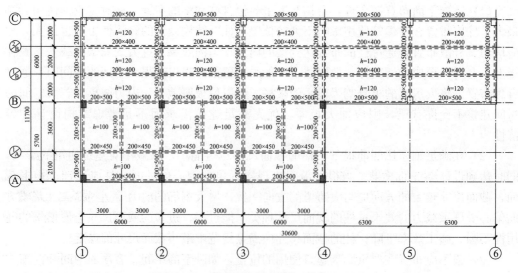

图2.2.4　结构平面布置图（单位：mm）

2.2.3 板的厚度

板的厚度在满足承载力和正常使用要求的前提下，按经济合理的原则确定。在常规竖向荷载作用下，板的受力主要与跨度和楼盖形式有关；板的经济跨度大致为：单向板，3.0m 左右；双向板，3.0～4.5m。板的最大跨厚比见表 2.2.2，可通过表 2.2.2 估算出板的最小厚度。对于双向板，当板的长短边比值增大时，应适当增大板厚。

表 2.2.2 板的最大跨厚比

楼盖形式	肋梁楼盖		双向密肋楼盖	无梁楼盖		悬臂板
	单向板	双向板		有柱帽	无柱帽	
最大跨厚比 L/h	30	40	20	35	30	12

注：表中 h 为板厚，L 为板的跨度或悬臂长度。

《混凝土结构通用规范》（GB 55008—2021）规定混凝土结构构件的最小截面尺寸：现浇钢筋混凝土实心楼盖的厚度不应小于 80mm，现浇空心楼板的顶板、底板厚度均不应小于 50mm；预制钢筋混凝土实心叠合楼板的预制底板及后浇混凝土厚度均不应小于 50mm。

考虑到楼板中须暗埋管线，现浇钢筋混凝土实心楼盖的常用厚度最小取值为 100mm；屋盖受防水和抗震规范要求的影响，常用厚度最小取值为 120mm。

2.2.4 单向板设计方法

现浇钢筋混凝土单向板一般是多跨连续的板，其内力计算方法有弹性方法、塑性方法和工程方法。

随着板跨度的增大，按表 2.2.2 计算出的板厚是增大的，板所受的剪力与跨度之间为线性关系，板的受剪承载力与板的厚度也接近线性关系，在常规竖向荷载作用下，板的受剪承载力不需要验算。板所受的弯矩与跨度为二次方关系，对于配筋率小的板，内力臂系数变化不大，增大的板厚只会带来受弯承载力的线性增加，还需增加配筋才能满足受弯承载力要求，大跨板比小跨板需要更大的配筋率。一般情况只需进行板的受弯承载力设计，不需要验算受剪承载力，对于竖向荷载很大的厂房楼板、筏板等板类构件则需进行受剪承载力验算。

1. 单向板的计算单元

板的弯矩与板的荷载为线性关系，板的荷载与板条的宽度也是线性关系，故板条的弯矩与板条的宽度为线性关系。

配筋率相同、板厚相同的板条，内力臂相同，配筋量与板条宽度为线性关系，故板条的受弯承载力与板条宽度也为线性关系。

综上所述，板条宽度的取值不影响板的配筋计算结果，工程中为了简便，对于单向板，常取 1.00m 的板条计算弯矩和配筋。双向板也仅计算出 1m 宽度的板弯矩，并进行配筋计算。

2. 弹性方法

依据弹性理论计算楼盖内力时，假定楼盖为均质弹性体。可根据结构力学的方法进行板内力计算，也可直接查《建筑结构静力计算实用手册》得到相关内力系数，进行内力计算。弹性方法计算内力时进行了以下简化。

（1）板竖向荷载传递给梁，梁是板的竖向不动铰支座，忽略了梁的竖向变形和扭转刚度。各支承梁的竖向变形一致或接近时，简化与实际基本相同；梁的截面尺寸很大或梁很短时，梁的扭转刚度很大，板的计算内力与实际内力会出现较大偏差。

（2）在作用有满跨均布荷载时，板所受的弯矩随板的计算宽度呈线性增长，在配筋率一致的前提下，板的受弯承载力也随板的宽度呈线性增长，为使计算简化，可取 1m 宽板带进行内力计算。

（3）跨数超过 5 跨的等厚度板，当各跨荷载基本相同，跨度相差不超过 10% 时，可按 5 跨连续板查表计算；由于中间跨的竖向变形接近、弯矩接近，所有中间跨的内力和配筋可均按第三跨处理。当连续板的跨度差别较大时，须用结构力学方法计算。

（4）板的弯矩计算应考虑活载不利布置进行内力组合和包络。

（5）板的计算跨度见表 2.2.3。

表 2.2.3　板的计算跨度

依据弹性理论计算	单跨	两端搁置	$l_0 = l_n + a$ 且 $l_0 \leqslant l_n + h$
		一端搁置，一端整浇	$l_0 = l_n + a/2$ 且 $l_0 \leqslant l_n + h/2$
		两端整浇	$l_0 = l_n$
	多跨	边跨	$l_0 = l_n + a/2 + b/2$ 且 $l_0 \leqslant l_n + h/2 + b/2$
		中间跨	$l_0 = l_c$
			且 $l_0 \leqslant 1.1 l_n$（两边支座为砌体）

注：l_0 为板的计算跨度；l_n 为板的净跨度；l_c 为支座中心线间距离；h 为板厚；a 为板的端支承长度；b 为中间支座宽度。

支座宽度尺寸较小，对内力计算结果影响不大，工程简化计算时，常取中心线间的距离作为板的计算跨度。

跨度不均匀或荷载不均匀的单向连续板，无法查表得到内力系数，需用结构力学方法或有限元法计算内力。

3. 塑性方法

静定结构只需满足静力平衡条件，不存在内力重分布问题。

钢筋混凝土板是一种非均质的弹塑性材料，多跨连续板是超静定结构，按弹性方法计算出的内力除了遵守静力平衡条件外，还需满足变形协调条件。多跨连续板的支座弯矩与跨中弯矩各跨计算值不同，在板未开裂时，各断面内力值与荷载呈线性关系，随着荷载增大，在弯矩最大的断面会出现板的受拉区开裂，开裂后各断面内力值与荷载不再呈线性关系，开裂部位的弯矩增长慢，未开裂部位的弯矩增长快，按弹性方法计算的内力值已与实际不符。

也可以将指定断面的计算弯矩调小，将调小的弯矩用于结构设计，该断面的钢筋屈服后，会产生一定的塑性变形，形成塑性铰，塑性铰的转动使结构产生内力重分布，在其他断面达到承载力极限形成几何可变体系前结构可继续承载。

由于支座最大负弯矩的活载布置总是不会出现跨中最大正弯矩，将支座负弯矩调小后，只要增大后的跨中正弯矩不大于原计算的跨中最大正弯矩，就可以实现减少支座配筋而不减弱体系承载能力的效果，或者说按塑性计算的结构实际承载力会大于按弹性理论计算的承载力。故工程中弯矩调幅常将支座弯矩调小，而不将跨中弯矩调小。

由于调幅会带来塑性转动，塑性转动会带来板的开裂，为避免裂缝过宽，调整的幅度不能超过规范规定的范围。

影响塑性内力重分布的主要因素如下。

（1）塑性铰的转动能力。保证塑性铰有足够的转动能力，要求钢筋具有较大的极限拉应变，混凝土应有较大的极限压应变。级别较低的钢筋极限拉应变较大，工程中宜选用延性较好的 HPB300、HRB400 级钢筋；级别较低的混凝土有更大的极限压应变，混凝土强度宜在 C25～C45 范围内。相对受压区高度越小，截面承载力极限状态的截面转角越大，塑性铰处截面的相对受压区高度不能太大；相对受压区高度过小，配筋率太小，容易出现开裂即脆性破坏；故相对受压区高度应满足 $0.10 \leqslant \xi \leqslant 0.35$。提高截面高度，降低截面相对受压区高度是提升塑性铰转动能力的最有效措施。

（2）斜截面受剪承载力高。塑性铰截面会出现较大幅度转动和混凝土开裂，为了阻止混凝土的过度开裂，塑性铰区段内应加密箍筋，避免先发生脆性的受剪破坏而不能承载的结果。

（3）满足正常使用条件。塑性铰的转动幅度过大，塑性铰附近截面的裂缝过宽，结构的挠度过大，不能满足正常使用的要求。塑性铰转动幅度与塑性铰处弯矩调整幅度有关，一般建议弯矩调幅系数 $\beta \leqslant 25\%$，以保证结构在正常使用荷载作用下不出现塑性铰，保证塑性铰处混凝土裂缝宽度及结构变形值在允许限值范围之内。

混凝土梁板结构有多种依据塑性理论的设计方法，如塑性铰法、极限平衡法、变刚度法、强迫转动法、弯矩调幅法以及非线性全过程分析方法等。目前工程应用较多的是弯矩调幅法，以下对弯矩调幅法进行简单介绍。

弯矩调幅法是对梁、板按弹性理论分析方法获得的内力进行适当的调整，通常是将支座负弯矩最大值调小，同时将支座负弯矩最大值相应的跨中正弯矩调大，剪力按调整后的弯矩进行相应调整，按调整后的内力进行截面设计。

截面弯矩的调整幅度用弯矩调幅系数 β 来表示，即

$$\beta = \frac{M_e - M_p}{M_e} \tag{2.2.8}$$

式中：M_e——按弹性理论算得的弯矩值（kN·m）；

M_p——调幅后的弯矩值（kN·m）。

具体实施步骤如下。

（1）按弹性理论计算连续梁、板在各种最不利荷载组合下的结构内力值，主要有支座截面的最大负弯矩值和剪力值、跨中截面的最大正弯矩值。

（2）确定弯矩调幅系数，计算出支座截面塑性弯矩值，塑性弯矩值 $M_p =（1-\beta）M_e$。

（3）结构支座截面塑性铰的塑性弯矩值确定后，超静定连续梁、板结构内力计算就

可转化为多个单跨的简支梁、板结构内力计算。先按静力平衡条件计算支座截面最大剪力值，然后计算跨中截面最大正弯矩值，该跨中最大正弯矩为取得最大支座负弯矩的活载布置；跨中最大正弯矩在剪力0点，一般不会在跨的正中。

（4）绘制连续梁、板的弯矩和剪力包络图。

4. 工程方法

很少出现仅有单向板的工程，若有局部的单向板需要设计，可以用常用工程软件的结构工具箱或小型结构软件解决内力计算和配筋设计问题。

2.2.5 双向板设计方法

双向板内力分析有两种方法：一种是视混凝土为弹性体的弹性理论分析方法，按弹性理论计算属于弹性力学的薄板弯曲问题，假定钢筋混凝土板是均质弹性体，板厚与板跨之比很小，可以认为是薄板；另一种是视混凝土为弹塑性材料的弹塑性理论的分析方法。

1. 弹性方法

（1）单区格双向板的内力及变形计算。

对于单区格双向板，多采用查表格方式进行内力和变形计算。双向板在均布荷载作用下的弯矩和挠度系数，详见附录3，表中列出了6种不同边界条件下的双向板。计算时，只需根据支座情况和短跨与长跨的比值，查出弯矩和挠度系数，即可计算各种单区格双向板的最大弯矩及挠度值。

$$m = 表中系数 \times (g+q)l_{0x}^2 \tag{2.2.9}$$

$$v = 表中系数 \times \frac{(g+q)l_{0x}^4}{B_c} \tag{2.2.10}$$

式中：m ——双向板单位宽度中央板带处跨内或支座处截面最大弯矩基本组合值（kN·m）；

$\quad\quad v$ ——双向板中央板带处跨内最大挠度值（m）；

$\quad g，q$ ——双向板上单位宽度均布恒载基本组合值及活载基本组合值（kN/m）；

$\quad l_{0x}，l_{0y}$ ——双向板短向和长向板带计算跨度（m），式（2.2.9）、式（2.2.10）选用短向板带计算跨度计算弯矩和挠度，通过系数考虑板跨比影响；

$\quad\quad B_c$ ——双向板单位宽度板带受弯截面刚度（kN·m²）。

式（2.2.9）、式（2.2.10）计算出的弯矩为泊松比 $\mu=0$ 的计算结果，即一个方向弯矩产生的变形不会导致另一垂直方向的内力产生。对于由该表系数求得的跨内截面弯矩值，尚应考虑双向弯曲与另一个方向板带弯矩值的相互影响，按式（2.2.11）和式（2.2.12）进行弯矩修正；支座没有竖向变形和顺支承边的负弯矩，支座负弯矩计算值不需要修正。

$$m_x^\mu = m_x + \mu m_y \tag{2.2.11}$$

$$m_y^\mu = m_y + \mu m_x \tag{2.2.12}$$

式中：$m_x^\mu，m_y^\mu$ ——考虑双向弯矩相互影响后的 x，y 方向单位宽度板带的跨内弯矩设计值（kN·m）；

$\quad m_x，m_y$ ——按 $\mu=0$ 计算的 x，y 方向单位宽度板带的跨内弯矩设计值（kN·m）；

$\quad\quad \mu$ ——泊松比，对于钢筋混凝土，$\mu=0.2$。

（2）多区格等跨连续双向板的内力及变形计算。

多区格等跨连续双向板内力分析多采用以单区格为基础的实用的近似计算方法。该方法假定双向板支承梁受弯线刚度很大，其竖向位移可忽略不计；支承梁受扭线刚度很小，可以自由转动。按上述假定，可将支承梁视为双向板的竖向不动铰支座，从而使内力计算得到简化。

① 各区格板跨内截面最大弯矩值。

对于规整的网格式结构布置的楼盖，活载的布置总是使本跨产生正向弯曲，临跨产生反向弯曲，然后隔跨产生正向弯曲。欲求某区格板两个方向跨内截面最大正弯矩，活载按图 2.2.5（a）所示的棋盘式布置。通过 2 次活载布置，可以求得所有板跨的最大正弯矩。

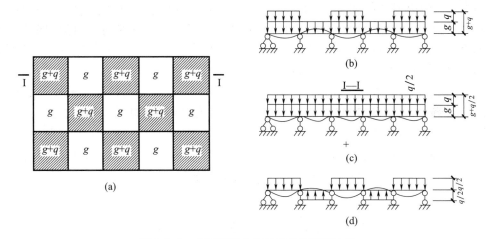

图 2.2.5　多区格双向板活载的最不利布置

图 2.2.5（a）中的活载布置无法直接查表，对这种荷载分布情况可以分解成满布荷载 $g+q/2$ 及间隔布置 $+q/2$，$-q/2$ 两种情况，分别如图 2.2.5（c）和图 2.2.5（d）所示。对于前一种荷载情况，可近似认为各区格板都固定支承在中间支承边上；对于后一种荷载情况，可近似认为各区格板在中间支承边上都是简支的；对于边区格和角区格板的外边界支承条件，按实际情况确定。进行上述处理后，可以将多跨连续双向板分解为多个单块双向板查表，将各区格板在上述两种荷载作用下求得的板跨内截面正负弯矩值（绝对值）叠加，即可得到各区格板的跨内截面最大正负弯矩值。由于只需求解图 2.2.5（a）中的阴影部分板跨，不需要计算荷载为 $-q/2$ 的板。

将跨内截面正弯矩简单叠加求解时，由于两种情况的正弯矩位置一般不同，求出的正弯矩值比实际值稍偏大。

可以用上述方法手算规则区格板的正弯矩，若工程中板的布置不规整，通过手算的方法求解多跨双向板的弯矩难度很大。

② 各区格板支座截面最大负弯矩值。

欲求各区格板支座截面最大负弯矩（绝对值）时，可近似按各区格板满布活载求得。可认为中间支座截面转角为零，即将板的所有中间支座均视为固定支座，对于边区格和角区格板的外边界支承条件，按实际情况确定。根据各单区格板的四边支承条件，可分别求出板在满布荷载 $g+q$ 作用下支座截面的最大负弯矩值（绝对值）。但对于某些相邻区格板，当单区格板跨度或边界条件不同时，两区格板之间的支座截面最大负弯矩值（绝对值）可能不相等，一般可取其平均值作为该支座截面的负弯矩设计值。

对于荷载均匀、网格方正、尺寸相近的板可以通过上述方法手算出各区格板近似的跨中正弯矩和支座负弯矩，若不满足这些条件，则手算结果与实际结果差距会较大，必须用电算得到板的内力。

2. 塑性方法

按塑性理论计算双向板内力的方法很多，常用的方法有极限平衡法、板带法、机动法。

铰线法应用较为广泛，铰线法计算双向板内力分为两个步骤：首先假定板的破坏机构，即由一些塑性铰线把板分割成由若干个刚性板所组成的破坏机构，对于矩形板，板底的铰线与板的导荷分界线完全重叠，板面铰线为板与支座的交界线；然后根据静力平衡条件建立荷载与作用在塑性铰线上的弯矩之间的关系，从而求出各塑性铰线上的弯矩，以此作为各截面的弯矩设计值进行配筋设计。

塑性铰线位置与板的平面形状、边界条件、荷载形式、配筋情况等多种因素有关。通常负塑性铰线发生在固定边界处，正塑性铰线则通过相邻板块转动轴的交点，且出现在弯矩最大处，如图 2.2.6 所示。

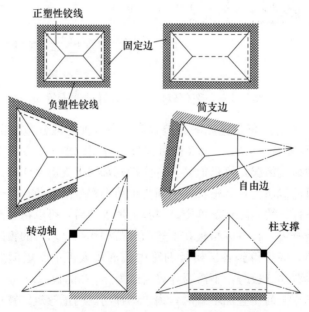

图 2.2.6　板在不同支承条件下的塑性铰线

铰线法认为所有板底、板面铰线上的受拉钢筋都能受拉屈服，沿铰线能发生固定方向的一定角度的转动，铰线沿线的任意位置，板都能达到承载力极限状态。由于只能建立一个平衡方程式，运用公式只能求出一个方向的一个弯矩；一般选择先计算出一个方向的板底弯矩，依据长短边比值计算出另一个方向的板底弯矩，再利用支座弯矩与板底弯矩的比值求出两个方向的支座弯矩。

四边固定双向板弯矩值与荷载的关系式为

$$2M_x + 2M_y + M'_x + M''_x + M'_y + M''_y = \frac{pl_x^2}{12}(3l_y - l_x) \tag{2.2.13}$$

式中： M_x，M_y——沿板跨内塑性铰线 l_x，l_y 方向总弯矩，$M_x = l_y m_x$，$M_y = l_x m_y$； m_x 为板跨 l_x 方向塑性铰线上单位板宽的弯矩，m_y 为板跨 l_y 方向塑性铰线上单位板宽的弯矩；

M'_x，M''_x，M'_y，M''_y——沿板支座塑性铰线 l_x，l_y 方向总极限弯矩，$M'_x = l_y m'_x$，$M'_y = l_x m'_y$，m'_x 为板支座 l_x 方向塑性铰线上单位板宽的弯矩，m'_y 为板支座 l_y 方向塑性铰线上单位板宽的弯矩；

p——基本组合下的荷载设计值；

l_x，l_y——分别为 x 向、y 向的计算跨度；

按前面的推论，单位宽度板条弯矩比可按式（2.2.14）粗略计算。

$$\alpha = \frac{m_y}{m_x} = \left(\frac{l_x}{l_y}\right)^2 = \frac{1}{n^2} \tag{2.2.14}$$

一般情况下，支座弯矩要大于跨中弯矩，考虑到所有配筋均能屈服，其比值可在一个合理区间内任意取用。令支座与跨中弯矩的比值 $\beta = \frac{m'_x}{m_x} = \frac{m''_x}{m_x} = \frac{m'_y}{m_y} = \frac{m''_y}{m_y}$，$\beta$ 可在1.5～2.5 范围内选用。

式（2.2.13）可转换为 m_x 与荷载的表达式。

$$m_x = \frac{3n-1}{n\beta + \alpha\beta + n + \alpha} \cdot \frac{pl_x^2}{24} \tag{2.2.15}$$

利用式（2.2.15）可计算出 l_x 方向板中部单位宽度的弯矩 m_x，利用板底弯矩比可计算出 l_y 方向板中部单位宽度的弯矩 m_y，利用支座弯矩与跨中弯矩比可以计算出所有支座弯矩。

从铰线法的公式可知，任意方向、任意位置的板底、板面配筋率增大均能使板块的承载能力增强，配筋量不需要完全与内力相对应，只需保证合理的比值即可。

弹性方法是把板底、板面内力最大位置的内力计算出来，按计算的最大内力配置所有位置的板底、板面钢筋。也可以这样认为，弹性方法认为内力最大位置达到承载力极限状态即可认为板达到承载力极限状态，而铰线法认为所有铰线位置均达到承载力极限状态才可认为板达到承载力极限状态。可以表述为，同样的板厚度、配筋设计，铰线法有更大的承载力；或者说，同样的受力需求，用铰线法较为节省。

用弹性方法设计的楼板，在竖向荷载作用下有较大的安全储备；而用铰线法设计的楼板，在正常使用下，仍有可能出现较为明显的受力裂缝。工程中应慎重选择用铰线法设计双向板，避免裂缝出现。

3. 工程方法

工程设计中的板布置很复杂，大多无法手算求解。结构软件提供三种计算方法：手册算法、塑性算法、有限元算法。

手册算法是指《建筑结构静力计算手册》中板的弹性薄板算法，手册算法只能计算单块板，板的支座为自由、铰接或固支，铰接只能是竖向不动铰，不能为弹性连接，也不能考虑板的连续性；按手册算法计算的相邻板的支座弯矩是不平衡的。计算对象是矩形板，或者按照比例参数可近似等效为矩形的非矩形板。手册算法相当于软件提供了一个代替人工查表的方法。

塑性算法是按照《建筑结构静力计算手册》中板的极限平衡法计算四边支承板，该方法所采用的计算假定如下。

（1）不同于弹性板在内力计算时仅考虑混凝土的影响，假定板为四边支承的异形板，考虑钢筋和混凝土共同参与受力。

（2）假定板在极限荷载作用下发生破坏，在板底、板面的裂缝处形成了完整贯通的塑性铰线。

（3）在极限平衡条件下，同整个板的塑性变形相比，被塑性铰线切割成的若干块小节板的弹性变形很小，可以忽略不计，因而假定各小节板均为不变形的刚片。

（4）对于板在极限荷载作用下所形成的塑性铰体系，根据虚功原理求其极限承载力，即在任一微小虚位移下，外力所做的功之和恒等于内力所做的功之和。

计算参数中用户需填写"支座与跨中弯矩比值"，计算对象是矩形的双向楼板（长短边比值不大于3），且周围的边界不存在自由边。对于选择了塑性算法，但长短边比值大于3的规则矩形板或异形板，程序自动按单向板计算板的内力。

塑性算法也不能考虑板的连续性，早期软件用塑性算法计算出的板配筋量约为弹性算法的50%，存在较大的安全隐患。

有限元算法是板内力较为准确的算法，结构软件具有较强的有限元计算分析能力。对于前两种算法来说，分别计算各单块板内力，不考虑相邻板块的跨度和荷载影响，因此对于板跨不同或荷载不同的房间中间支座两侧，其负弯矩值常常差距较大，对于跨度相差较大或荷载相差较大的情况，这种弯矩不平衡会更为明显。由于支座负筋是按照支座两侧较大弯矩值选配的，其配筋结果常常偏大且不合理。而有限元算法计算时保持相邻楼板变形、弯矩的计算协调，因此能考虑相邻板块的影响，其支座两侧弯矩是相同的，而且常比两侧板分别计算得出的支座弯矩值小很多，这样算出的配筋量是经济合理的。

有限元算法还能考虑梁的竖向弹性变形影响，在考虑梁的竖向弹性变形时，板的支座弯矩会减小，跨中弯矩会加大，在竖向构件附近表现得更为明显。现在的有限元算法还不能考虑梁的受扭刚度影响，对于受扭刚度很大的梁，板的计算支座弯矩较实际值会小很多。

对于板厚较厚、梁高较小的楼盖（地下室顶板、底板常出现），按照前面的导荷方式，梁作为板的竖向不动铰，会使梁的内力和配筋率很大，这种传统方式设计的梁既不经济，也与实际受力不符。可以将板设为考虑板平面外刚度的弹性板（弹性板3、弹性板6），板由平面导荷方式改为有限元导荷方式，并考虑梁和板的竖向变形协调；通过上述设置，板的部分竖向荷载直接传给竖向刚度较大的竖向构件，而减少通过梁传递的荷载，梁柱的设计均更符合实际受力，也更经济。

4. 折算荷载

无论是手算，还是工程中电算，现在均不能准确考虑梁与板的扭转变形协调，而使梁的受扭刚度带来的梁两侧板弯矩不平衡不能准确计算出来。

在受到竖向荷载作用时，梁受扭刚度的存在总会使梁的扭转角变小，各跨都有的恒载作用梁产生的扭转角总会比分跨布置的活载作用时梁产生的扭转角小。在近似考虑时，将一部分板的活载放到板的恒载里计算可以间接计入该影响。

板的折算恒载为

$$g' = g + \frac{q}{2} \tag{2.2.16}$$

板的折算活载为

$$q' = \frac{q}{2} \tag{2.2.17}$$

式（2.2.16）和式（2.2.17）是一种近似的简化处理方式，在梁的受扭刚度极大时，折算幅度偏小；而对于受扭刚度很小的梁，折算幅度又偏大。工程中一般不做折算处理。

非框架梁支承在框架梁（也可能为非框架梁）上时，非框架梁受竖向荷载作用在框架梁的支承处会产生转角位移，受框架梁扭转刚度的影响，在非框架梁的中间支座处产生不平衡负弯矩，在非框架梁的边支座处产生负弯矩，在框架梁上产生扭矩。扭转刚度主要由梁的截面尺寸、支点到竖向构件的距离及剪切模量三个因素决定，当支点到竖向构件的距离很近时，扭转刚度尤其大；当两个临近支点有反向梁支承时，两个临近支点间的扭转角很大，会在支承梁上产生很大的扭矩。

支承梁与被支承梁的刚度一般较为接近，而板的刚度则远小于梁的刚度，进行荷载折算时，梁折算荷载的折算幅度应小些。

梁的折算恒载为

$$g' = g + \frac{q}{4} \tag{2.2.18}$$

梁的折算活载为

$$q' = \frac{3}{4}q \tag{2.2.19}$$

现在的工程软件能准确考虑除楼板外的所有构件的变形协调，包括支承梁与被支承梁的变形协调，故工程中不对梁的荷载进行折算，按实际荷载计算结构内力。

2.2.6 无梁楼盖简介

无梁楼盖在竖向荷载作用下，相当于点支承的平板，内力最大的位置在与柱相交的板面位置，其次在柱连线的中部板底位置，其他部位的内力较小。

无梁楼盖的柱网应方正并均匀，四周边柱的连线上宜设边梁，边梁宽度应较大，以抵抗无梁板传来的扭矩，边梁应按弯剪扭构件设计。当柱网尺寸较小，楼盖竖向荷载也较小时，采用无柱帽的无梁楼盖以使施工简便；当柱网尺寸较大，或楼盖竖向荷载较大时，应采用有柱帽的无梁楼盖，以解决柱对无梁楼盖的冲切承载力问题，同时还能减小无梁楼盖的内力。

根据受力特点和破坏特征将楼板划分为两种板带：柱上板带、跨中板带。柱上板带取柱中心线两侧各 1/4 跨度范围；跨中板带取宽度为柱距中间 1/2 跨度范围，如图 2.2.7 所示。

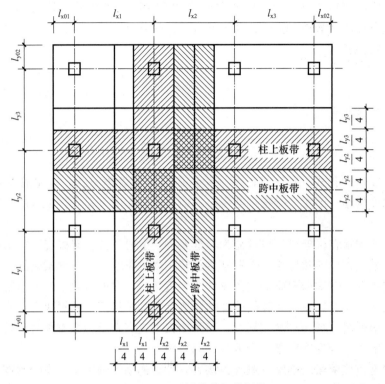

图 2.2.7 无梁楼盖板带划分

工程中柱上板带中部可设置暗梁，暗梁宽度取柱宽及两侧各 1.5 倍板厚之和，暗梁支座上部钢筋截面积不宜小于柱上板带钢筋截面面积的 1/2，并应全跨拉通，暗梁下部钢筋截面面积应不小于上部钢筋的 1/2。

无梁楼盖周边应设置边梁，其截面高度应大于板厚的 2.5 倍，边梁除承受荷载产生的弯矩和剪力之外，还承受由垂直于边梁方向各板带传来的扭矩，应按弯剪扭构件进行设计。

规整的无梁楼盖可以采用等代框架等方法手算得到近似内力结果，非规整的无梁楼盖无法手算，工程计算常采用有限元方法，对无梁楼盖进行有限元细分，考虑了边梁的弹性变形和柱帽影响，可以和其他构件整体进行建模分析。计算结果中可按等值线查看各种内力和配筋结果，也有按板带积分结果输出的柱上板带、跨中板带各跨的弯矩、配筋计算结果简图。无梁楼盖弯曲变形等值线如图 2.2.8 所示。无梁楼盖弯矩分布等值线如图 2.2.9 所示。

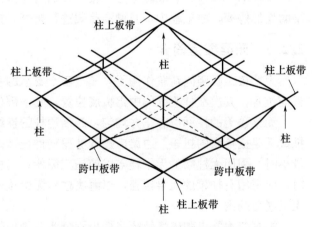

图 2.2.8 无梁楼盖弯曲变形等值线

工程软件不仅能计算竖向荷载产生的无梁楼盖内力，还能计算出水平荷载产生的无梁楼盖内力。

2.2.7　板的构造要求

1. 受力钢筋

板中受力钢筋的间距，当板厚不大于 150mm 时不宜大于 200mm；当板厚大于 150mm 时，板的局部点荷载传力效果更好，板中受力钢筋间距可以增大，但不宜大于板厚的 1.5 倍，且不宜大于 250mm。

2. 构造钢筋

按简支边或非受力边设计的现浇混凝土板，当与混凝土梁、混凝土墙整体浇筑或嵌固在砌体墙内时，这些部位板的负弯矩无法准确算出，应设置板面构造钢筋，并符合下列要求。

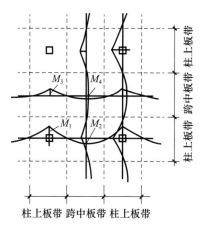

图 2.2.9　无梁楼盖弯矩分布等值线

（1）钢筋直径不宜小于 8mm，间距不宜大于 200mm，且单位宽度内的配筋面积不宜小于跨中相应方向板底钢筋截面积的 1/3。与混凝土梁、混凝土墙整体浇筑的单向板的非计算受力方向，钢筋截面面积尚不宜小于计算受力方向跨中板底钢筋截面面积的 1/3。

（2）板面钢筋从混凝土梁边、柱边、墙边伸入板内的长度不宜小于 $l_0/4$，砌体墙支座处钢筋伸入板内的长度不宜小于 $l_0/7$，其中计算跨度 l_0 对单向板按受力方向考虑，对双向板按短边方向考虑。

（3）在楼板角部，宜沿两个方向正交、斜向平行或放射状布置附加钢筋。

（4）当按单向板设计时，应在垂直于受力的方向布置分布钢筋，单位宽度上的配筋面积不宜小于单位宽度上受力钢筋截面面积的 15%，且配筋率不宜小于 0.15%；分布钢筋直径不宜小于 6mm，间距不宜大于 250mm；当集中荷载较大时，分布钢筋的配筋面积尚应增大，且间距不宜大于 200mm。

（5）在温度、收缩应力较大的现浇板区域，应在板的表面双向配置防裂构造钢筋。配筋率均不宜小于 0.10%，间距不宜大于 200mm。防裂构造钢筋可利用原有钢筋贯通布置，也可另行设置钢筋并与原有钢筋按受拉钢筋的要求搭接或在周边构件中锚固。

楼板平面的瓶颈部位宜适当增大板厚和配筋率。沿板的洞边、凹角部位宜加配防裂构造钢筋，并采取可靠的锚固措施。

2.2.8　单向板设计例题

1. 设计资料

某办公楼结构布置如图 2.2.10 所示，Ⓐ～Ⓑ轴为办公室，其中Ⓐ～Ⓧ轴为走廊，Ⓑ～Ⓒ轴为上人屋面，层高 3.30m。结构安全等级为二级，设计使用年限为 50 年，无抗震设防要求，采用现浇钢筋混凝土框架结构。

环境类别（除屋面）：一类；屋面：二 a 类。

取图 2.2.10 中阴影区作为单向板的计算单元。

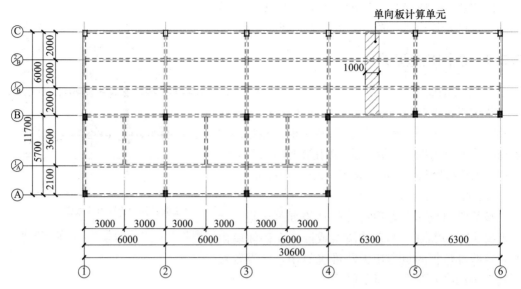

图 2.2.10　单向板平面位置图（单位：mm）

（1）根据《建筑结构可靠性设计统一标准》（GB 50068—2018）的规定：恒载分项系数为 1.3，活载分项系数为 1.5。

（2）材料选用。

二 a 类环境的最低混凝土强度等级为 C25，采用 C25 混凝土。

混凝土：C25（$f_c=11.9\text{N/mm}^2$，$f_t=1.27\text{N/mm}^2$）。

钢筋：采用 HPB300（$f_y=270\text{N/mm}^2$）

2. 恒载标准值计算

（1）屋面恒载标准值。

40mm 厚 C20 细石混凝土，表面抹平压光　　　24kN/m³×0.04m=0.96kN/m²

65mm 厚难燃型挤塑聚苯板保温层（B1 级）0.3kN/m³×0.065m=0.0195kN/m²

3mm 厚自粘高聚物改性沥青防水卷材　　　　11kN/m³×0.003m=0.033kN/m²

20mm 厚 1：2 水泥砂浆找平层　　　　　　20kN/m³×0.02m=0.40kN/m²

轻骨料混凝土找 3‰坡（单面找坡），最薄处 30mm 厚

　　　　　　　　14kN/m³×（6.0×3‰÷2＋0.03）m=1.68kN/m²

120mm 厚钢筋混凝土屋面板　　　　　　　25kN/m³×0.12m=3.00kN/m²

20mm 厚顶棚抹灰　　　　　　　　　　　17kN/m³×0.02m=0.34kN/m²

合计　　　　　　　　　　　　　　　　　　　　　　　　　6.43kN/m²

（2）屋面活载标准值。

查荷载规范可知，上人屋面活载标准值为 2.0kN/m²。

3. 板的设计

（1）板的厚度。

板长边跨度与短边跨度之比为 $l_2/l_1=6.3/2.0=3.15>3$，按规范，可按单向板设计。

板的厚度按构造要求为 $h=l_0/30=2000\text{mm}/30=67\text{mm}$，按规范屋面板厚度不小于 120mm，取 $h=120\text{mm}$。

（2）板所受荷载取值。

恒载基本组合值：

$$g=1.3\times6.43\text{kN/m}^2=8.36\text{kN/m}^2$$

活载基本组合值：

$$q=1.5\times2.0\text{kN/m}^2=3.00\text{kN/m}^2$$

（3）计算简图。

框架梁、非框架梁截面宽度均取为 200mm，则计算跨度为 $l_0=2000\text{mm}$。

等跨单向连续板，取 1.00m 宽板带作为计算单元，按 3 跨连续板计算。板计算单元的恒载基本组合值为 $8.36\text{kN/m}^2\times1.00\text{m}=8.36\text{kN/m}$，活载基本组合值为 $3.00\text{kN/m}^2\times1.00\text{m}=3.00\text{kN/m}$。计算简图如图 2.2.11 所示。

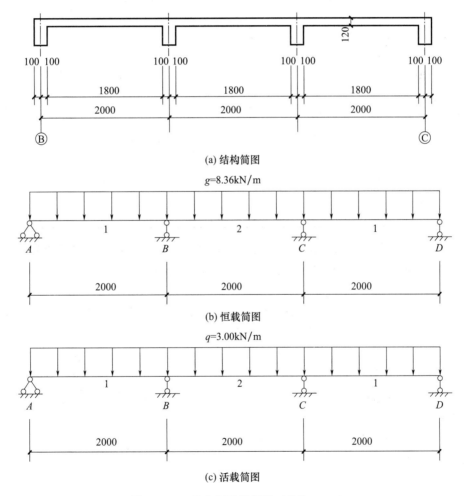

图 2.2.11 单向板计算简图（单位：mm）

（4）弯矩设计值计算。

弯矩 $M=k_1gl_0^2+k_2ql_0^2$，弯矩由恒载、活载叠加组成。

式中系数 k 可查附录 2 中附表 2.2，具体计算结果以及最不利荷载组合见表 2.2.4。

表 2.2.4　板弯矩计算　　　　　　　　　　（单位：kN·m）

序号	荷载图	边跨跨内		中间支座		中间跨跨内	
		内力系数 k	M_1	内力系数 k	M_B (M_C)	内力系数 k	M_2
①		0.080	2.675	−0.100	−3.344	0.025	0.836
②		0.101	1.212	−0.050	−0.600	负值	负值
③		负值	负值	−0.050	−0.600	0.075	0.900
④		0.073	0.876	−0.117 (−0.033)	−1.404 (−0.396)	0.054	0.648
最不利荷载组合	①+②	3.887		−3.944		0.836	
	①+③	2.675		−3.944		1.736	
	①+④	3.551		−4.748（−3.740）		1.484	

由表 2.2.4 中结果可知，边跨跨中最大正弯矩由①+②得到，跨中正弯矩最大值不在跨的正中，而在剪力 0 点位置，其位置在跨中靠边支座的位置；不能由表 2.2.4 中结果直接相加得到。

中跨跨中最大正弯矩由①+③得到，中跨取得跨中最大正弯矩时，左右支座负弯矩相同，可以将表 2.2.4 中结果直接相加得到。

中间支座最大负弯矩由①+④得到，由于结构对称、荷载对称，最大负弯矩 $M_C = M_B$，不需要另行计算。

由于①和②的边跨正弯矩不在同一点，直接相加会使计算值大于实际值，下面计算边跨实际的最大正弯矩。

B 支座负弯矩 $M_B = -3.944$ kN·m，荷载 $g+q = 8.36$ kN/m + 3.00 kN/m = 11.36 kN/m，则 A 支座的剪力为

$$F_A = \frac{1}{2} \times 11.36 \text{kN/m} \times 2\text{m} - \frac{3.944}{2\text{m}} = 9.388 \text{kN}$$

剪力 0 点离 A 支座的距离为

$$x = \frac{9.388 \text{kN}}{11.36 \text{kN/m}} = 0.826 \text{m}$$

则边跨最大正弯矩为

$$M_1 = 9.388\text{kN} \times 0.826\text{m} - \frac{1}{2} \times 11.36\text{kN/m} \times (0.826\text{m})^2 = 3.879(\text{kN} \cdot \text{m})$$

从上述计算结果可以看出，实际值稍小于简单相加的结果 3.887kN·m。

①+④组合的第 3 跨跨中弯矩对承载力设计不起控制作用，活载布置④的弯矩取第 3 跨正中数值。活载布置④时第 3 跨无活载，弯矩在第 3 跨为直线，数值为 −0.396kN·m/2＝ −0.198kN·m，则①+④组合的第 3 跨跨中弯矩近似为 2.675kN·m−0.198kN·m＝ 2.477kN·m。

不同情况下的弯矩叠加如图 2.2.12（a）～（d）所示（由弯矩表可得）。

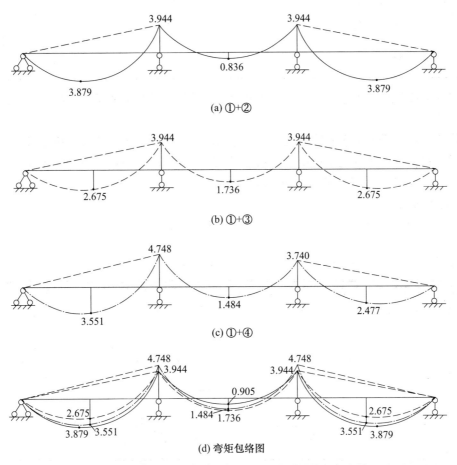

(a) ①+②

(b) ①+③

(c) ①+④

(d) 弯矩包络图

图 2.2.12　板不同荷载组合下的弯矩图（单位：kN·m）

（5）板截面承载力设计。

屋面板环境类别为二 a 类，板最小保护层厚度 $c = 20$mm，混凝土强度等级不大于 C25，保护层厚度须增加 5mm，取板保护层厚度 $c = 25$mm。板厚 $h = 120$mm，板钢筋直径按 10mm 估算，则截面有效高度 $h_0 = h - c - d/2 = 120\text{mm} - 25\text{mm} - 10\text{mm}/2 = 90$mm；计算板宽 $b = 1000$mm，$\alpha_1 = 1.0$，连续板各截面配筋面积计算见表 2.2.5。

$$\rho_{\min} = \max\{0.45 \times 1.27/270, 0.2\%\} = 0.212\%$$

$$A_{s,\min} = 0.212\% \times 1000\text{mm} \times 120\text{mm} = 254 \text{ mm}^2$$

表 2.2.5　板的配筋面积计算

截面	1	B, C	2
弯矩设计值 M（kN·m）	3.879	−4.748	1.736
$\alpha_s = M/(\alpha_1 f_c b h_0^2)$	0.0377	0.0462	0.0169
$\xi = 1 - \sqrt{1 - 2\alpha_s}$	0.0384	0.0473	0.0170
计算配筋面积（mm²） $A_{s,1} = \alpha_1 f_c b \xi h_0 / f_y$	163	200	72
简化公式计算配筋面积（mm²） $A_{s,2} = M/(0.95 f_y h_0)$	168	206	75
配筋面积取值（mm²）	254	254	254
实际配筋面积（mm²）	$\phi 8@180$ $A_s = 279$	$\phi 8@180$ $A_s = 279$	$\phi 8@180$ $A_s = 279$

当相对受压区高度小于 0.1 时，按简化公式计算的配筋面积稍大于按理论公式计算的配筋面积。

屋面板在无受力需求的跨中板面须补充钢筋抵抗温度应力，考虑到板跨较小，受力钢筋采用拉通的做法抵抗温度应力；按规范规定，构造钢筋直径不小于 6mm，间距不小于 250mm，为了有较好的抵抗温度应力效果，钢筋间距不应太大，分布筋选用 $\phi 6@200$，板配筋剖面图如图 2.2.13（a）所示。

若为楼面板，板配筋剖面图如图 2.2.13（b）所示。

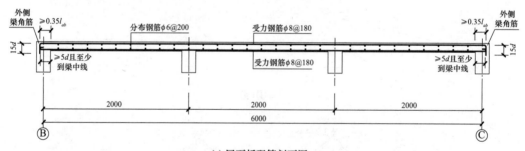

(a) 屋面板配筋剖面图

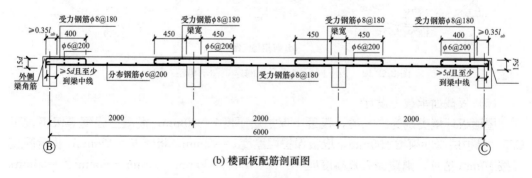

(b) 楼面板配筋剖面图

图 2.2.13　板配筋剖面图（单位：mm）

2.2.9　双向板设计例题

该例题设计资料同"2.2.8 单向板设计例题"，取图 2.2.14 中Ⓐ～Ⓑ轴的两块相邻的典型双向板进行设计，按弹性理论设计，不考虑板的连续性，临跨无板时梁作为双向板的铰接支座，临跨有板时支承边按固端支座计算。

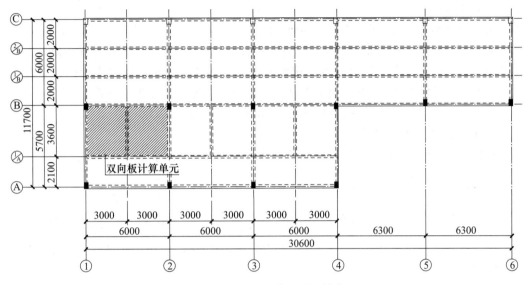

图 2.2.14　双向板平面位置图（单位：mm）

1. 板面荷载

楼面恒载标准值如下。

10mm 厚防滑地砖

$$22kN/m^3 \times 0.01m = 0.22kN/m^2$$

20mm 厚 1：3 干硬水泥砂浆结合层

$$20kN/m^3 \times 0.02m = 0.40kN/m^2$$

20mm 厚 1：3 水泥砂浆找平层

$$20kN/m^3 \times 0.02m = 0.40kN/m^2$$

100mm 厚现浇钢筋混凝土楼板

$$25kN/m^3 \times 0.10m = 2.50kN/m^2$$

顶棚抹灰

$$17kN/m^3 \times 0.02m = 0.34kN/m^2$$

合计为 $3.86kN/m^2$。

该区域的建筑功能为办公室，查荷载规范得活载标准值为 $2.50kN/m^2$。

恒载基本组合值：

$$g = 1.3 \times 3.86kN/m^2 = 5.02kN/m^2$$

活载基本组合值：

$$q = 1.5 \times 2.50kN/m^2 = 3.75kN/m^2$$

综上，$g + q = 5.02kN/m^2 + 3.75kN/m^2 = 8.77kN/m^2$

2. 板厚

双向板的板厚 $h/l_{01} \geqslant 1/40$，即 $h \geqslant 75$mm，考虑管线暗埋，取板厚 $h = 100$mm。

3. 弯矩计算

受手算无法准确考虑相邻板的变形协调的影响，无法手算出与实际相符的连续双向板弯矩，该算例仅手算边跨和中间跨两种周边支承情况下的双向板。

（1）边跨板。

边跨板支承情况为三边固定、一边简支。

对于三边固定、一边简支的情况，计算跨度 l_0：取 l_c 与 $1.1 l_n$ 两者中较小值，工程中常取支座中心线间距为计算跨度。按照附表 3.6 的规定，顺简支边方向的计算跨度 $l_{0x} = 3.60$m，与简支边垂直的计算跨度 $l_{0y} = 3.00$m，与常规坐标轴方向相反，则

$$l_{0y}/l_{0x} = 3.00\text{m}/3.60\text{m} = 0.83, l_0 = l_{0y} = 3.00(\text{m})$$

① 跨中最大正弯矩计算。

根据 $l_{0y}/l_{0x} = 0.83$，三边固定、一边简支，查附录 3 中附表 3.6 用插值法可得：

l_{0x} 方向的跨中最大弯矩系数 $k_x = 0.0224 + (0.0231 - 0.0224) \times \dfrac{0.03}{0.05} = 0.02282$

l_{0y} 方向的跨中最大弯矩系数 $k_y = 0.0311 + (0.0273 - 0.0311) \times \dfrac{0.03}{0.05} = 0.02882$

对于混凝土材料，可取 $\mu = 0.2$，两个方向的跨中最大弯矩位于同一点，可按下式计算跨中弯矩：

$$
\begin{aligned}
m_{x,max}^{\mu} &= m_{x,max} + \mu m_{y,max} = (k_x + \mu k_y)(g + q)l_{0y}^2 \\
&= (0.02282 + 0.2 \times 0.02882) \times 8.77 \times 9 \\
&= 2.256 \ (\text{kN} \cdot \text{m}) \\
m_{y,max}^{\mu} &= m_{y,max} + \mu m_{x,max} = (k_y + \mu k_x)(g + q)l_{0y}^2 \\
&= (0.02882 + 0.2 \times 0.02282) \times 8.77 \times 9 \\
&= 2.635 \ (\text{kN} \cdot \text{m})
\end{aligned}
$$

② 支座最大负弯矩计算。

l_{0x} 方向的支座弯矩系数 $k_x' = -0.0707 + (-0.0683 + 0.0707) \times \dfrac{0.03}{0.05} = -0.06926$

l_{0y} 方向的支座弯矩系数 $k_y' = -0.0772 + (-0.0711 + 0.0772) \times \dfrac{0.03}{0.05} = -0.07354$

板支座弯矩为

$$
\begin{aligned}
m_x' &= k_x'(g+q)l_{0y}^2 = -0.06926 \times 8.77 \times 9 = -5.467(\text{kN} \cdot \text{m}) \\
m_y' &= k_y'(g+q)l_{0y}^2 = -0.07354 \times 8.77 \times 9 = -5.805(\text{kN} \cdot \text{m})
\end{aligned}
$$

（2）中间跨支承情况为四边固定。

对于四边固定，计算跨度 l_0：取 l_c 与 $1.1 l_n$ 两者中较小值，根据规定，l_{0y} 为长边尺寸，与常规坐标轴相同，则

$$l_{0x} = 3.00\text{m}, l_{0y} = 3.60\text{m}$$

$$l_{0x}/l_{0y} = 3.00\text{m}/3.60\text{m} = 0.83, l_0 = l_{0x} = 3.00\text{m}$$

① 跨中最大正弯矩计算。

根据 $l_{0x}/l_{0y} = 0.83$，四边固定，查附录 3 中附表 3.4 用插值法可得：

l_{0x}方向的跨中弯矩系数$k_x = 0.0271 + (0.0246 - 0.0271) \times \dfrac{0.03}{0.05} = 0.0256$

l_{0y}方向的跨中弯矩系数$k_y = 0.0144 + (0.0156 - 0.0144) \times \dfrac{0.03}{0.05} = 0.01512$

对于混凝土材料，可取$\mu = 0.2$，两个方向的跨中最大弯矩位于同一点，可按下式计算跨中弯矩：

$$\begin{aligned} m^\mu_{x,max} &= m_{x,max} + \mu m_{y,max} = (k_x + \mu k_y)(g + q)l_{0x}^2 \\ &= (0.0256 + 0.2 \times 0.01512) \times 8.77 \times 9 \\ &= 2.259 \ (kN \cdot m) \end{aligned}$$

$$\begin{aligned} m^\mu_{y,max} &= m_{y,max} + \mu m_{x,max} = (k_y + \mu k_x)(g + q)l_{0x}^2 \\ &= (0.01512 + 0.2 \times 0.0256) \times 8.77 \times 9 \\ &= 1.598 \ (kN \cdot m) \end{aligned}$$

② 支座最大负弯矩计算。

根据$l_{0x}/l_{0y} = 0.83$，四边固定，查附录3中附表3.4用插值法可得：

l_{0x}方向的支座弯矩系数$k'_x = -0.0664 + (-0.0626 + 0.0664) \times \dfrac{0.03}{0.05} = -0.06412$

l_{0y}方向的支座弯矩系数$k'_y = -0.0559 + (-0.0551 + 0.0559) \times \dfrac{0.03}{0.05} = -0.05542$

板支座弯矩为

$$m'_x = k'_x(g + q)l_{0x}^2 = -0.06412 \times 8.77 \times 9 = -5.061 kN \cdot m$$
$$m'_y = k'_y(g + q)l_{0x}^2 = -0.05542 \times 8.77 \times 9 = -4.374 kN \cdot m$$

4. 截面设计

（1）在竖向荷载作用下，板跨中的底部混凝土开裂，板支座的顶面混凝土开裂，形成卸荷拱，部分板的竖向荷载通过卸荷拱传到支座，而不以跨中弯矩、支座弯矩的形式传到支座，此时，跨中弯矩、支座弯矩可以乘以折减系数0.8。

卸荷拱传递竖向荷载的前提条件是支座有抵抗水平推力的能力，当临跨无板时，卸荷拱无法传力，边跨板的纵轴方向跨中弯矩、支座弯矩均不能进行折减，其他弯矩均可折减。

工程中，一般不考虑卸荷拱的作用。

（2）截面有效高度h_0。

短跨方向的跨中弯矩要大于长跨方向的跨中弯矩，将短跨方向的板底钢筋放于下层可以得到更大的内力臂。以下坐标轴方向与常规坐标轴方向一致，跨中有效截面高度如下。

短跨l_{0x}方向　　　$h_{0x} = h - 15 - 10/2 = 100 - 20 = 80$（mm）

长跨l_{0y}方向　　　$h_{0y} = h - 15 - 10 - 10/2 = 100 - 30 = 70$（mm）

支座有效截面高度：$h_0 = h - 15 - 10/2 = 100 - 20 = 80$（mm）

（3）配筋计算。

$$A_{s,min} = 0.212\% \times 1000 \times 100 = 212 \ (mm)^2$$

近似取$\gamma_s = 0.95$，$A_s = \dfrac{m}{\gamma_s h_0 f_y}$，边跨跨中弯矩、支座弯矩均反向，板截面配筋面积

计算结果及实际配筋面积列于表 2.2.6。

表 2.2.6 双向板截面配筋面积计算

截面	中间跨跨中		中间跨支座		边跨跨中		边跨支座	
	l_{0x}方向	l_{0y}方向	l_{0x}方向	l_{0y}方向	l_{0x}方向	l_{0y}方向	l_{0x}方向	l_{0y}方向
h_0 (mm)	80	70	80	80	80	70	80	80
m (kN·m)	2.259×0.8 $=1.807$	1.598×0.8 $=1.278$	-5.061×0.8 $=-4.049$	-4.374×0.8 $=-3.499$	2.635	2.256×0.8 $=1.805$	-5.805	-5.467×0.8 $=-4.374$
$A_s=\dfrac{m}{\gamma_s h_0 f_y}$ (mm²)	88	71	197	171	128	101	283	213
配筋面积取值 (mm²)	212	212	212	212	212	212	283	213
实际配筋	$\phi8@200$	$\phi8@200$	$\phi8@200$	$\phi8@200$	$\phi8@200$	$\phi8@200$	$\phi8@170$	$\phi8@200$
实配钢筋面积 (mm²)	251	251	251	251	251	251	296	251

边跨板的跨中变形要大于中间跨，边跨板的跨中弯矩在两个方向均大于中间跨（图 2.2.15）。

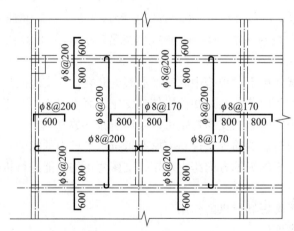

图 2.2.15 双向板配筋图（单位：mm）

2.3 梁

2.3.1 梁的分类

根据梁在结构体系中的支座情况和结构功能，梁可分为框架梁、非框架梁、悬臂梁、井字梁、暗梁、转换梁、连梁等。

框架梁双侧或单侧以框架柱或剪力墙为支座，将竖向荷载传递给框架柱、剪力墙或支承梁，与竖向构件组成抗侧力结构，水平力在双侧为竖向构件支承的框架梁上产生内力。非框架梁双侧均不直接支承在竖向构件上，以框架梁或其他梁为支座，将竖向荷载传递到支承梁上，非框架梁对结构整体刚度没有贡献，内力不受水平荷载的影响，无抗震要求，非框架梁为非抗震梁。

悬臂梁是一端外伸的静定梁，若以框架柱或剪力墙为支座，可以只有悬臂跨；悬臂梁还可以是框架梁、非框架梁的悬挑部分，悬臂部分为静定结构，只需遵守静力平衡条件；悬臂梁内力不受水平力的影响，为非抗震梁。

井字梁以框架梁为支撑，框架梁围合的平面应为正方形或接近正方形，在框架梁围合的平面内部梁高一致，梁宽也一般相同；井字梁互为支撑，在两个框架梁之间的井字梁为一跨，井字梁可以是单跨井字梁，也可以是多跨连续井字梁；井字梁一般相互正交，在建筑设计需要时可以正交斜放、斜交斜放，斜放的井字梁能减小中部梁的变形和弯矩。

暗梁一般与楼板同厚，对板起构造加强的作用；暗梁在内力计算时一般不作为梁建立结构模型；若想将暗梁的内力计算出来，可将暗梁在结构模型里输入，计算时须考虑板与梁的竖向变形协调，避免计算时将暗梁作为板的竖向不动铰支座。

下部少数楼层需要大空间的高层建筑，为了实现上部的小房间构件截面尺寸不致过大的效果，常通过转换梁将中断的上部竖向构件的竖向力传给落地竖向构件，通过加厚转换层楼板将上部竖向构件的水平力重分配给下部竖向构件，由于水平力的再分配弹性计算比例与大震作用时不符，只允许将部分竖向构件转换。

连梁连接两个剪力墙的墙肢，跨高比较小，竖向荷载产生的内力远小于水平荷载产生的内力，弯矩包络图接近 X 形，最大正负弯矩均在支座，剪力在跨内基本不变，是剪力墙的一部分，内力不应按梁单元进行分析，而应按壳单元进行分析。

悬臂梁是静定结构，手算较为简便。

非框架梁近似手算时将支撑梁视为竖向不动铰，可简化为一维连续杆件，若符合等跨、等截面、同荷载等条件，可直接查表计算；若不符合任意一条，须用结构力学方法求解。

其他梁均不适合手算。将框架梁的框架柱简化为竖向不动铰，按一维连续杆件计算时，无法计算出竖向荷载作用下的柱弯矩，边柱的轴力会偏小，对部分框架柱会偏不安全；框架梁的边支座弯矩无法算出，边跨跨中变形手算会偏大，边跨的跨中弯矩也会偏大。将框架梁按连续梁手算会使结构内力不准确，存在较大的安全隐患，工程中不应使用。

非框架梁的截面尺寸没有规范规定，常用的非框架梁、井字梁和悬臂梁截面尺寸的经验取值见表 2.3.1。

表 2.3.1 梁的截面尺寸估算

梁的类别	梁高 h	梁宽 b
非框架梁	$(1/18\sim1/14)\,L$	$(1/3\sim1/2)\,h$
井字梁	$(1/20\sim1/15)\,L$	$(1/4\sim1/3)\,h$
悬臂梁	$(1/8\sim1/6)\,L$	$(1/3\sim1/2)\,h$

注：表中 L 为梁的跨度或悬臂长度。

为了施工方便，梁高、梁宽一般取 50mm 的倍数，在遇到降板时，为了保证梁面平高的板面、梁底平低的板底，以使施工简便时也可以不遵守模数要求；若通过调整梁高，在工程量无大的增减的情况下，可将梁底与门顶或窗顶平，梁高也不需要遵守模数要求。

为了经济，梁的宽高比不应太大；为了保证梁受弯时梁的平面外稳定性，梁的宽高比也不应太小；井字梁比一般梁的间距更小，相互支撑作用更好，允许井字梁有更小的宽高比。对于高度很小的梁，须满足隔墙的砌筑及最小梁宽要求，梁的宽高比可以不考虑经济性要求，宽高比可以比表中更大。

没有真实梁的板柱结构，建立结构模型时须设置 100mm×100mm 的虚梁，虚梁起形成板格并生成楼板的作用，不参与结构内力计算。

2.3.2 塑性铰

工程中在已知外力求解结构变形和内力时常用有限元法，有限元法将结构力学的矩阵位移法同线性代数结合，利用计算机运算能力强、运算速度快的优点，快速准确地求解出结构效应。工程设计只关心各部位的变形和内力值，有限元结果一般为数值解。

在计算结构刚度时，略去钢筋的影响，只考虑混凝土的弹性模量，不考虑混凝土应力-应变的非线性特点，也不考虑混凝土开裂的影响，在结构的外力整体成比例增大时，各部位的变形和内力也成比例增大。由于外力与内力成线性关系，可以先考虑荷载分项系数计算出总荷载再一次性计算出结构内力，这种做法一次仅能算出一个组合工况的结构内力；也可以先计算出各种情况的内力标准值再进行内力组合，由于荷载组合的复杂性和活载布置的复杂性，一般采用先计算出内力标准值再进行内力组合的方法。

考虑构件开裂对刚度降低带来的影响常有两种方法，一种为依据构件受力特点进行刚度折减，在承载力极限状态，梁比剪力墙更容易开裂，剪力墙又比柱更容易开裂，刚度折减系数由小到大依次为梁、剪力墙和柱，折减系数越小刚度折减幅度越大；这种方式没有考虑内力大小对开裂程度的影响，依据构件类别取折减系数不能准确反映构件开裂、应力-应变非线性对内力计算结果的影响。另一种为非线性分析方法，在确定各构件截面尺寸、材料强度和配筋等条件后，进行使用期间可能遭遇的极限水平荷载作用下的结构分析，通过考虑构件的开裂、材料非线性等复杂因素反映出结构的内力影响及构件工作情况，据此对关键构件、普通竖向构件进行加强以保证结构体系的安全。

上述做法反映的是材料非线性对结构体系中各构件的影响，下面讨论的是对梁的影响。

框架结构有框架梁、非框架梁。单跨非框架梁在梁的跨中达到受弯承载力极限状态时，梁上不能再增加荷载。多跨非框架适筋梁的某一跨在梁的跨中达到受弯承载力极限状态时，若两侧支座还没有达到受弯承载力极限状态，梁上还可继续增加荷载，直到该跨梁的两个支座也依次达到受弯承载力极限状态，使该跨梁变成机动体系丧失承载力；多跨连续梁的中间支座的弯矩一般比跨中弯矩要大，在荷载不大、各断面没有开裂时，外荷载增大，各断面的弯矩也同步增长，考虑到适筋梁的钢筋截面面积与混凝土截面积相比很小，混凝土开裂前钢筋的应变太小而使钢筋应力很小，故开裂弯矩的大小与各断面的配筋率大小关系不大，随着荷载的增加，必然是支座截面先开裂，支座截面开裂后，荷载再增大，则会出现支座截面弯矩增大幅度小而跨中截面弯矩增大幅度大的现象，按线弹性方法计算的各断面弯矩与实际情况不再相符，将用线弹性方法计算出的支座弯矩适当调小更能与实际相符。若支座转动带来的顶部开裂能为工程所接受，可以将支座弯矩调得更小，只要跨中截面承载力足够，不会影响梁的整体最终承载力。

框架梁的弯矩一般是支座大于跨中，受力特点与非框架梁接近。

1. 塑性铰的工作原理

梁的其他截面是否能达到承载力极限状态，依赖于调幅截面的塑性转动能力。

配筋率低于最小配筋率的梁，受拉区混凝土的抗拉能力强于受拉钢筋，受拉区混凝土开裂后，钢筋不能承受混凝土退出工作转移来的拉力，使钢筋应变快速急剧增大，梁被瞬时撕裂，少筋梁具有开裂即破坏的脆性破坏特点。配筋率靠近最小配筋率的梁，塑性转动能力虽然很强，但结构安全风险很大。

配筋率靠近超筋的梁，钢筋受拉屈服到受压区边缘混凝土压碎时，受拉钢筋的屈服后变形太小，截面塑性转动能力太弱，会导致其他截面的承载力不能得到充分发挥。

配筋率合适的适筋梁受拉区混凝土开裂以后，随着截面弯矩的增大，钢筋拉应变增大，中和轴抬升，受压区减小，直到钢筋屈服，如图 2.3.1（a）所示。

混凝土开裂以后，不考虑中和轴附近混凝土的受拉影响，开裂截面钢筋的总拉应力与混凝土的总压应力维持平衡，如图 2.3.1（c）所示。钢筋屈服后，钢筋进入屈服平台，具有变形增大、拉应力不变的特点，随着钢筋拉应变的增大，中和轴不断抬升，受压区边缘混凝土的应变增大，这二者共同作用使钢筋屈服到混凝土受压区边缘达到极限压应变之间截面出现较大的转角差，即有较大的 $\phi_u - \phi_y$ 值，该转角差由中和轴的抬升幅度和受压区混凝土边缘压应变增大幅度决定，如图 2.3.1（b）所示。能够出现较大转角差的截面，工程中认为可以考虑为塑性铰。

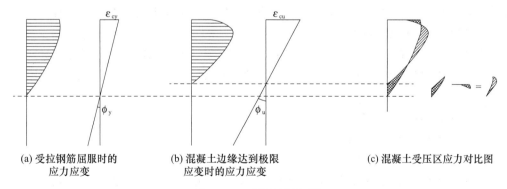

(a) 受拉钢筋屈服时的　　　　(b) 混凝土边缘达到极限　　　　(c) 混凝土受压区应力对比图
　　应力应变　　　　　　　　　应变时的应力应变

图 2.3.1　塑性铰原理图

塑性铰的转动能力与中和轴的高度、钢筋极限拉应变和混凝土的极限压应变有关，《钢筋混凝土连续梁和框架考虑内力重分布设计规程》（CECS 51：1993）规定如下。

（1）塑性铰处截面的相对受压区高度应满足 $0.1 \leqslant \xi \leqslant 0.35$ 的要求。相对受压区高度的上限值比界限相对受压区高度小了很多，配筋率越小，相对受压区高度越小，中和轴越高，截面的转动能力越强。

（2）应采用 HPB300，HRB400，RRB400 等延性较好的钢筋，上述钢筋有较大的极限拉应变，有利于塑性铰的充分形成。

（3）应采用 C25～C45 等强度等级较低的混凝土，强度等级较低的混凝土具有较大的极限压应变 ε_{cu}，较低强度等级的混凝土具有更强的截面转动能力。

钢筋屈服以后，随着中和轴的抬升，混凝土的受压区高度减小，但峰值应变附近混凝土的应力梯度变大，应力积分结果仍能维持一个定值，如图 2.3.1（c）所示。

2. 塑性铰与理想铰的比较

钢筋混凝土塑性铰与理想铰的区别主要有以下几点。

（1）钢筋混凝土塑性铰仅能沿弯矩方向转动，而理想铰可正向、反向转动。

（2）钢筋混凝土塑性铰能承受一定弯矩，而理想铰不能承受弯矩。

（3）钢筋混凝土塑性铰分布在一定的范围，而理想铰集中为一点。

（4）钢筋混凝土塑性铰转动能力有限，而理想铰转动幅度不受限制。

一般超静定结构在塑性铰出现之前，其内力分布符合弹性理论的规律，塑性铰出现后，结构发生内力重分布，实际内力不同于线弹性理论的计算结果。在某一截面达到受弯承载力时结构并不会丧失承载力，只有当结构出现足够数量的塑性铰使结构局部或整体变为几何可变体系时，结构局部或整体才丧失承载力。

按塑性理论计算时，跨中截面出现塑性铰后，结构仍可继续承载直到支座截面也出现塑性铰，即按塑性理论得出的整体结构极限承载力高于按弹性理论得出的整体结构极限承载力，将结构的截面破坏提升到了构件破坏。由于跨中最大弯矩的活载布置总是与支座负弯矩最大的活载布置不同，当支座弯矩调整幅度适当时，可以实现减小支座配筋率而不需加大跨中配筋率的目的。

当受到巨大的水平荷载作用时，通过考虑结构体系塑性铰的出现部位，使结构具有很强的耗能能力，又可将构件破坏提升为结构体系破坏。考虑结构体系失效时，不以单个构件或数个构件破坏作为评判标准，将构件区分为关键构件、一般竖向受力构件和耗能构件，非框架梁、悬挑梁属于体系失效的无关构件，不在上述三种构件之列。

3. 塑性铰的使用限制条件

多跨连续单向板、多跨连续梁、框架梁均可按塑性铰的原理对支座弯矩进行支座弯矩调幅，由于弯矩调幅以增大调幅截面的裂缝宽度为代价，以下情况不能进行支座弯矩调幅。

（1）对裂缝控制严格的构件。

（2）须进行疲劳验算的构件。

4. 塑性铰的应用

多跨连续梁、多跨连续单向板，在跨度相同或相近、截面尺寸相同、荷载相同，同时荷载为满跨均布荷载时，结构各控制截面的弯矩按下式计算。

$$M = \alpha_{M}(g+q)l_0^2 \tag{2.3.1}$$

结构各控制截面的剪力按下式计算。

$$V = \alpha_{V}(g+q)l_n \tag{2.3.2}$$

式中：l_0——梁、板的计算跨度（m）；

l_n——梁、板的净跨度（m）；

g，q——梁、板的恒载基本组合值及活载基本组合值（kN）；

α_M，α_V——梁、板的弯矩计算系数及剪力计算系数，见表 2.3.2 和表 2.3.3。

表 2.3.2　弯矩计算系数 α_M

支承情况		截面位置					
		端支座	边跨跨中	离端第二支座	离端第二跨中	中间支座	中间跨中
		A	I	B	II	C	III
梁、板支承在砌体上		0	1/11	2 跨连续： $-1/10$； 3 跨及以上： $-1/11$	1/16	$-1/14$	1/16
板	与梁整浇	$-1/16$	1/14				
梁		$-1/24$					
梁与柱整浇		$-1/16$	1/14				

注：梁与柱整浇时，为框架结构，应按第 3 章计算框架梁的弯矩，不宜按上表系数计算框架梁的弯矩。

表 2.3.3　剪力计算系数 α_V

支承情况	截面位置			
	端支座 A	离端第二支座 B		中间支座 C
		靠端侧	靠中侧	
支承在砌体上	0.45	0.60	0.55	0.55
与梁或柱整浇	0.50	0.55		

为使结构具有稍大的安全储备，结构跨中（正中）截面处的弯矩应满足

$$\frac{|M'_A|+|M'_B|}{2}+M'_1\geqslant 1.02M_0 \tag{2.3.3}$$

式中：M'_A，M'_B——调幅后的左右支座弯矩（kN·m）；

M'_1——调幅后的跨中弯矩，位置为跨的正中（kN·m）；

M_0——按简支梁计算的跨中弯矩，位置为跨的正中（kN·m）。

最大正弯矩有可能不在跨的正中，也可以通过将荷载放大 2% 使式（2.3.3）得到满足，同时使正弯矩区段所有断面均有一定的安全储备。由于进行了荷载放大，表中系数并不遵守静力平衡条件。

表 2.3.2、表 2.3.3 中的系数是根据以下三个条件确定的：5 跨连续梁、连续板，活载与恒载的比值 $q/g=3$，弯矩调幅系数 β 大致为 0.20。当与上述条件偏差不大时，仍可适用。

对于框架梁和不满足上述条件的多跨连续梁、连续板，不能通过查表求得弯矩、剪力，必须通过电算求解。工程中就算满足上述条件的多跨连续梁、连续板，也常采用电算求解弯矩、剪力。上述套用表格计算弯矩、剪力的做法，主要适用于学习时手算。

5. 塑性铰的工程意义

通过运用塑性铰理论进行支座弯矩调幅，有以下工程意义。

（1）由于跨中最大正弯矩的活载不利布置总是与支座最大负弯矩的活载不利布置不同，当将支座负弯矩调小时，只需将与支座最大负弯矩相对应的跨中弯矩调大，若调大

后的跨中最大正弯矩小于由活载不利布置求得的跨中最大正弯矩，则可将支座配筋减小而不需要加大跨中配筋，节约工程造价。

（2）支座顶面钢筋减少以后，有利于混凝土的施工，更便于保证梁的施工质量。

（3）梁的支座纵筋减少，有利于保证极限水平荷载作用下的结构体系延性，减少支座处梁的箍筋、柱的纵筋及箍筋、节点核心区箍筋，降低工程造价。

6. 塑性铰算例

例：某 3 跨等跨连续梁，支座均为竖向不动铰，跨度为 6.0m；该梁各跨上作用有满布恒载标准值 30kN/m（含自重），满布活载标准值 20kN/m，按 $\beta=0.20$ 进行调幅。求各跨的跨中弯矩、支座弯矩。

解：荷载基本组合值为 $1.3\times30+1.5\times20=69$（kN/m）

（1）求最大支座弯矩。

在第一、第二跨布置活载，或在第二、第三跨布置活载时，最大支座弯矩为
$$M_B=M_C=-0.100\times1.3\times30\times6.0^2+(-0.117)\times1.5\times20\times6.0^2=-266.76\text{(kN·m)}$$

（2）求第一、第三跨的跨中弯矩。

第一、第三跨布置活载时，第一、第三跨的跨中弯矩最大，采用简单相加的方法，为
$$M_1=M_3=0.080\times1.3\times30\times6.0^2+0.101\times1.5\times20\times6.0^2=221.4\text{(kN·m)}$$

上式将恒载跨中最大弯矩与活载跨中最大弯矩直接相加，由于边跨的恒载、活载最大弯矩不在同一位置，计算值比实际值偏大。若求精确值，须先求支座弯矩。
$$M_B=M_C=-0.100\times1.3\times30\times6.0^2+(-0.050)\times1.5\times20\times6.0^2=-194.4\text{(kN·m)}$$

A 支座剪力为
$$V_A=0.5\times69\times6.0-\frac{194.4}{6}=174.6\text{(kN)}$$

剪力 0 点距 A 支座距离为
$$x=\frac{V_A}{69}=\frac{174.6}{69}=2.53\text{(m)}$$

第一、第三跨的跨中弯矩为
$$M_1=M_3=174.6\times2.53-\frac{1}{2}\times69\times2.53^2=220.91\text{(kN·m)}$$

从上述计算可以看出，实际弯矩稍小于简单相加的结果。

（3）求第二跨的跨中弯矩。

第二跨布置活载时，第二跨的跨中弯矩最大，由于恒载最大弯矩与活载最大弯矩在同一位置，可以简单相加求第二跨的跨中弯矩。
$$M_2=0.025\times1.3\times30\times6.0^2+0.075\times1.5\times20\times6.0^2=116.1\text{(kN·m)}$$

（4）求调幅后的支座弯矩。
$$M'_B=M'_C=M_B(1-\beta)=-266.76\times(1-0.20)=-213.41\text{(kN·m)}$$

（5）求调幅后的第一、第三跨最大跨中弯矩。

可以通过将荷载放大 2% 满足式（2.3.3）的要求，A 支座剪力为
$$V'_A=0.5\times1.02\times69\times6.0-\frac{213.41}{6}=175.57\text{(kN)}$$

剪力 0 点距 A 支座距离为

$$x = \frac{V'_A}{1.02 \times 69} = \frac{175.57}{1.02 \times 69} = 2.495(\text{m})$$

第一、第三跨的跨中弯矩为

$$M'_1 = M'_3 = 175.57 \times 2.495 - \frac{1}{2} \times 1.02 \times 69 \times 2.495^2 = 218.99(\text{kN} \cdot \text{m}) < 220.91\text{kN} \cdot \text{m}$$

从上述结果可以看出，由于支座负弯矩取得最大值的活载布置与跨中正弯矩取得最大值的活载布置不同，通过调幅将支座负弯矩减小后，仍取未调幅时的跨中最大正弯矩进行跨中梁底配筋设计。

（6）求调幅后的第二跨最大跨中弯矩。

$$M'_2 = \frac{1}{8} \times 1.02 \times 69 \times 6.0^2 - 213.41 = 103.3(\text{kN} \cdot \text{m}) < 116.1\text{kN} \cdot \text{m}$$

第二跨也应取未调幅时的跨中最大正弯矩进行跨中梁底配筋设计。

（7）软件结果。

下面为不调幅的软件弯矩计算结果，支座弯矩为 $M_B = M_C = -265.5\text{kN} \cdot \text{m}$，比查表法结果少 0.5%。跨中弯矩为 $M_1 = M_3 = 218.3\text{kN} \cdot \text{m}$，比查表法结果少 1.2%；$M_2 = 116.5\text{kN} \cdot \text{m}$，比查表结果多 0.3%。

对比上述计算结果，可以看出支座弯矩、中间跨弯矩软件结果与查表结果较为接近，二者的计算位置完全相同，微小的误差是由计算精度造成的。边跨计算结果差别稍大，除了计算精度误差以外，计算位置也有影响，软件用 9 个切面将 1 跨梁分为 8 段，软件边跨弯矩为正中间位置结果，即离 A 支座 3.0m 处的结果，再往左切面位置又在 2.25m 位置，也不在剪力 0 点位置。

一般来说，活载占比较大时，可以将调幅系数取大值，而无须增大跨中配筋的弯矩取值，这也与恒载对裂缝、挠度的影响比活载的影响更大相一致。

2.3.3　梁的设计方法

本章的设计方法主要适用于非框架梁，手算非框架梁时，常将支承梁（非框架梁或框架梁）简化为竖向不动铰，忽略支承梁的竖向变形和扭转刚度，明显与实际受力及传力情况不符，故手算方法仅作学习，不应将手算结果用在实际工程上。

楼（屋）盖起协调整个结构单元竖向构件变形的作用，依据变形大小及竖向构件刚度分担水平力，水平力须依赖梁、板进行传递，规范规定梁须有一定量的钢筋在顶面拉通，部分受力较大的梁面拉通钢筋直径可能会较大，当端支座为宽度较小的梁时，会导致端支座贯通钢筋直锚段长度不够，工程中不应人为将端支座设为铰接使计算结果偏离实际受力。贯通钢筋在端支座一般不需要满足直锚段长度要求，主要有两个方面的原因：一方面，竖向荷载作用时，支承梁对非框架梁的端支座挠曲变形约束有限，非框架梁的端支座弯矩计算值很小，钢筋直径大是贯通造成的，并不是竖向荷载的受力需求；另一方面，非框架梁内力计算值不受水平力大小的影响，是抗震设计的无关构件，不会因水平力而导致端支座钢筋应力的显著增大。

工程中按交叉梁系进行梁的设计，普遍没有传统的主次梁概念，绝大多数时候都有明确的传力方向。交叉梁系传力时，具有刚度小的梁传力给刚度大的梁的特点。如图

2.3.2（a）所示，两根梁若作用相同的竖向荷载，将两根梁拆开考虑，则在交点处 B 梁的挠曲变形要大于 A 梁，由于 A、B 两梁在交点整体浇筑在一起，只能有一个统一的竖向变形，则 A 梁的变形较拆开考虑要大，B 梁的变形较拆开考虑要小，A 梁变形增大是由于 B 梁有集中力传到 A 梁，具体传力数值通过变形协调计算得到；若按主次梁的思路，将两梁交点设为竖向不动铰，则 B 梁会有更多的竖向力传向 A 梁，竖向不动铰明显不符合实际情况；根据上述传力特点，应将 A 梁截面尺寸取得比 B 梁大，这又会使 B 梁有更多的力传向 A 梁。同样的原因，图 2.3.2（b）中，力的传递方向，也是 B 梁传向 A 梁。图 2.3.2（c）这种情况工程中也很常见，工程中一般 A 梁的荷载较小，这会使 B 梁有更多的力传向 A 梁，设计时不应将长的 B 梁截面尺寸加大，而应将短的 A 梁截面尺寸加大。

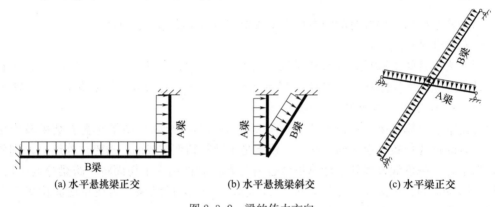

(a) 水平悬挑梁正交　　　(b) 水平悬挑梁斜交　　　(c) 水平梁正交

图 2.3.2　梁的传力方向

工程中设计人员要明确力的传递方向，传力数值由工程软件计算得到，依据反复多次试算，即可取到合适的梁截面尺寸。

1. 跨数

各跨荷载相同的等截面连续梁，当跨数超过 5 跨时，可按 5 跨计算。边跨及其临跨的变形特点明显有别于中间跨，靠边的支座弯矩、跨中弯矩也不均匀，中间跨的内力则较为均匀，以第三跨来代表实际结构的所有中间跨，这个处理便于制作手算的表格。在工程中不需要做上述处理，按实际跨数计算。

当连续梁实际跨数少于 5 跨时，则计算简图按实际跨数考虑。

当不满足上述条件时，无法查表手算，必须电算求解。对于很复杂的受力情况，无法查表手算，必须电算求解。

2. 计算跨度 l_0

非框架梁的计算跨度是指在计算弯矩时所应取用的跨间长度，理论上应取该跨两端支座处转动点之间的距离，也可取支座反力合力点间的距离。支座总反力由曲线应力合成，故支座反力合力点位置随竖向荷载大小而变化，竖向荷载越大，计算跨度越大。

根据梁计算内力所采用的弹性或塑性理论方法不同，其计算跨度的取值也不同。当按弹性理论计算时，计算跨度一般取两支座反力合力点之间的距离。连续梁的计算跨度的取值方法见表 2.3.4。

表 2.3.4　梁的计算跨度

依据弹性理论计算	单跨	两端搁置	$l_0=l_n+a$ $l_0\leqslant1.05l_n$
		一端搁置，一端整浇	$l_0=l_n+a/2$ $l_0\leqslant1.025l_n$
		两端整浇	$l_0=l_n$
	多跨	边跨	$l_0=l_n+a/2+b/2$ $l_0\leqslant1.025l_n+b/2$
		中间跨	$l_0=l_c$
			$l_0\leqslant1.05l_n$（两边支座为砌体）

注：l_0 为梁的计算跨度；l_n 为梁的净跨度；l_c 为支座中心线间距离；h 为板厚；a 为梁的端支承长度；b 为中间支座宽度。

工程中常取支座中心线之间的距离，当支座为截面尺寸较大的柱时，可以通过梁端刚域考虑支座对内力计算结果的影响。

在选取梁计算简图进行手算时，将与非框架梁连接的支承梁（砌体墙）假定为竖向不动铰支座，无法考虑支承梁的竖向变形不同对非框架梁内力的影响，也无法考虑支承梁的扭转刚度对非框架梁内力的影响，同时还会影响支承梁内力的准确性，这种做法不能用于工程设计。整体现浇的楼（屋）盖结构，工程中应将各节点设为刚性连接，以保证相交于同一节点的各杆件变形协调，不得人为将其中的一根杆件设为铰接。

3. 等效荷载

等效荷载为双侧固端时支座弯矩等效满跨均布荷载的简称，仅用于支座弯矩计算，跨中弯矩须用实际荷载计算。

为了查表方便，手算时将满跨、局部跨的三角形荷载、梯形荷载及集中力等效为满跨的均布荷载，便于将跨内的所有竖向荷载简单相加，一次性计算出支座弯矩。当局部跨的三角形荷载、梯形荷载不对称，或集中力不在跨的正中而且不对称时，由于两侧支座弯矩不同，同一荷载会出现 2 个等效荷载，一个等效荷载仅能计算出一端的支座弯矩。当受力过于复杂时，无法查到等效荷载，必须借助电算求解支座弯矩。

附表 4 中仅列出了双侧支座为固端的等效荷载计算式，该表主要用于框架结构的支座弯矩手算。对于多跨连续梁，该表仅有满跨均布荷载、对称集中力两种荷载布置方式，须将满跨或局部跨的梯形荷载、三角形荷载转换为满跨均布荷载才能查表，只能借用双侧固端的等效荷载表格将梯形荷载、三角形荷载转换为满跨均布荷载。边跨采用这种处理，导致支座弯矩手算值小于实际值，偏不安全。

2.3.4　井字梁

井字楼盖是由双向板与交叉梁系组成的楼盖，楼板以框架梁或井字梁为支座，由于楼板的竖向刚度远小于梁，板的受力与前述双向板基本相同；井字楼盖可以是单格井字楼盖、双格井字楼盖或多格连续井字楼盖。

井字楼盖的格由与柱相连的框架梁围成。单格井字楼盖的框架梁的刚度比格内井字梁的刚度大，可以为井字梁提供足够的支撑刚度并将力传到框架柱上。格两个方向的尺寸应相同或相近，使格内两个方向的井字梁的跨度相同或相近，由于两个方向没有主次之分，靠边的井字梁又能给另一方向的中梁提供支撑，使井字梁的受力较为合理，井字梁的截面高度可以较一般梁小。为了美观，井字梁的宽高比一般取较小，而且两个方向应采用同样的截面尺寸。除了井格的大尺寸相同或相近以外，梁格的小尺寸也应相同或相近，以保证美观。

地下室的停车位一般以 3 个车位为一组，柱距一般为 8.1m 左右，一般采用多格连续井字楼盖，如图 2.3.3 所示。建筑物外的地下车库顶板需要进行园林绿化，覆土厚度至少 1.50m，荷载较大，通过设置井字梁可以改善板的受力。

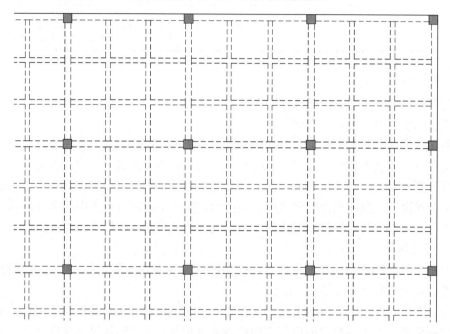

图 2.3.3　井字楼盖的平面布置图

井格内的井字梁跨中只有一个两侧同时向中间增大的最大正弯矩，无论为多少段，同一井格均为一跨。

为了使板受力合理，通常采用边长为 3～4m 的板格，且边长宜尽量相等。井字楼盖在平面上宜做成正方形或矩形，也有少量三角形或六边形的网格形状，做成矩形时长短边之比不宜大于 1.5，梁高 $h＝（1/20～1/16）l$，l 为井字梁的跨度，一般为 10～20m，梁宽 $b＝（1/4～1/3）h$。

井字楼盖的交叉梁系属于空间杆系高次超静定结构。一个方向的梁在变形的过程中，将使另一个方向的梁发生扭转，由于梁的抗扭刚度的存在，反过来又对梁的变形产生一定的约束。因此，其内力与变形计算是一个十分复杂的问题，精确的内力与变形分析大都采用有限元法。

手算时，可采用"荷载分配法"来近似解决井字楼盖的受力分析问题，其计算简图如图 2.3.4 所示。楼板一般按双向板计算，板上荷载就近传至最近的井字梁节点，其值为 Pql^2，井字楼盖中梁的内力与变形可近似按节点竖向变形相等的原则进行计算，并引入下列假定。

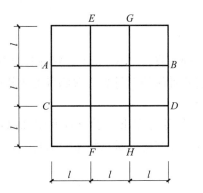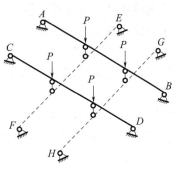

图 2.3.4 井字楼盖的手算简图

（1）板简支于梁上，忽略板的连续性对梁的变形的影响。

（2）荷载作用在交叉梁系的格节点上。

（3）不考虑梁的抗扭刚度和剪力的影响。

然后根据两个方向的梁刚度和其交叉点挠度相同的条件，计算每根梁所受的荷载及其相应的内力，查《建筑结构静力计算手册》。

2.3.5 集中力附加筋

在梁的交叉位置，通过变形协调有一根梁的集中力会传向另一根梁，集中力一般由刚度小的梁传向刚度大的梁，同时刚度小的梁会出现支座负弯矩。次梁支座产生负弯矩后认为梁的上部 1/2 的次梁会开裂，集中力由下部未开裂的 1/2 梁传给主梁，主次梁高差为 h_1，一般认为若不采取措施，会以刚性角 45° 发生冲切破坏；若配置集中力附加筋，则所有穿过冲切斜裂缝的附加箍筋、附加吊筋均能将集中力传到主梁上部，有助于阻止冲切破坏的发生。规范规定配置于双侧各 $b+h_1$ 范围内的附加筋均能起到作用，冲切破坏具有临近次梁裂缝宽的特点，故附加筋应紧靠次梁配置（图 2.3.5）。

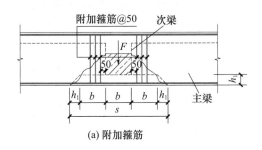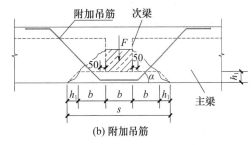

图 2.3.5 集中力附加筋

附加箍筋与集中力方向一致，能充分发挥作用，规范推荐采用附加箍筋传递集中力，假定双侧附加箍筋均能被充分利用，附加箍筋的排数按式（2.3.4）计算。

$$m \geqslant \frac{F}{nf_{yv}A_{sv1}}$$ （2.3.4）

式中：F——主梁两侧次梁传来的集中力基本组合值；

m——附加箍筋双侧总排数；

n——附加箍筋肢数；

f_{yv}——附加箍筋抗拉强度设计值;

A_{sv1}——单肢附加箍筋截面面积。

为了便于施工,附加箍筋的钢筋级别、钢筋直径应与受剪箍筋相同,在配置附加箍筋的位置,同时有受剪承载力需求,故上述附加箍筋总排数应双侧各加 1 排作为附加箍筋的最终总排数。

当集中力很大时,仅靠附加箍筋不能满足受力需求,需要补充附加吊筋传递集中力,附加吊筋的弯起段与集中力呈一定角度,仅竖向分量承担集中力传递,附加吊筋的截面面积按式(2.3.5)计算。

$$A_s = \frac{F}{2f_y \sin\alpha} \tag{2.3.5}$$

式中:F——扣除附加箍筋传递的集中力后主梁两侧次梁传来的集中力基本组合值;

f_y——附加吊筋的抗拉强度设计值;

α——附加吊筋弯起段与梁轴线的夹角。

2.3.6 梁设计例题

1. 三跨梁设计例题

取图 2.2.4 中⊗轴的非框架梁进行设计,按弹性理论设计该梁。

(1)截面尺寸。

非框架梁截面高度 $h = l_0/18 \sim l_0/12 = 6000\text{mm}/18 \sim 6000\text{mm}/12 = 333 \sim 500\text{mm}$,取 $h = 450\text{mm}$;截面宽度 $b = h/3 \sim h/2 = 150 \sim 225$(mm),工程中标准隔墙厚度为 200mm,为了满足隔墙砌筑要求,梁宽最小 200mm,为了使房间内不露梁线以免影响房间美观,最合理的梁宽 $b = 200\text{mm}$,综合起来取梁宽 $b = 200\text{mm}$。

(2)荷载计算。

内墙单位面积恒载标准值:

20mm 厚水泥砂浆(双侧)	$20\text{kN/m}^3 \times 0.02\text{m} \times 2 = 0.80\text{kN/m}^2$
蒸压加气混凝土砌块(200mm 厚)	$8.0\text{kN/m}^3 \times 0.20\text{m} = 1.60\text{kN/m}^2$
合计	2.40kN/m^2

外墙单位面积恒载标准值:

喷涂两遍真石漆(外侧)	0.03kN/m^2
15mm 厚 1:3 水泥砂浆	$20\text{kN/m}^3 \times 0.015\text{m} = 0.30\text{kN/m}^2$
5mm 厚干粉类聚合物水泥防水砂浆	$20\text{kN/m}^3 \times 0.005\text{m} = 0.10\text{kN/m}^2$
重砂浆砌筑烧结页岩多孔砖(200mm 厚)	$16\text{kN/m}^3 \times 0.20\text{m} = 3.20\text{kN/m}^2$
20mm 厚水泥砂浆(内侧)	$20\text{kN/m}^3 \times 0.02\text{m} = 0.40\text{kN/m}^2$
热固复合聚苯乙烯泡沫保温板(50mm 厚)	$0.3\text{kN/m}^3 \times 0.05\text{m} = 0.015\text{kN/m}^2$
合计	4.05kN/m^2

本例题中层高为 3.3m,梁高按 450mm 估算,计算高度为 3.3m $-$ 0.45m $=$ 2.85m,则单位长度墙体恒载标准值(线荷载)如下。

外墙（200mm 厚）：$4.05\text{kN/m}^2 \times 2.85\text{m} = 11.54\text{kN/m}$

内墙（200mm 厚）：$2.4\text{kN/m}^2 \times 2.85\text{m} = 6.84\text{kN/m}$

工程实际计算中，考虑墙体上设置了门窗洞口，会对有较大门窗洞口的墙体线荷载进行折减，局部小的门窗洞口不予折减。

非框架梁仅需进行竖向荷载的内力计算，荷载组合简单，本例题先算出荷载基本组合值，再进行内力计算。

① 恒载基本组合值。

a. 由次梁传来集中力（恒载）基本组合值 G。

次梁恒载有板传来的梯形荷载、次梁自重和梁上内隔墙自重。

据双向板设计例题，楼盖恒载标准值为 3.86kN/m^2，办公室板传到次梁的梯形荷载标准值为 $3.86 \times 3.0 = 11.58$（kN/m）；梯形的上底为 $3.60 - 3.00 = 0.60$（m），梯形的下底为 3.60m。

次梁截面按 200mm×300mm 估算，次梁自重（包含梁侧抹灰）标准值为

$$0.20 \times (0.30 - 0.10) \times 25 + (0.20 \times 2 + 0.20) \times 0.02 \times 17 = 1.20(\text{kN/m})$$

次梁上内隔墙自重（200mm 厚）标准值为 6.84kN/m。

综上，$G_k = (1.20 + 6.84) \times \dfrac{3.6}{2} + \dfrac{0.60 + 3.60}{2} \times 11.58 = 38.79(\text{kN})$

$$G = 1.3G_k = 1.3 \times 38.79 = 50.43(\text{kN})$$

b. 梁自重及隔墙恒载基本组合值 g_1。

梁截面 200mm×450mm，则梁自重（含抹灰）标准值为

$$0.20 \times (0.45 - 0.10) \times 25 + (0.35 \times 2 + 0.20) \times 0.02 \times 17 = 2.06 \ (\text{kN/m})$$

不考虑门洞影响，梁上内隔墙自重（200mm 厚）标准值为 6.84kN/m。

上述荷载均为满跨均布恒载，梁自重及隔墙恒载基本组合值为

$$g_1 = 1.3 \times (2.06 + 6.84) = 11.57(\text{kN/m})$$

c. 办公室板传来的三角形恒载基本组合值 g_2。

办公室板传来的荷载在同一跨是由两个三角形恒载构成的，如图 2.3.6 所示。

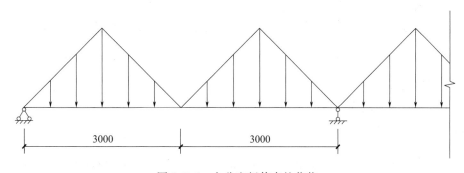

图 2.3.6 办公室板传来的荷载

办公室板传来的三角形恒载标准值为 $3.86\text{kN/m}^2 \times \dfrac{3.00\text{m}}{2} = 5.79\text{kN/m}$，基本组合值为 $g_2 = 1.3 \times 5.79\text{kN/m} = 7.53\text{kN/m}$。

借助附表 4，等效均布恒载基本组合值为 $7.53 \times \dfrac{17}{32} = 4.00 \text{kN/m}$。

d. 走廊板传来的梯形恒载基本组合值 g_3。

走廊板传来的梯形恒载标准值为 $3.86 \text{kN/m}^2 \times \dfrac{2.10 \text{m}}{2} = 4.05 \text{kN/m}$，基本组合值 $g_3 = 1.3 \times 4.05 \text{kN/m} = 5.27 \text{kN/m}$。梯形的上底为 $6.00 \text{m} - 2.10 \text{m} = 3.90 \text{m}$，下底为 6.00m。

$$\alpha = \frac{1.05}{6} = 0.175$$

借用双侧固端的表格，等效均布恒载基本组合值为

$$(1 - 2\alpha^2 + \alpha^3)g_3 = (1 - 2 \times 0.175^2 + 0.175^3) \times 5.27 = 4.98 (\text{kN/m})$$

恒载作用下总的均布恒载（含等效均布恒载）基本组合值为 $11.57 + 4.00 + 4.98 = 20.55$（kN/m）。

② 活载基本组合值。

a. 由次梁传来集中力（活载）基本组合值 Q。

次梁传来的活载集中力仅由办公室活载构成，查规范可知办公室活载标准值为 2.50kN/m^2，办公室板传到次梁的梯形活载标准值为 $2.50 \times 3.00 = 7.50$（kN/m）；梯形尺寸同恒载。

次梁传来集中力（活载）基本组合值为

$$Q = 1.5 \times \frac{0.60 + 3.60}{2} \times 7.50 = 23.63 (\text{kN})$$

b. 办公室板传来的三角形活载基本组合值 q_1。

办公室板传来的荷载在同一跨是由两个三角形活载构成的，如图 2.3.b 所示。办公室板传来的三角形活载标准值为 $2.5 \text{kN/m}^2 \times \dfrac{3.00 \text{m}}{2} = 3.75 \text{kN/m}$，基本组合值 $q_1 = 1.5 \times 3.75 \text{kN/m} = 5.63 \text{kN/m}$。

等效均布活载基本组合值为 $5.63 \times \dfrac{17}{32} = 2.99$（kN/m）。

c. 走廊板传来的梯形活载基本组合值 q_2。

查规范可知，消防走廊的活载标准值为 3.50kN/m^2，走廊板传来的梯形活载标准值为 $3.50 \text{kN/m}^2 \times \dfrac{2.10 \text{m}}{2} = 3.68 \text{kN/m}$，基本组合值 $q_2 = 1.5 \times 3.68 \text{kN/m} = 5.52 \text{kN/m}$；梯形尺寸同恒载。

$\alpha = 0.175$，等效均布活载基本组合值为

$$(1 - 2\alpha^2 + \alpha^3)q_2 = (1 - 2 \times 0.175^2 + 0.175^3) \times 5.52 = 5.21 (\text{kN/m})$$

活载作用下总的等效均布活载基本组合值为 $2.99 \text{kN/m} + 5.21 \text{kN/m} = 8.20 \text{kN/m}$。

（3）计算简图。

3 跨梁支承在框架梁上，近似将框架梁作为非框架梁的竖向不动铰支座考虑，竖向荷载作用下非框架梁内力近似按连续梁计算。

3 跨梁计算跨度：$l_0 = 6.0 \text{m}$

3 跨梁计算简图如图 2.3.7 所示。

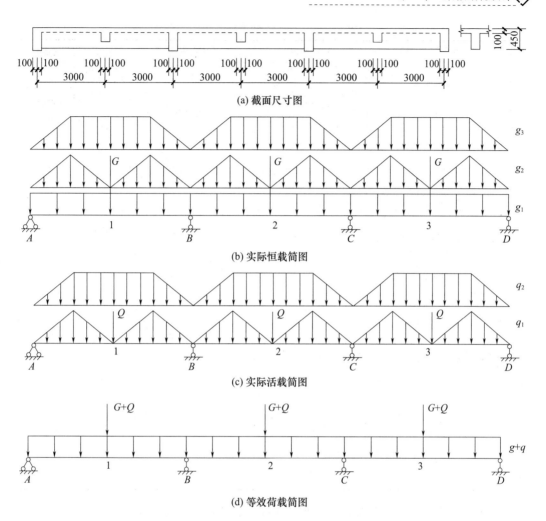

图 2.3.7　3 跨梁计算简图

（4）内力设计值及内力包络图。

① 内力设计值。

弯矩　$M=k_1Gl_0+k_2gl_0^2+k_3Ql_0+k_4ql_0^2$（由四种荷载类型叠加组成）

式中系数 k 可查附录 2 中附表 2.2，具体计算结果以及最不利荷载组合见表 2.3.5。

表 2.3.5　3 跨梁弯矩计算

序号	荷载图	边跨跨内			中间支座			中间跨跨内		
		内力系数 k	M_1 (kN·m)	M_1 (kN·m)	内力系数 k	MB (MC) (kN·m)	MB (MC) (kN·m)	内力系数 k	M_2 (kN·m)	M_2 (kN·m)
①		0.175	52.95	112.13	−0.150	−45.39	−119.37	0.100	30.26	48.76
		0.080	59.18		−0.100	−73.98		0.025	18.50	

序号	荷载图	边跨跨内			中间支座			中间跨跨内		
		内力系数 k	M_1 (kN·m)	M_1 (kN·m)	内力系数 k	MB (MC) (kN·m)	MB (MC) (kN·m)	内力系数 k	M_2 (kN·m)	M_2 (kN·m)
②		0.213	30.20	60.02	−0.075	−10.63	−25.39	负值	—	负值
		0.101	29.82		−0.050	−14.76		负值	—	
③		负值	—	负值	−0.075	−10.63	−25.39	0.175	24.81	46.95
		负值	—		−0.050	−14.76		0.075	22.14	
④		0.162	22.97	44.52	−0.175 (−0.050)	−24.81 (−7.09)	−59.35 (−16.83)	0.137	19.42	35.36
		0.073	21.55		−0.117 (−0.033)	−34.54 (−9.74)		0.054	15.94	
最不利荷载组合	①+②		172.15			−144.76			48.76	
	①+③		112.13			−144.76			95.71	
	①+④		156.65			−178.72 (−136.20)			84.12	

跨中弯矩不能按等效荷载计算，须按实际荷载计算，由表2.3.5可知，组合①+②取得第一、三跨最大正弯矩，剪力0点位于正中集中力作用点；组合①+③取得第二跨最大正弯矩，剪力0点位于正中集中力作用点；组合①+④直接得到支座最大负弯矩。

剪力应按实际荷载计算，在支座弯矩已知后，是一个静定问题。中间支座左右两侧剪力一般不同。

根据作用于梁上的实际荷载及梁端弯矩，用平衡条件可求得梁铰接端剪力及第一、三跨梁跨中截面弯矩。

AB 段梁杆端弯矩为 $M_A=0$ kN·m，$M_B=-144.76$ kN·m

梁跨中集中荷载 $F=G+Q=50.43$ kN$+23.63$ kN$=74.06$ kN

梁上均布线荷载 $g_1=11.57$ kN/m；三角形荷载 $p_1=g_2+q_2=7.53$ kN/m$+5.63$ kN/m$=13.16$ kN/m，单个三角形荷载的合力为 13.16 kN/m$\times\dfrac{3\text{m}}{2}=19.74$（kN）；梯形荷载 $p_2=g_3+q_3=5.27$ kN/m$+5.52$ kN/m$=10.79$ kN/m。

仅恒载作用梁上均布线荷载 $g_1=11.57$ kN/m；三角形荷载 $g_2=7.53$ kN/m，单个三角形荷载的合力为 7.53 kN/m$\times\dfrac{3\text{m}}{2}=11.30$ kN；梯形荷载 $g_3=5.27$ kN/m。

恒载、活载同时作用时梯形荷载单侧三角形荷载的合力为 $10.79\text{kN/m} \times \dfrac{1.05\text{m}}{2} =$

5.66kN，仅恒载作用时梯形荷载单侧三角形荷载的合力为 $5.27\text{kN/m} \times \dfrac{1.05\text{m}}{2} = 2.77$（kN），

该合力到临近支座的距离为 $1.05\text{m} \times \dfrac{2}{3} = 0.7\text{m}$。

a. 用静力平衡法算跨中弯矩。

对 B 支座取矩求 1 跨梁铰接端剪力，即

$$V_A \times 6 + 144.76 - (11.57 + 10.79) \times 6^2/2 - 19.74 \times (4.5 + 1.5) +$$
$$5.66 \times (0.7 + 5.3) - 74.06 \times 3 = 0$$

得 $V_A = 94.06\text{kN}$，集中力作用点左侧竖向荷载合力为 81.16kN，可知剪力 0 点位于集中力作用位置。

取梁跨中左侧求平衡，如图 2.3.8 所示。

$$M_1 = 94.06 \times 3 - (11.57 + 10.79) \times 3^2/2 -$$
$$19.74 \times 1.5 + 5.66 \times (3 - 0.35)$$
$$= 166.95 \text{（kN·m）}$$

b. 用简化方法算跨中弯矩。

由于跨中最大正弯矩位于跨的正中，可以先求出按简支梁计算的跨中弯矩，再利用已经求出的支座弯矩求出所有跨中弯矩。

恒载、活载同时作用时按简支梁计算的跨中弯矩为

$$(11.57 + 10.79) \times 6^2/8 + 19.74 \times 1.5 + 74.06 \times 6/4 -$$
$$5.66 \times 0.35 = 239.34\text{(kN·m)}$$

则 $M_1 = 239.34 - 144.76/2 = 166.96$（kN·m），与前述算法基本吻合。

仅恒载作用时按简支梁计算的跨中弯矩为

$$(11.57 + 5.27) \times 6^2/8 + 11.30 \times 1.5 + 50.43 \times$$
$$6/4 - 2.77 \times 0.35 = 167.41\text{(kN·m)}$$

利用简化方法可以算出所有跨中弯矩（表 2.3.6）。

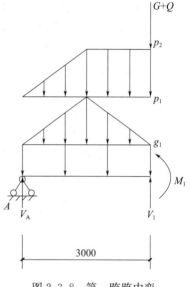

图 2.3.8 第一跨跨中弯矩计算简图（单位：mm）

表 2.3.6 弯矩表 （单位：kN·m）

弯矩	M_1	M_B	M_2	M_C	M_3
①+②	166.96	−144.76	22.65	−144.76	166.96
①+③	95.03	−144.76	94.58	−144.76	95.03
①+④	149.98	−178.72	81.88	−136.20	99.31
受弯承载力设计取值	166.96	−178.72	94.58	−178.72	166.96

①+②时 M_2 的计算结果比等代荷载计算结果小很多，原因是等代荷载算法未能计入活载在中跨产生的负值；①+③时的 M_1，M_3 计算结果比等代荷载计算结果小很多的

原因也是未能计入活载在中跨产生的负值。

剪力计算结果见表 2.3.7。

表 2.3.7　剪力表　　　　　　　　　　　（单位：kN·m）

剪力	V_A	1跨中	$V_{B,L}$	$V_{B,R}$	2跨中	$V_{C,L}$	$V_{C,R}$	3跨中	V_D
①+②	94.06	12.90 −61.16	142.32	84.26	25.22 −25.22	84.26	142.32	61.16 −12.90	94.06
①+③	60.13	1.09 −49.31	108.39	118.19	37.03 −37.03	118.19	108.39	49.31 −1.09	60.13
①+④	88.40	7.24 −66.82	147.98	125.28	44.12 −29.94	111.10	106.96	47.92 −2.52	61.56
受剪承载力设计取值	94.06	不需要计算	147.98	125.28	不需要计算	125.28	147.98	不需要计算	94.06

从表 2.3.7 中可以看出，集中力两侧剪力方向相反时集中荷载处的两侧剪力代数和与集中力刚好相等，从数据大小看，边跨集中力传向两侧的数据差异较大，附加筋采用两侧起同等作用的做法与实际存在一定差异。当集中力靠近支座时，剪力方向会相同，集中荷载处的两侧剪力代数差会与集中力刚好相等，集中力会往临近支座单方向传递，附加筋只有一个方向起作用。

② 弯矩包络图。

根据表 2.3.6 绘制弯矩包络图。

将所有荷载组合情况的弯矩绘制在同一图上，即形成弯矩叠合图，其外包线即弯矩包络图，如图 2.3.9 所示。

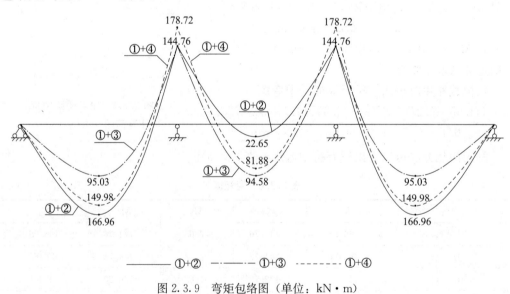

图 2.3.9　弯矩包络图（单位：kN·m）

③ 剪力包络图。

根据表 2.3.7 绘制剪力图。

将所有荷载组合情况的剪力绘制在同一图上，即形成剪力叠合图，其外包线即剪力包络图，如图 2.3.10 所示。

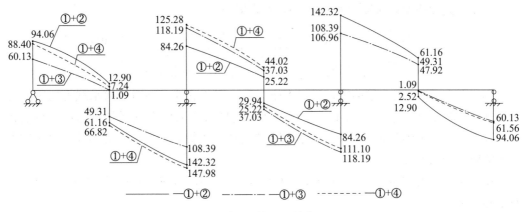

图 2.3.10 剪力包络图（单位：kN·m）

（5）截面承载力计算。

① 正截面抗弯承载力计算。

主梁跨中截面现浇板位于梁的受压区，按 T 形截面进行受弯承载力计算；支座截面现浇板位于梁的受拉区，按矩形截面进行受弯承载力计算。跨中截面若误按矩形截面计算受弯承载力，会使梁的内力臂变小，配筋率增大。

a. 跨中截面按 T 形截面计算。

混凝土强度等级为 C30，一类工作环境，保护层厚度为 15mm，箍筋直径按 10mm 估算，纵筋直径按 20mm 估算。

跨中及支座截面均按两排钢筋考虑，故取 $h_0 = 450 - 15 - 10 - 20/2 - 20 = 395$（mm），翼缘厚度 $h'_f = 100$mm。

翼缘计算宽度按下列三者的较小值采用。

$$b'_f = \min\left\{\frac{6000}{3}, 200 + 950 + 1700, 200 + 12 \times 100\right\} = \min\{2000, 2850, 1400\} = 1400(\text{mm})$$

$$\alpha_1 f_c b'_f h'_f\left(h_0 - \frac{h'_f}{2}\right) = 1.0 \times 14.3 \times 1400 \times 100 \times \left(395 - \frac{100}{2}\right)$$

$$= 690.69 \times 10^6 \text{N·mm} = 690.69\text{kN·m}$$

上述计算值大于所有跨中弯矩基本组合值 M_1，M_2，M_3，故各跨跨中截面均属于第一类 T 形截面。

边跨跨中配筋计算时取最大值，$M_1 = 166.96$kN·m。

$$\alpha_S = \frac{M}{\alpha_1 f_c b'_f h_0^2} = \frac{166.96 \times 10^6}{1.0 \times 14.3 \times 1400 \times 395^2} = 0.0535$$

$$\xi = 1 - \sqrt{1 - 2\alpha_s} = 1 - \sqrt{1 - 2 \times 0.0535} = 0.0550, \xi < \xi_b = 0.518$$

$$A_s = \frac{\alpha_1 f_c b'_f \xi h_0}{f_y} = \frac{1.0 \times 14.3 \times 1400 \times 0.0550 \times 395}{360} = 1208(\text{mm}^2)$$

$$\rho_{\min} = \max\{0.20\%, 0.45 \times 1.43/360\} = 0.20\%$$

$$A_s = 1208 \text{ mm}^2 > A_{s,\min} = \rho_{\min}bh = 0.2\% \times 200 \times 450 = 180\text{mm}^2$$

查钢筋表选取 3Φ18（下排）+2Φ18（上排），$A_{s,\text{实}} = 1272$mm²。

b. 支座截面按矩形截面计算。

支座截面配筋计算时取大值 $M_B = -178.72\text{kN} \cdot \text{m}$。

$$\alpha_S = \frac{M}{\alpha_1 f_c b h_0^2} = 178.72 \times \frac{10^6}{1.0 \times 14.3 \times 200 \times 395^2} = 0.4005$$

$$\xi = 1 - \sqrt{1 - 2\alpha_s} = 1 - \sqrt{1 - 2 \times 0.4005} = 0.5539$$

$\xi > \xi_b = 0.518$，属于超筋梁，需加大截面尺寸，考虑到梁高对受弯承载力的影响远大于梁宽，将梁高增大为 500mm。按理应将梁高增大带来的荷载增加考虑进去再进行内力计算，但考虑到其影响不大，本算例不进行内力重算，工程中应准确计入梁高增大带来的内力增大部分。

截面有效高度调整为 $h_0 = 445\text{mm}$，重算后 $\alpha_s = 0.3156$，$\xi = 0.3927 < \xi_b = 0.518$，不属于超筋梁。

$$A_s = \frac{\alpha_1 f_c b_f' \xi h_0}{f_y} = 1.0 \times 14.3 \times 200 \times 0.3927 \times 445/360 = 1388(\text{mm}^2)$$

实际工程中，若梁底纵筋锚入支座并满足锚固要求，可考虑将梁底纵筋作为支座截面的受压钢筋，支座截面按双筋截面进行受弯承载力设计。考虑到箍筋不一定能满足受压钢筋的箍筋直径及间距需求，承载力极限状态下梁底纵筋会出现一定程度的鼓曲，工程软件一般将梁底纵筋的 1/3 面积作为受压钢筋。考虑将部分梁底纵筋作为受压钢筋，内力臂会增大，计算出的梁面纵筋会减小。

第一跨的跨中须按增大后的截面重新进行受弯承载力计算，过程不再详细列出，所有受弯承载力计算结果见表 2.3.8。

表 2.3.8　正截面承载力计算表

截面	第一、三跨跨中	B, C 支座	第二跨跨中
弯矩设计值 M（kN·m）	166.96	−178.72	94.58
截面抵抗矩 α_s	0.0421	0.3156	0.0239
相对受压区高度 ξ	0.0430	0.3927	0.0241
是否超筋（$\xi_b = 0.518$）	否	否	否
判断 T 形截面类型	$x < h_f'$	矩形截面	$x < h_f'$
计算配筋面积（mm^2）	1065	1388	598
选配钢筋	3⚲18＋2⚲16	3⚲20＋2⚲18	3⚲16
实际配筋面积（mm^2）	1166	1451	603
$\rho_{\min}$	0.20%	0.20%	0.20%
实际配筋率 $\rho = A_s/(bh)$	1.17%	1.45%	0.60%

第二跨配筋计算按双排筋计算，实际只需配置单排筋，计算的有效高度小于实际有效高度，实际配筋面积可以稍有减小，本算例未如实体现。

② 斜截面抗剪承载力计算。

a. 验算截面尺寸。

翼缘厚度 $h_f' = 100\text{mm}$，故 $h_w = h_0 - h_f' = 445 - 100 = 345$（mm），$h_w/b = 345/200 = 1.725 < 4$。

$0.25\beta_c f_c b h_0 = 0.25 \times 1.0 \times 14.3 \times 200 \times 445 = 318.18 \times 10^3 (\text{N}) = 318.18\text{kN}$

从表 2.3.7 可知，$V_{\max} = 147.98\text{kN} < 318.18\text{kN}$，不会发生斜压破坏，截面尺寸满足规范要求。

斜压破坏是一种靠配置横向钢筋不能提高抗剪承载力的破坏形式，其承载力由截面中部斜裂缝间的混凝土柱体的抗压能力决定。

b. 判断是否可按构造配筋。

混凝土的抗剪能力为

$$V_c = 0.7 f_t b h_0 = 0.7 \times 1.43 \times 200 \times 445 = 89.09 \times 10^3 (\text{N}) = 89.09\text{kN}$$

从表 2.3.7 可知，支座截面 $V_{\min} = 94.06\text{kN} > 89.09\text{kN}$，所有支座截面的剪力均超过混凝土的受剪能力，均需按计算配置箍筋。

c. 计算所需箍筋。

在受到较大水平荷载作用时，支座截面可能出现正弯矩，支座的梁底钢筋会承受拉力，《高层建筑混凝土结构技术规程》（JGJ3—2010）规定，支座不允许通过弯起钢筋承受剪力，工程中一般不使用弯起钢筋抗剪。

下面以 B 支座左跨剪力为例计算受剪箍筋，其他部位的受剪计算见表 2.3.7，$V_{B,L} = 147.98\text{kN}$。

梁高小于 800mm，箍筋直径不小于 6mm，选用 $\phi 6$ 双肢箍。

钢筋承担的剪力为 $V_s = V - V_c = 147.98 - 89.09 = 58.89$（kN）

双肢箍筋截面面积为 $A_{sv} = 2 \times \pi \times 3^2 = 56.55$（$\text{mm}^2$），$V_s = \dfrac{A_{sv}}{s} f_{yv} h_0$，则需要配置的箍筋间距为

$$s = \frac{56.55 \times 270 \times 465}{58.89 \times 10^3} = 121 (\text{mm})$$

计算可得 $s = 121\text{mm}$，取 $s = 100\text{mm}$，满足规范最大间距 200mm 的要求。

$V > V_c$，需满足最小配筋率要求。

$$\rho_{sv,\min} = \frac{0.24 f_t}{f_{yv}} = 0.24 \times \frac{1.43}{270} = 0.127\%$$

$$\rho_{sv} = \frac{A_{sv}}{bs} = \frac{56.55}{200 \times 100} = 0.283\%$$

$\rho_{sv} \geq \rho_{sv,\min}$，满足最小配筋率要求，选取 $\phi 6@100$ 双肢箍筋抗剪。

为了避免发生斜拉破坏，必须满足最小箍筋直径和间距要求，截面高度较大的梁，斜裂缝的箍筋拉力较大，需要有更大的箍筋直径；但截面高度较大的梁斜裂缝开展高度大，裂缝水平投影长度大，箍筋有效范围大，故截面高度较大的梁允许有更大的箍筋间距。当剪力超过混凝土的抗剪能力时，箍筋还需满足最小配箍率的要求。

其余支座计算过程略，计算结果详见表 2.3.9。

表 2.3.9　非框架梁斜截面承载力计算

截面	V_A	$V_{B,L}$	$V_{B,R}$	$V_{C,L}$	$V_{C,R}$	V_D
设计剪力 V（kN）	94.06	147.98	125.28	125.28	147.98	94.06
混凝土抗剪承载力 V_c（kN）	88.09	88.09	88.09	88.09	88.09	88.09

续表

截面	V_A	$V_{B,L}$	$V_{B,R}$	$V_{C,L}$	$V_{C,R}$	V_D
钢筋承担剪力 V_s（kN）	4.97	58.89	36.19	36.19	58.89	4.97
计算箍筋间距 s（mm）	1367	115	188	188	115	1367
实配箍筋间距 s（mm）	200	100	175	175	100	200
实配箍筋率（%）	0.141	0.283	0.162	0.162	0.283	0.141

楼板采用 HPB300 钢筋时，板底钢筋须弯圆钩，较为费工，工程中楼板已较少采用 HPB300 钢筋。梁柱箍筋用量远少于楼板，同时较大工程的梁柱箍筋受剪需求高，HPB300 钢筋与 HRB400 钢筋的单价相差不大，故工程中也较少采用 HPB300 钢筋作为箍筋。本书中，梁、板内力不大，为了避免计算结果全部为构造配筋，板配筋、梁箍筋均采用 HPB300 钢筋。

算例中板采用 C25 混凝土，梁采用 C30 混凝土，工程中同一层的梁板混凝土强度等级一般相同，柱的混凝土强度等级可以比梁板高。

③附加箍筋计算。

由次梁传至梁的集中荷载设计值 $F=G+Q=50.43+23.63=74.06$（kN），附加箍筋直径同普通箍筋，采用 $\phi6$ 双肢箍筋，$A_{sv}=2\times\pi\times3^2=56.55$（mm²），$f_{yv}=270\text{N/mm}^2$。附加箍筋双侧总根数为

$$m\geqslant\frac{F}{A_{sv}\,f_{yv}}=\frac{74.06\times10^3}{56.55\times270}=4.85$$

取 $m=6$，必须包含双侧各 1 根用于受剪的箍筋，单侧附加箍筋根数为 4 根。附加箍筋间距为 50mm，最外侧附加箍筋距次梁边 200mm。

主次梁高差 $h_1=500-300=200$（mm），单侧有效的附加箍筋布置范围为 $h_1+b=200+200=400$（mm），未超过有效布置范围。梁配筋图如图 2.3.11 所示。

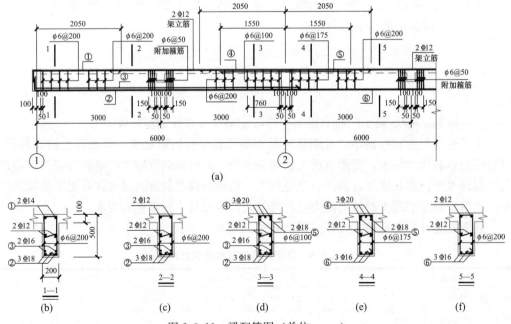

图 2.3.11 梁配筋图（单位：mm）

（6）有限元计算结果及比较。

将真实荷载输入结构软件，考虑活载不利布置后得到的弯矩包络图如图 2.3.12 所示。

图 2.3.12 梁弯矩包络图

对比手算的弯矩包络图，有限元计算结果与手算结果极为接近。

2.5 跨梁设计例题

例题设计资料同 "2.2.8 单向板设计例题"，取⑯轴的 5 跨梁，按弹性理论设计。

本例题采用有限元计算，不列出详细过程。

（1）截面尺寸。

梁截面高度 $h=l_0/18 \sim l_0/12=6000/18 \sim 6000/12=334 \sim 500$（mm），考虑到没有隔墙荷载及集中力，可取偏小的梁高 $h=400$mm，截面宽度 $b=200$mm。

屋面板厚 $h=120$mm，建筑功能为上人屋面。

（2）荷载计算。

① 恒载标准值。

a. 梁自重及粉刷标准值（g_1）。

梁自重由软件自动计算，不需要计算梁自重标准值。软件计算时按截面尺寸计算，为了考虑粉刷荷载，将钢筋混凝土重度由 25kN/m³ 调大为 26kN/m³。

b. 6.00m 跨梁的板传梯形恒载标准值（g_2）。

屋面板恒载标准值为 6.43kN/m²，传到梁上的恒载标准值为 6.43kN/m²×2.00m＝12.86kN/m；梯形的上底为 6.00m－2.00m＝4.00m，梯形的下底为 6.00m。

c. 6.30m 跨梁的板传梯形恒载标准值（g_2）。

屋面板传到梁上的恒载标准值为 12.86kN/m；梯形的上底为 6.30m－2.00m＝4.30m，梯形的下底为 6.30m。

② 活载标准值。

a. 6.00m 跨梁的板传梯形活载标准值（q_1）。

屋面板活载标准值为 2.00kN/m²，传到梁上的活载标准值为 2.00kN/m²×2.00m＝4.00kN/m；梯形的上底为 4.00m，梯形的下底为 6.00m。

b. 6.30m 跨梁的板传梯形活载标准值（q_1）。

屋面板传到梁上的活载标准值为 4.00kN/m；梯形的上底为 4.30m，梯形的下底为 6.30m。

（3）计算简图。

5 跨梁支承在框架梁上，近似将框架梁作为 5 跨非框架梁的竖向不动铰支座考虑，计算简图如图 2.3.13 所示。

（4）内力标准值。

运用结构软件计算出的竖向荷载弯矩标准值如图 2.3.14 所示，剪力标准值如图

2.3.15 所示。

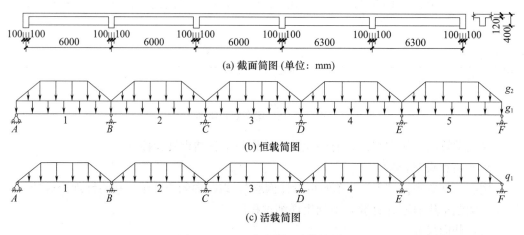

(a) 截面简图（单位：mm）

(b) 恒载简图

(c) 活载简图

图 2.3.13　5 跨连续梁计算简图

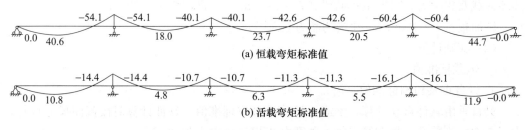

(a) 恒载弯矩标准值

(b) 活载弯矩标准值

图 2.3.14　弯矩标准值（单位：kN·m）

梁跨度左右相差 5%，满足连续梁查表条件，从图 2.3.14 弯矩图对比可以看出，最左跨与最右跨的支座弯矩与跨中弯矩均相差 10% 左右，工程中不应采用查表方法设计结构梁。

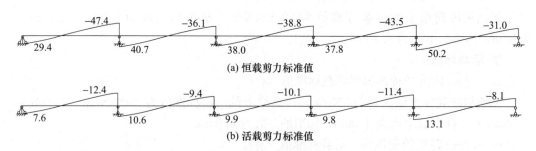

(a) 恒载剪力标准值

(b) 活载剪力标准值

图 2.3.15　剪力标准值（单位：kN·m）

结构软件所出的剪力图表示方法与结构力学方法不同，上述剪力图未做修改。

（5）配筋图。

运用结构软件得到的配筋图如图 2.3.16 所示。

（6）内力包络图。

运用结构软件得到的竖向荷载基本组合内力包络图如图 2.3.17 所示。

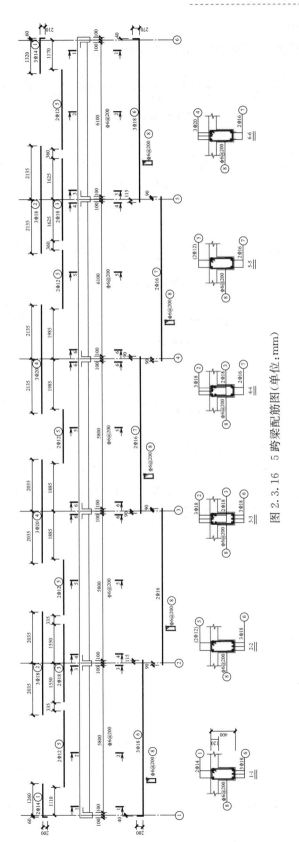

图 2.3.16 5 跨梁配筋图(单位:mm)

（7）配筋包络图。

运用结构软件得到的配筋包络图如图 2.3.18 所示。

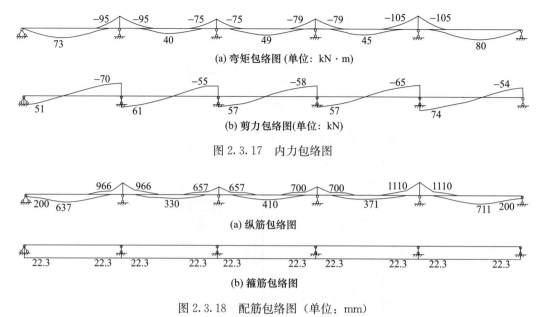

(a) 弯矩包络图（单位：kN·m）

(b) 剪力包络图（单位：kN）

图 2.3.17　内力包络图

(a) 纵筋包络图

(b) 箍筋包络图

图 2.3.18　配筋包络图（单位：mm）

2.4　楼　梯

楼梯是多高层建筑竖向交通的重要组成部分。按照结构受力特征分为板式楼梯
［图 2.4.1（a）］、梁式楼梯［图 2.4.1（b）］、旋转楼梯［图 2.4.1（c）］和剪刀楼梯
［图 2.4.1（d）］。按平面布置分为直跑楼梯、双跑楼梯、三跑楼梯、旋转楼梯、剪刀
楼梯。按施工方法分为整体现浇式楼梯、预制装配式楼梯。

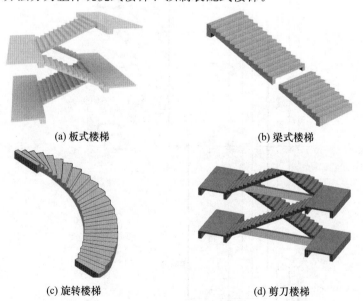

(a) 板式楼梯

(b) 梁式楼梯

(c) 旋转楼梯

(d) 剪刀楼梯

图 2.4.1　楼梯类型

楼梯结构设计步骤如下。

（1）根据建筑设计要求，选择楼梯的结构类型，依据结构设计需要微调建筑平面布置。

（2）确定楼梯恒载、活载的取值。

（3）进行楼梯的内力分析，进行截面设计，必要时进行挠度、裂缝验算。

（4）绘制楼梯施工图及大样详图。

2.4.1 板式楼梯

板式楼梯由梯段板、平台板和平台梁组成，平台梁在楼层位置用楼层梁代替。梯段板为带有踏步的斜板，其下表面平整，底模安装方便，外观轻巧。

剪刀楼梯为直跑楼梯，一跑上升高度为一层楼。通过在梯井设置隔墙，将同高度的楼梯在空间上完全隔开，在一个楼梯的平面位置起到两个楼梯的作用。剪刀楼梯的设计方法与板式楼梯设计方法相同。

1. 梯段板

梯段板是一块带有踏步的斜板，两端支承在上下平台梁（楼层梁）上，梯段板厚度为垂向最小尺寸，而不是竖向投影面尺寸，厚度一般取梯段水平投影跨度的 $1/30\sim1/25$，跨度较大时梯段板厚度取得稍微大点。

梯段板不允许压入承重砌体墙内或隔墙内，是标准的单向受力板。梯段板的支座负弯矩受平台梁的受扭刚度和相邻平台板、楼层板的影响，准确计算较为困难，计算时近似认为梯段板简支于平台梁（楼层梁）上。为了计算简便，从梯段板中取 1m 宽板带作为计算单元，其计算简图如图 2.4.2 所示。

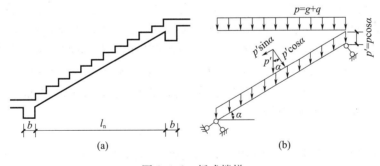

图 2.4.2 板式楼梯

梯段板为两端支承在平台梁上的斜板，如图 2.4.2（a）所示。进行内力计算时，可以简化为简支斜板，如图 2.4.2（b）所示。

梯段板计算跨度的水平投影长度为 $l_0=l_n+b$，则梯段板的计算跨度为 $l_0/\cos\alpha$。梯段板的恒载基本组合值为 g，活载基本组合值为 q，在 l_0 的长度上荷载 $p=g+q$，荷载总量不变，荷载集度随计算跨度的增大而减小，则在 $l_0/\cos\alpha$ 的长度上荷载集度为 $p'=p\cos\alpha$。

竖向荷载的顺梯段走向的分力为 $p'\sin\alpha=(g+q)\cos\alpha\cdot\sin\alpha$，该分力在梯段的上半段形成拉应力，在梯段的下半段形成压应力，拉应力、压应力均在支座处取得最大值。竖向荷载垂直于梯段走向的分力为 $p'\cos\alpha=(g+q)\cos^2\alpha$，该分力在梯段形成弯矩，在跨的正中取得最大值，弯矩在顺梯段板的底部钢筋中产生拉应力；弯矩最大值的位置不与梯段轴力出现位置重叠，上部梯段板应按偏心受拉构件设计，下部梯段板应按偏心受压构件设计；在上下支座刚度相同时，梯段板正中间为纯弯受力，一般取梯段板正中按受弯构件设计梯段板。

跨中最大弯矩为

$$M_{max} = \frac{1}{8}(g+q)\cos^2\alpha\left(\frac{l_0}{\cos\alpha}\right)^2 = \frac{1}{8}(g+q)l_0^2 \qquad (2.4.1)$$

考虑到平台梁、平台板（楼层板）导致的支座弯矩无法准确计算，近似考虑支座弯矩的影响，式（2.4.1）调整为

$$M_{max} = \frac{1}{10}(g+q)l_0^2 \qquad (2.4.2)$$

剪力按净跨计算，支座剪力为

$$V_{max} = \frac{1}{2}(g+q)\cos^2\alpha \cdot \frac{l_n}{\cos\alpha} = \frac{1}{2}(g+q)l_n\cos\alpha \qquad (2.4.3)$$

式中：g，q——作用于斜板上沿水平方向荷载集度的均布竖向恒载、活载基本组合值；

l_0，l_n——梯段板水平投影方向的计算跨度及水平投影方向的净跨；

α——梯段板的倾角。

通过上述分析可得出以下结论，进行弯矩计算时，斜板可按水平板计算；剪力须考虑倾斜的影响，剪力若按水平板计算则计算结果偏大。上述结论不能在屋面斜梁中使用，屋面斜梁内力应依斜梁坡度、竖向构件情况建模如实计算。

梯段板按弯剪构件设计，受踏步的影响，梯段板的受弯承载力是变化的，并不是定值。梯段板受弯承载力在只有厚度影响的截面位置受弯承载力最小，在踏步尖角处截面受弯承载力最大，一般以受弯承载力最小位置进行配筋计算。

配筋方式可采用弯起式，也可采用分离式；受人工费的影响，工程中常采用分离式配筋。考虑斜板与平台梁、平台板的影响，斜板两端 $l_n/4$ 的范围内应设置负弯矩筋，其截面面积可取跨中钢筋截面面积的 $1/2$，并保证其伸入梁内足够的锚固长度。在垂直于受力钢筋方向设分布钢筋，每个踏步内不少于 $1\phi6$，如图 2.4.3 所示。图 2.4.3 中支座钢筋直锚段长度不小于 $0.35l_{ab}$ 适用于支座按铰接计算的情况，直锚段长度不小于 $0.6l_{ab}$ 适用于充分利用支座钢筋的情况。

2. 平台板

平台板一般两边或四边支承于梁上；当为砌体结构时，可一边支承于平台梁上，其他三边支撑于承重砌体上。

当为两对边支承时，按单向板进行内力与配筋面积计算；当为四边支承时，按双向板进行内力与配筋面积计算，并满足相应的构造要求。

3. 平台梁

半层平台梁一般按简支梁计算，以支承于下层梁的梯柱为支座，不允许将半层平台梁支承于自承重隔墙上；楼层平台梁与楼层一同参与整体计算。当为砌体结构时，半层平台梁应支承于构造柱上以保证震后楼梯能使用。

半层平台梁受到斜梯段、半层平台板传来的荷载，楼层平台梁受到斜梯段、楼层平台板传来的荷载。平台梁一般按弯剪构件计算，斜梯段斜向分力的水平分力通过平台板或楼层板传给竖向构件，平台梁设计不考虑斜梯段的斜向分力的影响。

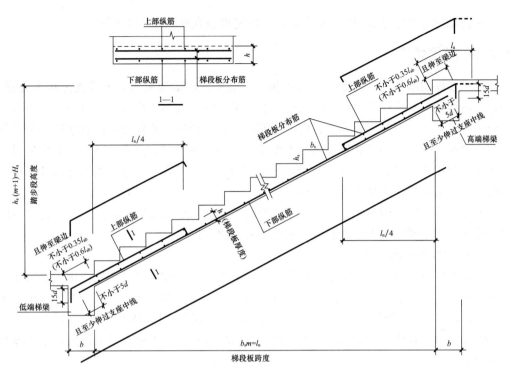

图 2.4.3 板式楼梯斜板配筋

平台梁底部应在踏步板底面以下，平台梁高度不小于下述计算值。

$$h_s + \frac{h}{\cos\alpha} \tag{2.4.4}$$

上式尺寸含义如图 2.4.3 所示，平台梁高度取 50mm 的倍数。

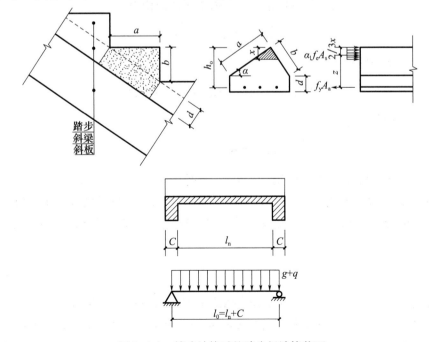

图 2.4.4 精确计算时的踏步板计算截面

板式楼梯计算跨度普遍在 3m 左右，大的跨度也有做到 4m 以上的。

2.4.2 梁式楼梯

梁式楼梯由踏步板、斜梁、平台板和平台梁组成，踏步板的力不直接传给平台梁，先将力传给楼梯斜梁，再由斜梁将力传给平台梁。临平台梁的踏步板会将一部分力直接传给平台梁，但由于踏步板两个方向的刚度不同，不能按一般现浇板的做法传一个三角形荷载给平台梁，准确计算该荷载的难度很大，一般不考虑该直传荷载。由于楼梯斜梁的出现，踏步板的受力得到极大改善，踏步板的厚度可以很小，梁式楼梯可以做到很大的跨度，还可以适用于竖向折线楼梯。

梯段踏步支撑于两端斜梁上，斜梁一般为双梁；当建筑设计有需要时，可为居中设计的单梁，单梁则需考虑活载非对称布置带来的扭转作用。

1. 踏步板的精确计算

踏步板由斜板和踏步组成，踏步板的几何尺寸 a、b 由建筑设计确定。由于台阶参与受力，斜板厚度 d 不需要很大，一般取 $30 \sim 50\text{mm}$。为了计算简便，从踏步板中取出一个踏步作为计算单元，踏步板为一个厚度为 d 的矩形截面与一个三角形截面叠加的截面。

下滑分力在斜梁中产生轴力，垂直斜梁方向的分力在踏步板中产生弯矩，踏步板的跨中弯矩为

$$M_{\max} = \frac{1}{8}(g+q)l_0^2 \cos\alpha \tag{2.4.5}$$

由于梁式楼梯的踏步板没有配置负弯矩钢筋，不能考虑到踏步板与梯段斜梁整体连接时支座的嵌固作用，也不能将上述弯矩折减。

踏步板的截面高度 h 为 $d + b\cos\alpha$，考虑到弯矩较小、踏步板厚度小，在弯矩作用下，受压区为三角形，设受压区高度为 x，则受压区面积为

$$\frac{1}{2}x(x\tan\alpha + x\cot\alpha)$$

按力的平衡条件有

$$f_y A_s = \frac{1}{2}\alpha_1 f_c x(x\tan\alpha + x\cot\alpha) \tag{2.4.6}$$

按力矩平衡条件有

$$M \leqslant \frac{1}{2}\alpha_1 f_c x(x\tan\alpha + x\cot\alpha)\left(h_0 - \frac{2}{3}x\right) \tag{2.4.7}$$

解上述一元三次方程可得受压区高度 x，将受压区高度 x 代入式（2.4.6），可得配筋面积 A_s。据经验，上述一元三次方程有三个解，包含两个虚数解和一个正数解。

当踏步板跨度不大时，不需要解一元三次方程，可以代入式（2.4.8）近似计算出配筋面积。

$$A_s = \frac{M}{0.9f_y h_0} \tag{2.4.8}$$

考虑到受压区为三角形，受压区高度较矩形大，内力臂系数取 0.9。

按规范，每个踏步内不得少于 $2\phi8$ 受力筋，沿板斜向分布筋不得少于 $\phi8@250$，受力筋放于外侧。

2. 踏步板的近似计算

工程中为了简便，也可以采用下述近似计算方法。计算时按截面面积相等的原则折算为等宽度的矩形截面，矩形截面的高度 $h=b/2+d/\cos\alpha$，计算简图如图 2.4.5 所示。

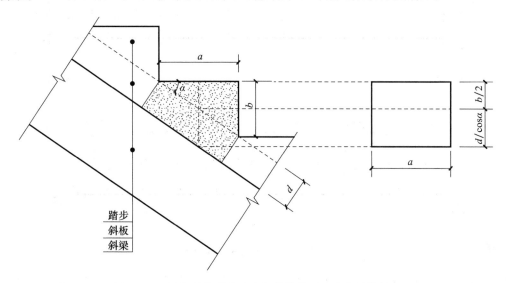

图 2.4.5　近似计算时的踏步板计算截面和内力计算简图

将内力计算出来以后，可以按 $a \times h$ 的矩形截面计算出踏步板的配筋面积。

由于用近似计算方法得出的截面高度较精确方法得出的截面高度小，按近似计算方法得出的配筋面积会稍大些。

3. 梯段斜梁

梯段斜梁高度通常取 $(1/18 \sim 1/12)\,L$，L 为梯段斜梁水平方向的投影跨度。斜梁承受由踏步板传来的均布荷载和斜梁自重，其计算原理同板式楼梯中的梯段斜板。

4. 平台梁和平台板

梁式楼梯的平台板的计算方法与板式楼梯的计算方法基本相同，平台梁的计算方法则存在差异。梁式楼梯的平台梁除承受平台板传来的均布荷载和平台梁自重外，还承受梯段斜梁传来的集中荷载，其计算简图如图 2.4.6 所示。

平台梁的底面应在楼梯斜梁的底面以下，将式（2.4.4）中的板式楼梯板厚度 h 替换为梁式楼梯的斜梁高度即可计算出平台梁的最小高度。

2.4.3　空间楼梯

空间楼梯常见的有悬挑楼梯和旋转楼梯，具有空间受力的特征，内力计算比较复杂，通常采用有限元结构软件电算，能很好地分析出楼梯结构的内力和变形，还可以通过有限元结构软件进行空间楼梯的舒适度分析，较好地满足了现行规范正常使用状态的设计要求。手算方法精确性不高，不应用于工程设计。

悬挑楼梯手算时采用实用简化方法，有空间构架法和板的相互作用法。空间构架法是把上下跑楼梯都用一根经过它们形心的直线杆件来代替，平台则用半圆形的水平曲杆

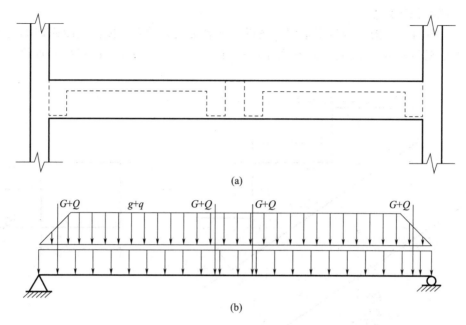

图 2.4.6　平台梁的计算简图

来代替，形成空间构架；板的相互作用法是指在计算交线梁的内力和变形时，考虑上下梯斜板对它的作用，同样在计算上下梯斜板的内力和变形时也考虑交线梁对它的作用。

板式悬挑楼梯受力复杂、构造复杂，工程中尽量不要采用。梁式悬挑楼梯受力明确，斜梁内力主要为轴力，还有弯矩、剪力，几乎没有扭矩，内力简单、构件轻巧，必要时可以采用梁式悬挑楼梯。

旋转楼梯一般有特殊建筑造型时才使用，其受力特点是上半段受拉，下半段受压，在楼梯高度中点处轴力为零，上下支座处轴力达最大值。设计时应保证上下端支承梁或基础有足够的抗扭刚度。

空间楼梯除了弯矩、剪力外，一般会出现轴力和扭矩，在设计时，尤其要对轴拉力和扭矩有足够的重视。空间楼梯支座反力大而且复杂，支座应受力可靠并有明确的传递弯矩、扭矩和轴力的途径和能力。

2.4.4　楼梯对结构整体计算的影响

在水平荷载作用下，多高层结构的水平变形主要由竖向构件的弯曲变形构成，当结构产生水平侧移时，楼梯斜向梯段会产生轴向的拉伸和压缩，在梯段内产生轴拉力和轴压力，轴向变形远小于弯曲变形，会使结构的整体刚度增大不少，刚度的增大会带来结构自振周期的减小和地震反应的增大。

当楼梯非对称布置时，会使结构的抗力中心发生偏移，导致结构发生整体扭转。结构的整体扭转会使角部构件的变形远大于中部构件，角部构件分担的水平力也会更大，不均匀的水平力分配会使角部构件更难满足承载力要求。

为了减少楼梯构件对结构刚度的影响，并减少整体结构的刚度偏置，一般采用滑动支座的构造措施，如图 2.4.7 所示。

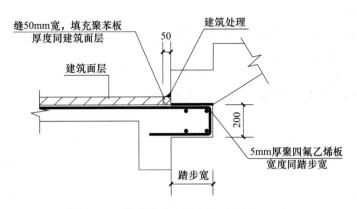

图 2.4.7　楼梯滑动支座大样（单位：mm）

2.4.5　板式楼梯设计例题

某 4 层公共建筑现浇板式楼梯，楼梯结构平面布置图如图 2.4.8 所示。层高 3.3m，踏步尺寸 $b_s \times h_s = 300mm \times 150mm$。混凝土强度等级采用 C25（$f_c = 11.9N/mm^2$，$f_t = 1.27N/mm^2$），钢筋均采用 HRB400 级（$f_y = 360N/mm^2$）。

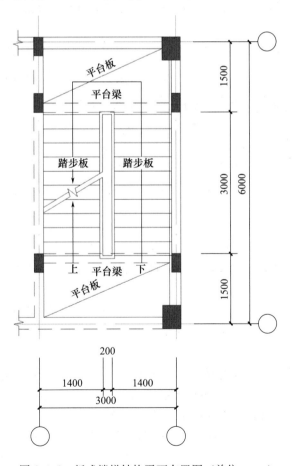

图 2.4.8　板式楼梯结构平面布置图（单位：mm）

1. 梯段板设计

梯段板厚度取梯段板斜长的 1/30，即板厚 $h=100$mm，板倾斜角正切值 $\tan\alpha=150/300=0.5$，则 $\cos\alpha=0.894$。

（1）荷载计算。

取 1m 板带，根据楼梯做法，计算恒载标准值。

水磨石面层　　　　　　　　　　　　　$\dfrac{0.3+0.15}{0.3}\times0.65\times1=0.98$（kN/m）

三角形踏步　　　　　　　　　　　　　$\dfrac{0.15}{2}\times25\times1=1.88$（kN/m）

混凝土斜板　　　　　　　　　　　　　$\dfrac{0.10}{0.894}\times25\times1=2.80$（kN/m）

板底砂浆抹灰　　　　　　　　　　　　$\dfrac{0.02}{0.894}\times17\times1=0.38$（kN/m）

合计　　　　　　　　　　　　　　　　　　　　　　　　　　6.04kN/m

活载标准值：　　　　　　　　　　　　　　　　　　　　$3.5\times1=3.50$（kN/m）

恒载分项系数 $\gamma_G=1.3$，活载分项系数 $\gamma_Q=1.5$。

总荷载基本组合值：$p=1.3\times6.04+1.5\times3.50=13.10$（kN/m）

（2）截面设计。

梯段板水平计算跨度 $l_0=l_n+0.2=3.2$m，跨中弯矩基本组合值为

$$M=\frac{1}{10}pl_0^2=0.1\times13.10\times3.2^2=13.41(\text{kN}\cdot\text{m})$$

混凝土强度等级不大于 C25，保护层厚度增加 5mm，$c=15+5=20$（mm）；梯段板的有效高度 $h_0=100-20-10/2=75$（mm），则

$$\alpha_s=\frac{M}{\alpha_1 f_c b h_0^2}=\frac{13.41\times10^6}{1.0\times11.9\times1000\times75^2}=0.200$$

$$\xi=1-\sqrt{1-2\alpha_s}=1-\sqrt{1-2\times0.200}=0.225<\xi_b=0.518$$

$$\gamma_s=1-0.5\xi=0.888$$

$$A_s=\frac{M}{\gamma_s f_y h_0}=\frac{13.41\times10^6}{0.888\times360\times75}=559\text{mm}^2$$

从上述计算可以看出，踏步配筋率较高，不能按简化公式计算配筋面积。

$$\rho_{min}=\max\{0.45f_t/f_y,0.2\%\}=0.20\%$$

$$A_{s,min}=\rho_{min}bh=0.20\%\times1000\times100=200(\text{mm}^2)$$

选配 $\phi10@140$，$A_s=559\text{mm}^2$。分布筋每级踏步不少于 1 根，取 $\phi6@250$。梯段板配筋如图 2.4.9 所示。

考虑斜板与平台梁、板的整体性，斜板两端 $l_n/4$ 范围内应按构造设置承受负弯矩作用的钢筋，其数量一般可取跨中截面配筋的 1/2，受力筋间距不大于 200mm，取 $\phi10@200$ 作为支座负弯矩筋；在梁处板钢筋的锚固长度应不小于 $30d$，l_n 为斜板沿水平方向的净跨度。在垂直于受力钢筋方向按构造设置分布钢筋，每个踏步下放置不少于 $1\phi6$，取 $\phi6@250$。

2. 平台板设计

平台板短向计算跨度 $l_0=1.5-0.1=1.4$（m），$h=l_0/28=1400/30=47$（mm），考

虑到电线预埋，最小板厚须为 100mm，则取 $h=100$mm。

平台板为四边支承板，长边与短边的比值 3.0/1.4＞2，宜按双向板计算。单向板计算结果较双向板结果大，可按单向板计算，取 1m 宽板带计算。

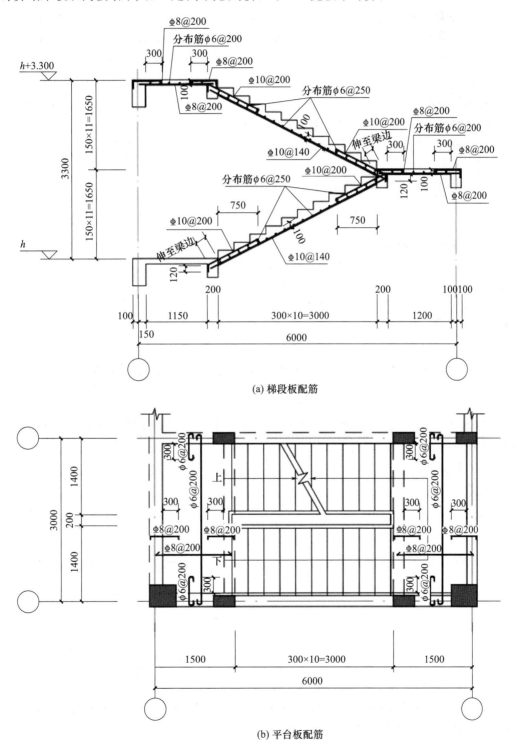

(a) 梯段板配筋

(b) 平台板配筋

图 2.4.9 梯段板和平台板配筋（单位：mm）

（1）荷载计算。

恒载标准值：

水磨石面层	$0.65 \times 1 = 0.65$ （kN/m）
100mm 厚混凝土板	$0.10 \times 25 \times 1 = 2.50$ （kN/m）
板底砂浆抹灰	$0.02 \times 17 \times 1 = 0.34$ （kN/m）

合计   3.49kN/m

活载标准值： $3.5 \times 1 = 3.50$ （kN/m）

恒载分项系数 $\gamma_G = 1.3$，活载分项系数 $\gamma_Q = 1.5$。

总荷载基本组合值：$p = 1.3 \times 3.49 + 1.5 \times 3.50 = 9.79$ （kN/m）

（2）截面设计。

平台板跨中弯矩基本组合值为

$$M = \frac{1}{8} p l_0^2 = \frac{1}{8} \times 9.79 \times 1.4^2 = 2.40 (\text{kN} \cdot \text{m})$$

取梯段板的有效高度 $h_0 = 75$mm，则

$$A_s = \frac{M}{\gamma_s f_y h_0} = \frac{2.40 \times 10^6}{0.95 \times 360 \times 75} = 94 (\text{mm}^2)$$

取 $A_s = A_{s,\min} = 200\text{mm}^2$，选配 $\Phi 8@200$，$A_s = 251\text{mm}^2$。分布筋取 $\phi 6@200$，平台板配筋如图 2.4.9 所示。

3. 平台梁设计

为了楼梯整体美观，平台梁宽度一般为 200mm，平台梁最小高度为

$$h_{\min} = \frac{100}{0.894} + 150 = 262 (\text{mm})$$

平台梁高度取 50mm 的倍数，可取 300mm，考虑到平台梁跨度稍大，取 350mm，则平台梁截面尺寸为 200mm×350mm。

（1）荷载计算。

恒载标准值：

梁自重	$0.2 \times (0.35 - 0.10) \times 25 = 1.25$ （kN/m）
梁侧抹灰	$0.02 \times [(0.35 - 0.10) \times 2 + 0.2] \times 17 = 0.24$ （kN/m）
平台板传来（实际为梯形荷载）	$3.49 \times \dfrac{1.4}{2} = 2.44$ （kN/m）
梯段板传来	$6.04 \times \dfrac{3.00}{2} = 9.06$ （kN/m）

合计   12.99kN/m

活载标准值： $3.5 \times \dfrac{3.2 + 1.4}{2} = 8.05\text{kN/m}$

平台板传到平台梁的恒载、活载均为梯形荷载，考虑到平台板荷载不大，偏安全地按矩形荷载计算，同时忽略梯井的影响。

总荷载基本组合值： $p = 1.3 \times 12.99 + 1.5 \times 8.05 = 28.96$ （kN/m）

（2）截面设计。

梁计算跨度取 $l_0 = 3\text{m}$，梁净跨取 $l_n = 3 - 0.2 = 2.8\text{m}$。

跨中弯矩基本组合值：$M = \dfrac{1}{8} p l_0^2 = \dfrac{1}{8} \times 28.96 \times 3^2 = 32.58$ （kN·m）

剪力基本组合值：$V = \dfrac{1}{2} p l_n = \dfrac{1}{2} \times 28.96 \times 2.8 = 40.54$ （kN）

跨中及支座截面均按单排钢筋考虑，故取 $h_0 = 350 - 20 - 10 - 20/2 = 310$ （mm），翼缘厚度 $h_f' = 100\text{mm}$。

截面设计可按倒 L 形截面计算，考虑梯梁量少，配筋率也不大，偏安全地按矩形截面设计。

$$\alpha_s = \frac{M}{\alpha_1 f_c b h_0^2} = \frac{32.58 \times 10^6}{1.0 \times 11.9 \times 200 \times 310^2} = 0.1424$$

$$\xi = 1 - \sqrt{1 - 2\alpha_s} = 1 - \sqrt{1 - 2 \times 0.1424} = 0.1543 < \xi_b = 0.518$$

$$\gamma_s = 1 - 0.5\xi = 1 - 0.5 \times 0.1543 = 0.9229$$

$$A_s = \frac{M}{\gamma_s f_y h_0} = \frac{32.58 \times 10^6}{0.9229 \times 360 \times 310} = 316 (\text{mm}^2)$$

$$\rho_{min} = \max\{0.45 f_t/f_y, 0.2\%\} = 0.20\%$$

验算最小配筋率时，梁截面按实际截面计算。

$$A_{s,min} = 0.20\% bh = 0.20\% \times 200 \times 350 = 140 (\text{mm}^2)$$

选配 $2 \Phi 16$，$A_s = 402\text{mm}^2$。

因 $0.7 f_t b h_0 = 0.7 \times 1.27 \times 200 \times 310 = 55.12 \times 10^3 \text{N} = 55.12\text{kN} > V = 40.54\text{kN}$，说明按计算不需要配置箍筋，故只需按构造要求配置箍筋，选用双肢 $\phi 8@100/200$。平台梁配筋如图 2.4.10 所示。

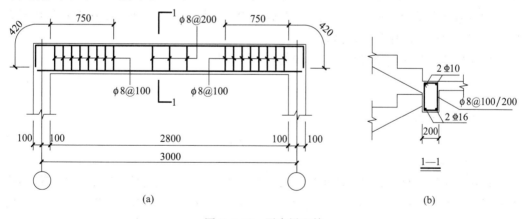

图 2.4.10　平台梁配筋

2.5　雨　篷

2.5.1　雨篷的分类

雨篷、外阳台、挑檐是建筑工程中常见的悬挑构件，一般可采用两种结构设计方案：悬臂长度小于1500mm时，采用悬挑板结构；悬臂长度大于1500mm（含1500mm）时，采用悬挑梁板结构。梁板结构的设计方法同楼盖设计方法，手算时将悬挑结构的剪力和弯矩导到主体结构上再手算，水平荷载在悬挑梁上不产生内力；工程中常将悬挑梁板结构建入主体模型，进行整体计算。挑板结构在工程中通过整体建模进行计算的结果不是很理想，一般以竖向线荷载、均布弯矩的形式将荷载传到主体结构上。下面重点讲解挑板结构的手算。

钢筋混凝土结构填充墙为非承重墙，采用悬挑结构雨篷时，雨篷梁的两端不能支撑在砌体墙上，而应支撑在框架柱或剪力墙上。主体结构的柱距较大时，也可增设构造柱，构造柱上下端均与主体结构的楼面梁连接。

2.5.2　雨篷设计

钢筋混凝土结构中雨篷设计应包含以下内容：①雨篷板正截面受弯承载力设计；②雨篷梁的受弯、受剪和受扭承载力设计。

1. 雨篷板

雨篷板支承于雨篷梁，以梁的边缘作为固定端按悬臂板进行内力计算，计算时一般取1m宽的板带作为计算单元。雨篷板的厚度可取挑出长度的 $1/12 \sim 1/10$，且不小于80mm。

钢筋混凝土结构作用于雨篷板上的荷载除自重、板底抹灰、板面面层荷载等恒载外，一般还有均布活载、雪荷载及施工和检修荷载。《工程结构通用规范》（GB 55001—2021）规定悬挑雨篷施工或检修集中荷载标准值不应小于1.0kN，并布置在最不利位置进行验算；计算挑檐、悬挑雨篷的承载力时，应沿板宽每隔1.0m取一个集中荷载；在验算挑檐、悬挑雨篷的倾覆时，应沿板宽每隔 $2.5 \sim 3.0$ m取一个集中荷载。

均布活载主要为雨水、积灰及施工荷载，均布活载、雪荷载及施工和检修荷载不会同时出现，以最大值作为设计活载。

雨篷板的弯矩计算到支承梁边，雨篷板的弯矩为

$$M = \frac{1}{2}(g + q)l_n^2 \tag{2.5.1}$$

雨篷板的剪力为

$$V = (g + q)l_n \tag{2.5.2}$$

2. 雨篷梁

雨篷梁承受梁自重、梁粉刷重量，雨篷梁兼作过梁时，还需承受梁上全部砌体的均布重量，以及雨篷板传来的剪力、弯矩。雨篷板传来的剪力在雨篷梁上产生弯矩和剪力，雨篷板传来的弯矩在雨篷梁上产生扭矩；雨篷梁的纵筋和箍筋应按弯、剪、扭构件计算确定。雨篷梁的所有纵筋应按受拉钢筋的要求锚固，箍筋应满足受扭箍筋的要求。

雨篷梁的扭矩为

$$T = \frac{1}{2}ML \tag{2.5.3}$$

式中：L——为雨篷的宽度；

M——雨篷板传来的弯矩。

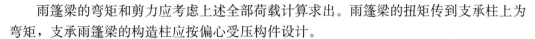

雨篷梁的弯矩和剪力应考虑上述全部荷载计算求出。雨篷梁的扭矩传到支承柱上为弯矩，支承雨篷梁的构造柱应按偏心受压构件设计。

3. 雨篷梁支撑构件

混凝土结构中，位于楼层层间处的雨篷梁由结构构件（柱、剪力墙）支撑时，应将雨篷传来的荷载加至相应作用位置，并进行整体分析。当雨篷梁由构造柱支撑时，构造柱受到雨篷传来的弯矩、剪力和扭矩的作用，构造柱的内力为轴力、弯矩和剪力。

2.6　楼（屋）盖舒适性设计

当楼板刚度增大时，楼板变形减小，自振周期变小，自振频率变大；当楼板自重减小时，楼板变形减小，自振周期变小，自振频率变大。楼板的变形越大，使用者会越没有安全感，为了控制楼板的变形不致过大，楼板的自振频率不能太小。

楼板的加速度除了与自振频率相关外，还与激振力的大小有关，激振力越大，加速度越大，过大的加速度会带来使用上的不适。

为保证使用的舒适性，需要满足楼板自振频率不能太小、振动加速度不能太大的要求。

《混凝土结构通用规范》（GB 55008—2021）规定，房屋建筑的混凝土楼盖应满足楼盖竖向振动舒适度要求；混凝土结构高层建筑应满足 10 年重现期水平风荷载作用的振动舒适度要求。

舒适度评价标准主要可归纳为两种：频率限值评价标准、加速度限值评价标准。《高层建筑混凝土结构技术规程》（JGJ 3—2010）规定楼盖结构应具有适宜的舒适度，楼盖结构的竖向振动频率不宜大于 4Hz，竖向振动峰值加速度不应超过表 2.6.1 的限值。

表 2.6.1　楼盖竖向振动峰值加速度限值

人员活动环境	峰值加速度限值（m/s²）	
	竖向自振频率不大于 2Hz	竖向自振频率不小于 4Hz
住宅、办公	0.07	0.05
商场及室内连廊	0.22	0.15

注：楼盖结构竖向自振频率为 2～4Hz 时，峰值加速度限值可按线性插值选取。

从表 2.6.1 可以看出，刚度大的楼板允许有更大的峰值加速度，需要安静环境的楼板不能有较大的峰值加速度。

第3章

多层框架结构设计

3.1 概　述

框架结构是由梁、柱组成的杆系结构，墙体仅起分割空间和外围护作用，节点一般为刚性连接。框架结构的建筑平面布置灵活多变，按建设需求可设计出较大空间的房间，特别适合于办公楼、商场、教学楼、多层轻工业厂房、停车场、图书馆、医院等建筑，多层住宅、别墅、职工宿舍、多层宾馆等可采用异形柱框架结构。

框架结构包含钢筋混凝土框架结构和钢框架结构，多层钢筋混凝土框架结构具有抗震性能好、造价低、施工简便等优点，建筑立面上易于满足建筑艺术上的要求，计算理论成熟，具有钢筋混凝土框架结构建造技术的队伍很多。同钢框架结构相比，钢筋混凝土框架结构具有抗侧刚度高、耐火性能强、可模性好、易于建造等优点；钢框架结构的钢柱采用等强接高，竖向构件的抗震能力要强于钢筋混凝土框架结构。

3.1.1 受力特点

框架结构是由水平的框架梁和竖向的框架柱组成的承受竖向作用和水平作用的结构形式。其组成部分除了框架梁和框架柱外，还包括板、节点及基础。框架梁、框架柱与楼（屋）面板共同构成空间受力结构，通过设置填充墙形成适应功能需要的建筑空间。

框架结构有能形成内部开阔空间的优势，由于框架柱的截面尺寸一般接近正方形，两个方向的惯性矩、截面抵抗矩较为接近，相较于剪力墙，框架柱不易形成某一方向的较大抗侧刚度和较强的偏心受压承载能力。随着建筑物高度的增加，在风荷载和地震作用下，梁、柱的弯曲变形使结构产生剪切型变形，顶部侧向总位移、下部楼层侧向层间位移将随高度的增加而迅速加大；柱在下部楼层的弯矩、剪力也会变得很大，通过增大柱截面尺寸来满足承载力要求会变得不经济，过大的柱截面尺寸也会对使用产生严重影响。如果框架结构房屋的高宽比较大，则抗水平荷载的能力较弱，整体稳定性也会差。因此，设计时应控制框架结构房屋的高度和高宽比。

梁与柱的连接处称为框架节点，一般采用刚性连接。刚节点能承受并传递轴力、剪力和弯矩，从而使梁与柱作为一个整体，共同承担荷载作用。梁柱节点是框架的要害部位，它是保证结构能有效承载的关键部位。

通过合理的延性设计，框架结构能承受较大的变形，并能有效消耗地震能量。较大的层间变形，容易引起非结构构件（填充墙、装修）的破坏，这些破坏不仅会造成一定的经济损失，也会威胁人身安全。因此，钢筋混凝土框架结构除了满足承载力要求外，还应满足变形要求。

3.1.2　框架类型

按建筑高度的不同，可以将钢筋混凝土框架结构分为多层框架和高层框架。《高层建筑混凝土结构技术规程》（JGJ 3—2010）将 10 层及 10 层以上或房屋高度大于 28m 的住宅建筑及房屋高度大于 24m 的其他民用建筑称为高层建筑。在上述范围内的框架结构为高层框架结构，须遵守《高层建筑混凝土结构技术规程》（JGJ 3—2010）的规定；在上述标准以下的框架结构为多层框架结构，不需要遵守《高层建筑混凝土结构技术规程》（JGJ 3—2010）的规定要求，仅需满足《混凝土结构设计规范》（GB 50010—2010）（2024 年版）和《建筑抗震设计规范》（GB 50011—2010）（2024 年版）的规定要求。

根据施工方法的不同，可以将钢筋混凝土框架结构分为现浇式、装配式和装配整体式。

（1）现浇式框架，梁、柱和楼板均为现浇钢筋混凝土，可以是每层的柱与其上一层的梁板同时支模、绑扎钢筋，然后一次性浇捣混凝土，从基础顶面逐层向上施工；也可以一层分两道大工序施工，将柱钢筋绑扎好并装好柱模板后，先将柱混凝土浇到梁底，再搭设支模架，安装梁、板模板，布设梁、板钢筋，梁、板和梁柱节点混凝土一次浇捣。现浇式框架结构的整体性好，抗震性能较好，节点的质量能得到保证，其缺点是现场施工的工作量大且工作环境较差，并需要大量的模板配合。

（2）装配式框架，是指梁、柱和楼板均为预制，在现场吊装，通过螺栓连接、焊接或其他连接拼装手段连成整体的框架结构。由于所有构件均为预制，可实现标准化、机械化批量生产，节约模板、减少现场湿作业。在接头处必须预埋连接件，因而连接节点的用钢量大，当荷载大、振动大、要求框架有较大刚度时，连接节点的构造较难处理。装配式框架结构的整体性较差，抗震能力偏弱。

（3）装配整体式框架，是指梁、柱和楼板均为预制或部分为预制，在吊装就位并进行合理支撑后，焊接或绑扎节点区钢筋。通过浇捣混凝土，形成框架节点，从而将梁、柱和楼板连成整体框架结构。装配整体式框架既具有较好的整体性和较强的抗震能力，又可采用预制构件，减少现场浇捣混凝土的工作量，还可省去接头连接件。因此，它兼具现浇式框架和装配式框架的优点。

3.2　结构布置

3.2.1　承重方案

框架结构应设计成双向抗侧力体系，以保证结构在最薄弱的两个主轴方向均有足够的抗水平力能力，以具备抗任意方向水平力的能力。每个方向包含若干平面框架，通过楼盖连在一起协同受力。平面框架是基本的承重单元，它可主要沿房屋横向布置、主要沿房屋纵向布置或纵横向混合布置。

框架结构体系的梁包含框架梁、非框架梁、悬挑梁。两端以框架柱为支座或一端以框架柱为支座，另一端以梁为支座的梁是框架梁；两端均以梁为支座的梁是非框架梁；

一端以框架柱为支座，另一端自由的梁是悬挑梁，一端以梁（可为框架梁或非框架梁）为支座，另一端自由的梁也是悬挑梁；当悬挑梁以梁为支座时必须带内跨，同时内跨应具备一定的抗倾覆能力。

两端以框架柱为支座的框架梁在水平荷载作用下，会产生弯矩和剪力，其内力随水平力的增大而增大，两端以框架柱为支座的框架梁是抗侧力构件，通过加强该框架梁，可以提升整体抗水平力能力，通过一定的延性设计，可以提高整体延性水平。非框架梁、悬挑梁在水平荷载作用下，基本不会产生弯矩和剪力，仅需考虑竖向荷载产生的内力，不需要进行加强，也不需要进行延性设计。

1. 以横向框架承重为主

在横向布置主要承重框架梁，在纵向布置次要框架梁、非框架梁构成以横向框架承重为主的框架结构体系，如图 3.2.1（a）所示。竖向荷载主要由横向框架承受，横向框架梁截面高度较大，通过加大结构体系横向刚度达到纵横向刚度接近的目的。横向框架承重方案有利于室内采光和通风。实际工程中平面为长条形的办公楼、教学楼、宿舍楼、多层厂房应用较多。

办公楼、教学楼、宿舍楼等建筑平面一般为长矩形，短边方向的抗水平力能力弱于长边方向的抗水平力能力，采用以横向框架承重为主的方式后，横向框架梁的截面高度更大，框架柱再设计为矩形，将框架柱的大边朝向主框架梁方向可以将横向抗水平力能力提升，对结构整体承受不确定方向的水平力更有利。

2. 以纵向框架承重为主

在纵向布置主要承重框架梁，在横向布置次要框架梁、非框架梁构成以纵向框架承重为主的框架结构体系，如图 3.2.1（b）所示。以纵向框架承重为主的框架结构体系，横向梁截面较小有利于增大纵向室内净空，对于有叉车行走的仓库较为有利。

纵向框架梁跨数较多，会使纵向框架梁弯矩较为均匀，对降低结构整体造价有利。以纵向框架承重为主的框架结构体系横向抗水平力的能力很弱，不适用于层数较多的建筑采用，工程上应用不多。

3. 纵横向框架混合承重

建筑平面为正方形或接近正方形时，两个方向承重框架荷载分配相当，构成纵横向框架混合承重方案，如图 3.2.1（c）（d）所示。

楼面可采用预制板、现浇板或井字梁楼盖。纵横向框架混合承重方案两个主轴方向的抗水平力能力可以做到接近，框架柱两个方向的弯矩、剪力也接近，框架柱应按双向偏心受压构件设计。

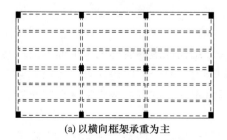
(a) 以横向框架承重为主

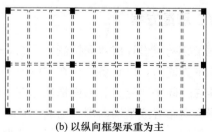
(b) 以纵向框架承重为主

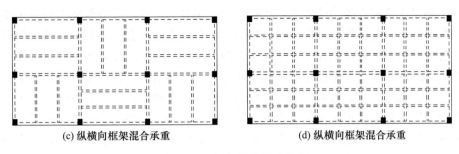

(c)纵横向框架混合承重　　　　　　(d)纵横向框架混合承重

图 3.2.1 框架结构承重方案

4. 工程常用承重方案

受建筑设计的影响，柱网很难是标准的网格，单向板、双向板也会交替出现，工程中常用混合承重方案。为了保证柱的稳定性，任意框架柱必须在两个主轴方向有框架梁相连，所有柱均应按双向偏心受压构件设计。

图 3.2.2 为某别墅结构承重方案（异形柱）。

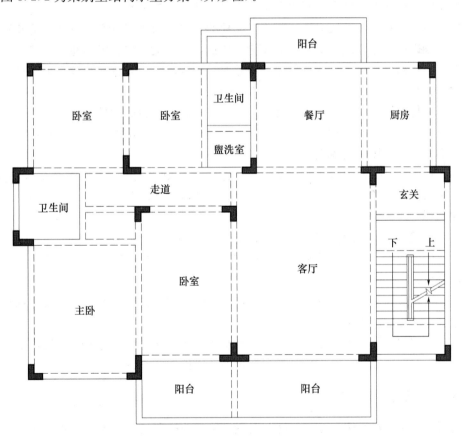

图 3.2.2 某别墅结构承重方案（异形柱）

3.2.2 平面布置原则

框架结构的平面布置要满足建筑设计要求，还需考虑给排水、电气等专业设备安装的影响，一般须遵守以下原则。

（1）满足建筑专业的功能要求，框架柱、框架梁的布置应尽可能减少对建筑使用的影响。框架柱尽可能布置在纵横墙交叉的地方，若有受力需要，确需在房屋中部布置框架柱，通过柱的布置应做到使框架梁的内力趋于均匀并与建筑专业协商确定位置；在满足受力要求的前提下，框架柱的截面尽可能小，以减小对建筑使用的影响。框架梁应避开门的上方、窗的上方，若无法避开，不应布置在门窗的正上方；不应在住宅房间的内部布置梁，梁的截面高度在满足受力的前提下尽可能小，以增大建筑净空；卫生间的梁高应取相邻房间板面与卫生间板底的差值，卫生间梁高不受模数影响，支撑卫生间梁的其他梁应大于或等于卫生间梁高。

建筑图仅示意框架柱的位置和偏心方向，截面尺寸由结构计算确定，若为建筑装饰柱，则柱的截面尺寸由建筑设计决定。除非建筑立面设计需要，否则外墙上的框架柱均需内偏，轴线取墙的中心线而不是柱的中心线；多层住宅、别墅常采用异形柱框架结构，异形柱的宽度与隔墙厚度相同；教学楼、宿舍、办公楼等建筑的走廊框架柱不应外露，以免影响通行。别墅等多坡屋面，坡度较大的相邻屋面互为支撑，板跨度应以屋脊为界按单坡屋面计算，减少不必要的梁布置可以使顶棚更美观。

（2）满足结构专业的概念设计要求，结构的平立面布置宜规则，各部分的质量和刚度宜均匀、连续；结构的传力途径应简捷、明确，竖向构件宜连续贯通、对齐；不应采用混凝土结构构件与砌体结构构件混合承重的结构体系；房屋建筑结构应采用双向抗侧力结构体系等。

（3）满足结构竖向受力的基本要求。框架柱应均匀分割框架梁，应使框架梁的内力趋于均匀，不应出现局部内力过大、过小的框架梁；非框架梁应能使板的跨度趋于均匀，不应出现跨度异常大的板。

（4）满足机电专业的管线布线要求，消防管从框架梁底穿过要注意楼层净高要求。当必须从框架梁中部穿过时，结构专业要提出合理的穿越位置，对于大尺寸洞口应有加强措施。

（5）满足建设单位的投资指标要求，工程投资经历估算、概算、预算、决算多个环节的经济指标把控。每个环节都要做到经济合理，通过反复多轮的结构优化设计，把结构做到最优。

（6）满足施工单位的选材和施工要求，选用的结构材料应因地制宜，就地取材。施工工艺应简单常用，施工方便。

结构选型和结构布置在结构设计中起着至关重要的作用，对造价、建筑使用均有较大影响，应多次比较，反复推敲，选定较合理的结构布置方案。

3.2.3 伸缩缝

混凝土在硬化过程中会出现收缩，混凝土的收缩包含凝缩和干缩，凝缩主要发生在形成强度的早期，干缩则需要经历较长时间才能完成，干缩也是在早期产生的收缩量大。混凝土的收缩量关键与混凝土的含水量有关，混凝土强度等级越高，需要用越多的水泥或采用越高强度等级水泥，需要拌入越多的水，故高强度混凝土更易开裂。商品混凝土为了保证流动性，也需要有适量的灰浆比，这是导致混凝土收缩量增大的原因之一。

地面以下的地基、基础温度较为恒定，不受季节影响，基本不发生收缩和膨胀，故地面以下不需用伸缩缝将基础断开。

夏天温度升高会导致建筑物的长向产生膨胀，受基础的约束，在露出地面的构件里产生压应力，尤其是纵向中部梁板压应力较大，由于混凝土的抗压能力较强，一般不会出现受压开裂。冬天温度降低会导致建筑物的长向产生收缩，同样受基础的约束，在露出地面的构件里产生拉应力，尤其是长向中部梁板拉应力较大，由于混凝土的抗拉能力较弱，可能会出现受拉开裂。这种情况再与混凝土自身的收缩叠加，收缩开裂问题会变得更为严重。

伸缩缝是为了减小季节温度变化和混凝土收缩的影响，避免引起较大的约束应力和开裂而将混凝土结构分割为长度较小的单元。《混凝土结构设计规范》（GB 50010—2010）（2024 年版）规定钢筋混凝土结构伸缩缝的最大间距按表 3.2.1 确定，表中间距为直线最短距离，对平面为回字形的建筑不按展开尺寸计算。

表 3.2.1　钢筋混凝土结构伸缩缝的最大间距　　　　　（单位：m）

结构类别		室内或土中	露天
框架结构	装配式	75	50
	现浇式	55	35

装配式框架结构的部分构件在安装时大部分收缩已经完成，可以将伸缩缝的间距加大；露天环境温度变化对构件的影响大，需将伸缩缝的间距减小。

伸缩缝在基础部分不需要断开，地面以上须完全断开，伸缩缝的设置会带来立面处理的困难，形成漏水薄弱环节，带来工程造价的增加、施工不便和使用不便，能不设置伸缩缝时尽量不要设置伸缩缝。混凝土的干缩和凝缩主要发生在混凝土形成强度的早期，针对该特点，通过设置后浇带将超过规范规定长度不多的建筑物在结构主体施工时断成两个独立的部分，在后浇带位置将钢筋布置好，混凝土暂不施工，考虑两部分独立收缩时会在后浇带的钢筋里产生收缩应力，需将后浇带的梁板钢筋加强，待后浇带两侧的混凝土达到强度后，用微膨胀混凝土将后浇带封闭。后浇带须横向贯通，上下对齐，不应穿过竖向构件，一般选择在梁受力较小的位置。

对于尺寸较大的地下室顶板，将膨胀带与后浇带一起使用，会达到较好的效果。膨胀带在混凝土施工时一次完成，不留较长的时间间隔，膨胀带须使用微膨胀混凝土。

工程实践表明，采取有效的措施，伸缩缝间距可适当增大，施工阶段采取早期防裂措施最为有效。如采用低收缩混凝土、掺膨胀剂的补偿收缩混凝土、加强浇筑后的养护；采取跳仓法，设置后浇带、膨胀带、引导缝等施工措施。后浇带设置间距一般为 30～40m，带宽 800～1000mm，图 3.2.3 为地下室板后浇带构造，当为地面以上时一般不需要设置止水带。

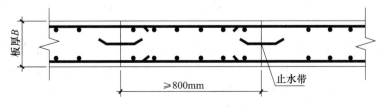

图 3.2.3　地下室板后浇带构造

3.3 结构简图

框架结构内力计算前，应先确定结构计算简图及构件截面尺寸，然后进行荷载计算、结构内力分析、侧移分析、内力组合和截面设计。

结构简图包含计算简图、截面尺寸简图和荷载简图，荷载简图又包含恒载简图、活载简图、风荷载简图和地震作用简图。恒载简图、活载简图为竖向荷载简图，包含实际荷载简图、等效荷载简图，等效荷载简图又称支座弯矩等效荷载简图。风荷载简图和地震作用简图为水平荷载简图，风荷载简图将线性风荷载转换为集中力作用在楼层位置，不考虑线性风荷载对直接作用的竖向构件内力的影响，对于单层高大建筑（如排架、门式刚架等），则不能转换为楼层集中力，而直接将线性荷载施加于结构上计算出结构内力。

工程中不需要刻意确定结构简图，结构计算时常以共地下室的若干楼栋、一栋楼或用变形缝分开的一个结构单元为结构分析对象，建立结构模型，输入除结构自重以外的竖向荷载，通过设置风荷载计算参数由结构软件计算风荷载并施加在结构上，通过设置地震作用计算参数由结构软件进行振型分解计算出地震反应并施加在结构上，通过有限元分析计算出所有荷载在任意控制截面的所有内力，对计算出的各工况内力在控制截面进行组合，依据内力组合结果计算出配筋。

3.3.1 计算简图

结构手算只能计算平面框架，不能将平面外梁的竖向荷载（集中力、集中弯矩）准确导算到计算框架上，水平荷载的分配也较为粗略，还无法准确考虑结构的变形协调，存在严重的局限性。单次手算只能计算出框架柱在手算框架平面内的剪力、弯矩，无法与实际相符。

结构手算的目的不在于将手算结果用于工程项目，而在于通过手算掌握结构设计的流程，为工程实践打下坚实基础。以下的学习以框架结构手算作为主线展开。

1. 计算单元

框架结构是由横向平面框架和纵向平面框架组成的空间框架体系，还可能出现斜交的平面框架。工程设计中一般采用有限元结构设计软件进行空间框架分析和设计；在教学过程中，为了手算的顺利开展，常须简化计算，对于规则的框架结构，一般简化成横向平面框架和纵向平面框架，如图 3.3.1 所示。在计算竖向荷载时，可按梁、柱从属面积的原则分配荷载；计算水平作用时，对于现浇或装配整体式结构，可假定楼盖在其自身平面内具有无限刚性，不考虑结构的整体扭转效应，按平面框架各自的抗侧刚度分配水平作用。手算时抽取具有代表性的平面框架进行内力分析和设计。

2. 节点简化

现浇钢筋混凝土框架结构和装配整体式框架结构，梁柱节点可简化为刚接节点；装配式框架结构节点简化成铰接节点或半刚接节点。当若干框架柱、框架梁在同一刚接节点相交时，若相交的所有框架柱、框架梁均有相同的线位移、角位移，则满足刚接条件；当若干框架柱、框架梁在同一铰接节点相交时，若相交的所有框架柱、框架梁均有

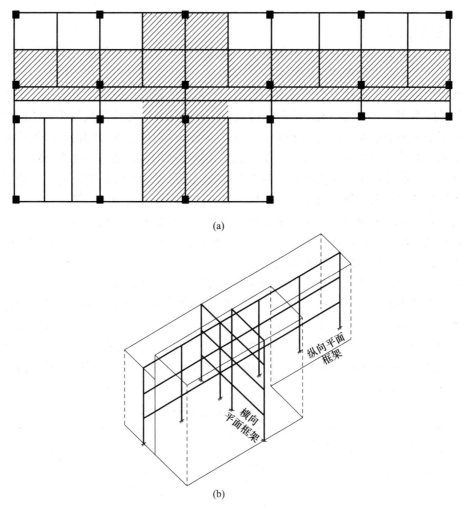

(a)

(b)

图 3.3.1 横向平面框架和纵向平面框架的计算单元

相同的线位移，而角位移各不相同而且相互间无约束时，则满足铰接条件；当若干框架柱、框架梁在同一半刚接节点相交时，若相交的所有框架柱、框架梁均有相同的线位移，而角位移各不相同而且相互间存在约束时，则满足半刚接条件。

当框架梁、框架柱的截面尺寸相较于跨度、层高很小时，进行框架内力计算时，可以将节点简化为一个点。当框架梁、框架柱的截面尺寸相较于跨度、层高不可忽略时，不能将节点简化为一个点，而应简化为刚域，刚域是一个刚性转动区域，刚域内的任意两点在受力前、受力后有同样的相对距离。刚域能更真实地体现节点对框架内力计算的影响，简化为刚域后，相当于减小了框架梁的跨度、框架柱的层高，一般会使构件的内力计算结果减小，还会使框架梁、框架柱的刚度增大，框架的计算侧移减小。

现在的结构计算水平无法考虑上部结构、基础和地基三者的变形协调，将框架柱在基础处简化为固定支座，约束框架柱在基础处的全部线位移和全部角位移，平面框架的一个节点包含 2 个线位移和 1 个角位移，空间框架的一个节点则包含 3 个线位移和 3 个角位移。

3. 跨度与层高

在结构计算简图中，杆件用其截面中心线来表示，梁、柱构件的中心线取截面几何中心的连线，不考虑配筋的影响。

框架的跨度取框架柱中心线之间的距离，受偏柱的影响，框架的跨度往往不等于框架柱的轴线距离。框架梁一般按弯剪构件设计，框架梁的实际跨度就是框架梁的计算跨度。对于变截面的框架柱，若上下柱中心对齐，则跨度取值不受影响；若框架柱须边对齐，一般上部楼层的跨度会稍大些，在变截面处通过增加刚臂来解决计算问题。

框架的层高即框架柱的长度，严格来讲应取上下层梁中心线间的距离，若遇同一层梁高不同的情况，则可能会出现同一层柱层高不同的现象，为使计算简便，一般取相应的建筑层高，即取本层楼面板至上层楼面板的高度。底层的层高应取基础顶面到第二层楼板顶面之间的距离，须计入第一层地面到基础顶面之间的距离。从计算简图的取值可以看出，计算出的柱脚内力位置为基础顶面位置；若为独立基础，柱脚内力位置则为独立基础台阶顶面处；若为桩基础，柱脚内力位置则为承台顶面处。

计算框架内力时按实际层高进行计算，框架柱的内力一般包含轴力、弯矩和剪力。由于轴压力的原因，框架柱存在 $P\text{-}\Delta$、$P\text{-}\delta$ 两种重力二阶效应，$P\text{-}\Delta$ 效应为框架的整体侧移二阶效应，手算较为困难，工程实践中常用工程软件迭代求解，计算层高取实际值；$P\text{-}\delta$ 效应为框架柱的局部挠曲二阶效应，$P\text{-}\delta$ 效应取单一框架柱的某一层进行讨论，既可以电算，也可以手算，计算层高须乘以表 3.3.1 中的放大系数。

表 3.3.1　框架结构各层柱的计算长度

楼盖类型	柱的类别	l_0
现浇式楼盖	底层柱	$1.00H$
	其余各层柱	$1.25H$
装配式楼盖	底层柱	$1.25H$
	其余各层柱	$1.50H$

注：表中 H 为底层柱从基础顶面到第一层楼盖顶面的高度；对其余各层柱为上下两层楼盖顶面之间的高度。

$P\text{-}\Delta$ 效应增大的是框架柱节点处的弯矩，$P\text{-}\delta$ 效应是由于杆件的挠曲变形而导致最大弯矩往框架柱中部方向移动并带来的增大作用，对于长细比较小、轴压力很大和反向弯曲很对称的杆件，$P\text{-}\delta$ 效应很小，可不计算。

4. 框架梁刚度

对现浇式楼盖和装配整体式楼盖，宜考虑楼板作为翼缘对梁刚度和承载力的影响。梁受压区有效翼缘计算宽度可按《混凝土结构设计规范》（GB 50010—2010）（2024 年版）规定的最小值取用，边梁按倒 L 形截面、中梁按 T 形截面真实计算出框架梁的刚度；也可采用梁刚度增大系数法近似考虑，见表 3.3.2，用梁刚度增大系数不能真实反映板对梁刚度的贡献，工程实践中尽量不要采用。

表 3.3.2　梁刚度增大系数

楼盖类型	中梁	边梁
现浇式	2.0	1.5
装配整体式	1.5	1.2

框架梁考虑板的影响后，框架梁的刚度增大，相较于矩形截面梁，会使框架梁的跨中弯矩变大，而支座弯矩减小，框架梁支座弯矩的减小会带来框架柱在竖向荷载作用下弯矩的减小。考虑框架梁的真实刚度会使框架梁支座配筋减少，施工更方便，造价也会稍有下降。

5. 实体有限元

当梁、柱截面尺寸很大时，将梁、柱简化为一根细线，将节点简化为一个点不能真实反映框架的受力，工程中可以通过设置实体有限元，真实计算出框架结构的内力。将梁、柱设置为实体有限元后，软件按照设定的有限单元大小将梁、柱在纵向、横向划分出很多的空间有限单元实体，计算出各有限单元的角点及中部若干点的应力，通过应力积分得到控制截面的内力。

3.3.2　截面尺寸简图

合理的截面尺寸对结构造价、使用功能等影响很大，工程中的截面尺寸须经结构模型的反复调试才能得到。毕业设计手算时也可借助结构软件得到，课程设计时须通过估算的办法得到基本合理的截面尺寸，由于结构受力的复杂性，靠手工估算很难得到合理的截面尺寸。

1. 框架梁

有关梁截面尺寸的规范规定较少，《高层建筑混凝土结构技术规程》（JGJ 3—2010）第 6.3.1 条规定：框架结构的主梁截面高度可按计算跨度的 1/18～1/10 确定；梁净跨与截面高度之比不宜小于 4。梁的截面宽度不宜小于梁截面高度的 1/4，也不宜小于 200mm。在该条的条文解释中有以下表述：在选用时，上限 1/10 可适用于荷载较大的情况。当设计人确有可靠依据且工程上有需要时，梁的高跨比也可小于 1/18。

上述规定仅限于高层框架的主梁，不适用于多层框架的主次梁。规范规定梁的高宽比不宜大于 4，是出于梁受弯时高宽比较大的梁跨中上部受压翼缘不能保持直线的考虑，若梁的跨中侧向有约束（如密度较大的次梁），则高宽比可以适当增大。

同等条件下，梁宽若增大一倍，内力臂增大微小，增大梁宽对提高梁的受弯承载力几乎没有影响；而梁高若增大一倍，内力臂增大超过一倍，增大梁高对提高梁的受弯承载力影响显著；故从设计的经济性考虑，将梁的高宽比取大一点是较为经济的。有的教材规定梁高宽比不要小于 2，对于跨度较小的梁，用较小的梁高即能满足设计需求，为了满足教材中梁最小高宽比要求将梁宽减小则可能会导致隔墙施工不便，为满足隔墙施工要求将梁高加大则无必要，故对于跨度较小的梁不需要遵守梁的最大宽高比要求。

在梁上有隔墙时，梁宽不能小于隔墙厚度，梁宽与隔墙厚度一致是最合适的。建筑外墙须进行保温层施工，不需要用隔墙实现保温隔热，故现在的普通隔墙厚度一般用200mm，工程中的住宅、办公楼、教学楼和宾馆等建筑的梁宽大多是 200mm。若梁高太大，公共建筑梁宽可以超过墙厚。

框架梁的合理截面尺寸应由框架梁的弯矩、剪力决定，除转换梁外，一般框架梁的截面尺寸主要考虑弯矩的影响，决定框架梁弯矩大小的因素有梁上竖向荷载、梁的跨度、相邻跨梁的竖向荷载和跨度、框架柱的刚度、计算的框架梁所处跨位、水平荷载大小、框架梁所在楼层等，进行准确而全面的考虑极为困难，无法通过一个简单的算式把梁高计算出来，只能通过反复试算才能找到合适的梁高。合适的梁高取值应满足以下要求。

（1）梁高不要太小，以免出现超筋；反之，梁高若太大，梁的配筋会是构造配筋；过小的梁高即使不出现超筋，或当过大的梁高导致配筋率很小时，也都会带来设计不经济，过大的梁高还会导致使用不便。

（2）进行抗震设计时，为了保证梁的截面延性，对梁的相对受压区高度限值做了更严格的规定，可以通过加大梁高和提高混凝土强度等级减小相对受压区高度，梁高取值应满足该要求。

（3）当竖向荷载较大时，有可能出现斜压破坏，斜压破坏是一种不能通过增加腹筋提高受剪承载力的破坏形式，此时，应增大梁截面尺寸或提高混凝土强度等级。

（4）对于跨度较大的梁，梁的裂缝宽度和挠度一般较大，为了减小裂缝宽度，可以增大配筋，但增大配筋对减小挠度几乎无效，可以通过增大梁高同时减小梁的裂缝宽度和挠度。

手算时框架梁截面高度只考虑梁跨度的影响，可按下式估算。

$$h_b = \frac{1}{18} \sim \frac{1}{10} l_b \qquad (3.3.1)$$

l_b 为框架梁的计算跨度，框架梁的内力估计值大时系数取大值，反之，取小值。

手算时框架梁截面宽度可按下式估算。

$$b_b = \frac{1}{4} \sim \frac{1}{2} h_b \qquad (3.3.2)$$

对于小跨梁，梁高较小时，梁宽不应小于隔墙厚度，可大于 $1/2h_b$。对于高度较大的梁，梁宽可大于隔墙厚度，尽量取与隔墙等厚。

2. 框架柱

一般情况下框架柱采用方形截面，当一个主轴方向的弯矩远大于另一个主轴方向的弯矩时，柱截面适合采用矩形截面，柱的长边应沿弯矩较大的方向布置，使框架柱在该方向获得较强的偏心受压能力。

框架柱截面尺寸可按下式进行估算。

$$A_c = 1.1 \sim 1.2 \frac{N}{f_c} \qquad (3.3.3)$$

$$N = 1.4 N_k \qquad (3.3.4)$$

式中：A_c——框架柱截面面积（mm^2）；

N——框架柱所承受的轴向压力基本组合值（N）；乘以 1.1～1.2 的放大系数，粗略考虑柱弯矩的影响；

N_k——根据框架柱受荷范围楼面面积估算的竖向荷载轴力标准组合值（N）；1.4
为恒载、活载综合分项系数。竖向荷载标准值可根据实际荷载计算，也可
按 $10 \sim 12 kN/m^2$ 估算；

f_c——混凝土轴心抗压强度设计值（N/mm^2）。

框架柱截面宽度和高度均不应小于 300mm，圆柱截面直径不应小于 350mm，柱截面高宽比不宜大于 3。为避免柱剪切破坏先于弯曲破坏发生，保证框架柱的延性，柱净高与截面边长之比宜大于 4。

由于框架柱的受力远比框架梁复杂，框架柱的截面尺寸更难准确估算，框架柱的截面尺寸主要由轴力和弯矩决定，对于跨度较大的多层结构，须重点考虑弯矩对截面尺寸估算的影响。合理的柱截面尺寸应满足下面两个基本要求。

（1）满足规范中的轴压比要求并接近该轴压比要求，对于非抗震结构，轴压比计算值不宜超过 1。

（2）配筋率不宜过大，避免结构设计不经济。

轴压比是框架柱受到的轴压力与框架柱混凝土受压承载力的比值，框架柱混凝土受压承载力仅考虑混凝土的受压能力，轴压比的大小与框架柱在地震作用下的相对受压区高度正相关，相对受压区高度越大，框架柱破坏时的截面转角越小，框架柱的变形越小，耗能能力越弱。平面框架实际结构简图如图 3.3.2 所示。

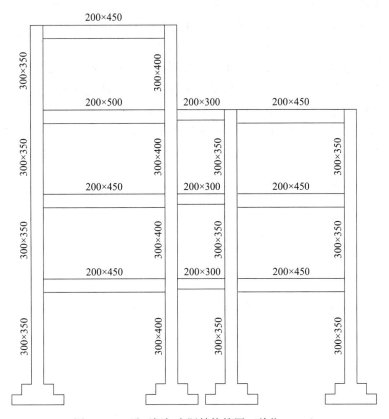

图 3.3.2　平面框架实际结构简图（单位：mm）

3.3.3 荷载简图

1. 恒载计算简图

作用在框架梁上的恒载包含楼板传来的恒载、框架梁自重，若框架梁上砌有隔墙，还需包含隔墙荷载，若有平面外的梁支撑于框架梁上，还会有集中力。

不论是单向板，还是双向板，平面为矩形的现浇板都按 45°铰线将板荷载传给框架梁或非框架梁，在框架梁上的板荷载为三角形或梯形。若为三角形板、非矩形四边形板，手算时可沿对角线将板荷载传给框架梁。工程中，若遇矩形板以外的现浇板，可采用有限元导荷将板荷载导到梁上。

若为两对边支撑的预制楼板，则将板荷载按双侧铰支传给两支承边。

计算板恒载时，须包含由板厚计算出的板结构自重，还需包含板底抹灰（板底吊顶）、保温隔热层、板面找平层质量，预估的后期装修荷载等。

计算隔墙荷载时，应扣除结构梁高度，取隔墙净高，单位面积隔墙质量包含砌体自重（或墙板自重）、双侧建筑装饰层质量、保温隔热层质量。门窗洞口可按门窗洞口占整片墙的面积比进行折减，并计入门窗质量。

一般都有平面外的框架梁支承于框架柱上，在节点位置须有恒载集中力。当平面外的框架梁偏离柱中心线时，还应包含集中弯矩。手算时，平面外的框架梁只能按铰支单跨梁计算集中力，这种做法与实际受力存在较大差距。

若有悬挑梁，应计算出悬挑梁的剪力作为集中力加在框架节点上，计算悬挑梁相对于框架柱中心线的弯矩作为集中力矩加在框架节点上。

铰线与梁中心线的交点，框架柱偏心时，荷载会超出简图边线或跨到临近框架梁上，结构软件计算时，超出简图边线的荷载可切除，其他情况据实计算；手算时为使计算简化，可将铰线与梁中心线的交点移到柱中心线，保持荷载的形状、荷载值及顶点（顶边）不变。计算框架板恒载、活载传递图如图 3.3.3 所示。框架梁实际恒载简图如图 3.3.4 所示。

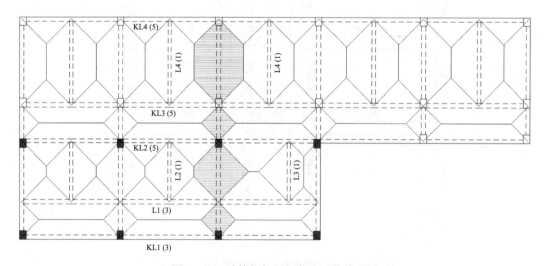

图 3.3.3　计算框架板恒载、活载传递图

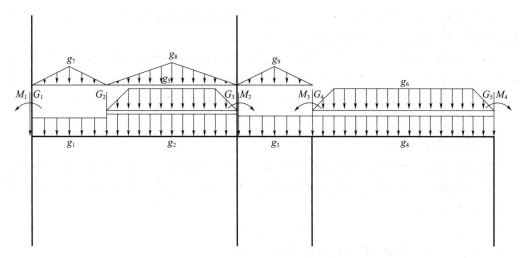

图 3.3.4 框架梁实际恒载简图

g_1，g_3，g_4 为框架梁自重；g_2 为框架梁自重，若有隔墙，还需包含隔墙自重；g_7 为走廊板导到框架梁的恒载；g_5，g_8 为房间板导到框架梁的恒载；g_6，g_9 为屋面板导到框架梁的恒载；上述荷载均为线荷载。

G_1 为 KL1 导到框架节点的点荷载，手算时还应计入上层柱的结构自重，由于框架梁与框架柱边齐，荷载存在偏心，产生一个逆时针的偏心弯矩 M_1；G_2 为 L1 导到框架梁的集中力；G_3 为 KL2 导到框架节点的点荷载，产生一个顺时针的偏心弯矩 M_2；G_4 为 KL3 导到框架节点的点荷载，产生一个逆时针偏心弯矩 M_3；G_5 为 KL4 导到框架节点的点荷载，产生一个顺时针偏心弯矩 M_4。

2. 活载计算简图

作用在框架梁上的活载仅包含楼板传来的活载，若有平面外的梁支撑于框架梁上，还会有集中活载。

节点活载包含集中活载，若遇偏心，还应包含活载集中力矩。框架梁实际活载简图如图 3.3.5 所示。

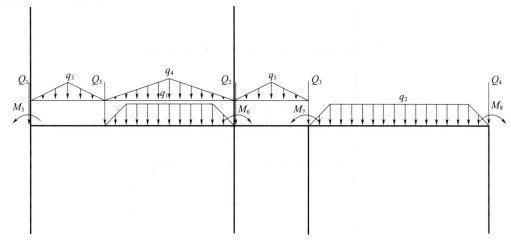

图 3.3.5 框架梁实际活载简图

q_3 为走廊板导到框架梁的活载；q_1，q_4 为房间板导到框架梁的活载；q_2，q_5 为屋面板导到框架梁的活载；上述荷载均为线荷载。

Q_1 为 KL1 导到框架节点的点荷载，由于框架梁与框架柱边齐，存在偏心，产生一个逆时针的偏心弯矩 M_5；Q_5 为 L1 导到框架梁的集中力；Q_2 为 KL2 导到框架节点的点荷载，产生一个顺时针的偏心弯矩 M_6；Q_3 为 KL3 导到框架节点的点荷载，产生一个逆时针偏心弯矩 M_7；Q_4 为 KL4 导到框架节点的点荷载，产生一个顺时针偏心弯矩 M_8。

3. 风荷载计算简图

风荷载沿建筑物高度方向大致成梯形分布，顶部楼层大，底部楼层小，由于风振系数是高度的函数，风荷载与梯形会稍有偏离。某一层楼的总风荷载按挡风面积计算，如式 3.3.5 所示。

$$F_{ik} = w_{ik} h_i B_i \tag{3.3.5}$$

式中：w_{ik}——第 i 层楼风荷载标准值（kN/m²）；

h_i——第 i 层楼受风面的高度，取计算楼层处上下层层高各半，顶层取至女儿墙顶；

B_i——第 i 层楼处受风面的宽度。

计算风荷载时，须同时考虑风荷载的压力和吸力，计算出结构的内力。

将风荷载转换为集中力作用在楼层处，对于层数较多的多层建筑和高层建筑影响不大，对于高度较大的单层建筑或层数较少的大层高的多层建筑，应按实际风荷载计算结构内力。风荷载集中力的中心位于挡风面的形心，对某一层的风荷载进行精确分配时，应取上部楼层的风荷载累加值进行计算；手算时，取本层总风力分摊到计算框架的风荷载进行计算。当集中力中心与楼层刚度中心在一条线上时，可按单根框架柱在整层楼的框架柱抗侧刚度比分配风荷载；当集中力中心与楼层刚度中心不在一条线上时，楼层除了发生整体的平移外，还会出现整体的转动，整体的转动会使部分角部构件的位移增大，单根框架柱所受的水平剪力应为抗侧刚度与层间位移的乘积，该层间位移不应计入下层楼层间位移导致的本层楼层间位移。手算时，可不考虑整体转动的影响。风荷载作用下结构计算简图如图 3.3.6 所示。

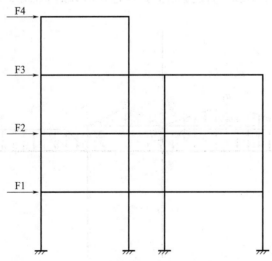

图 3.3.6　风荷载作用下结构计算简图

3.3.4　弯矩等效荷载

若为对称荷载，可通过查表得到支座弯矩等效均布荷载，将所有均布荷载相加，一次计算出两侧支座的固端弯矩用于手算。若荷载不对称，则会出现两侧支座固端弯矩不同，可直接计算出两侧支座固端弯矩再与其他手段计算出的固端弯矩相加；也可查到同一不对称荷载的两个等效均布荷载，将左支座的等效均布荷载相加一次计算出左支座的固端弯矩，将右支座的等效均布荷载相加一次计算出右支座的固端弯矩。

若遇复杂的荷载作用，可能会出现无表可查的情况，这时须借助结构力学求解器得到支座固端弯矩。

等效均布荷载仅支座弯矩等效，在通过手算求出较为准确的支座弯矩后，应采用实际的荷载求跨中弯矩和剪力。

跨中最大正弯矩位于剪力0点，先按两端弯矩已知的静定梁求剪力0点位置，找到剪力0点后，即可求出跨中最大正弯矩。由于工况的复杂性和竖向荷载的复杂性，任意两工况下的剪力0点很难在同一位置，每个工况都去找剪力0点较为不便，工程软件将两节点间的梁段用11个断面（包含两端的断面）切分为10段，包含2个支座断面和9个梁中断面，通过内力组合求出所有断面的弯矩、剪力外包值，以此得到弯矩、剪力包络图，这种方法可操作性强，计算出的跨中弯矩很接近跨中最大弯矩的理论值。

3.3.5　模拟施工加载

当荷载计算出来并施加到结构上后，常将竖向荷载、水平荷载按工况施加，一次计算出一种荷载作用的结构内力，将各工况荷载组合即可得到需要的准永久组合内力值、标准组合内力值和基本组合内力值。在不考虑几何非线性时，任意荷载与任意内力之间为线性关系，先进行荷载组合再一次计算出内力，与先计算出荷载标准值的内力再进行内力组合的结果是完全相同的，考虑到内力组合的复杂性，为了减少计算量，一般选择后者。

结构自重是随着施工进度逐层施加到建筑上的，当施工到第n层时，若不考虑拆模的影响，第n层以下的结构自重不应在第n层以上的构件中产生内力，用传统算法，则会出现下部楼层结构自重在上部楼层构件中产生内力的现象，对于图3.3.6所示的四层楼，模拟施工时，应分4次计算出结构自重的内力，将4次内力结果累加即可得考虑模拟施工时的结构自重内力，计算简图如图3.3.7所示。

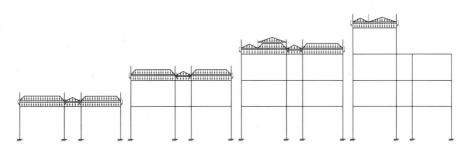

图3.3.7　模拟施工刚度和加载模式

除结构自重以外的附加恒载、活载均在整栋楼刚度形成以后施加，均应采用一次性加载的方式计算出结构内力。所有水平荷载也应按一次性加载的方式计算出结构内力。

3.3.6 活载不利布置

活载在时间、空间上具有随机性，时间上的随机性通过荷载超越概率的合理取值来实现结构的安全度，空间上的随机性通过活载的不利布置来实现结构的安全度。在进行结构设计时，通过活载不利布置分析出结构内力，从而在活载值不被超越的前提下，实现结构任意控制截面的内力值不会被超越的目的。

结构软件在计算平面框架的活载布置时，一次布置一层一跨的活载，计算出整榀平面框架的活载内力标准值，如图3.3.6所示的平面框架，须进行10次活载的内力计算。在计算某一截面弯矩的上包线点时，将该截面的恒载内力与10次活载内力的所有负值相加，并考虑组合值系数；在计算某一截面弯矩的下包线点时，将该截面的恒载内力与10次活载内力的所有正值相加，并考虑组合值系数；将所有计算截面的上包线点连接，即得负弯矩的外包线；将所有计算截面的下包线点连接，即得正弯矩的外包线；2条包线合起来即为竖向荷载作用下的弯矩包络图。上述做法，能做到在活载值不被超越的前提下，无论活载如何布置，任意截面的弯矩值都不会超越上下包线的范围。

进行课程设计、毕业设计手算时，按上述方法求弯矩包络图的计算工作量太大，可以通过简单的做法实现活载的近似不利布置。一次布置一跨的做法，如图3.3.6所示的平面框架，只需进行3次活载的内力计算，具体做法如图3.3.8所示。由于临跨布置活载对本跨正弯矩影响大，远处布置活载对本跨影响小，该做法能取得较好的效果。

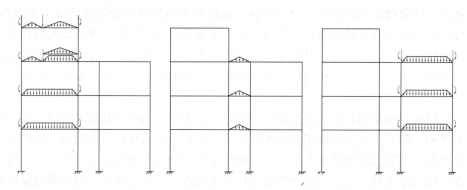

图3.3.8　活载近似不利布置

进行工程设计时，一次至少计算一个结构单元，当一个梁段有板传活载时，该块板的其他支承边均会有活载作用。为了减少计算量，工程中采用分层分板块计算活载内力的做法，如图3.3.3所示的楼层，须进行24次活载的内力计算，在求某一计算截面的内力包络值时，忽略其他楼层的影响，将该截面的恒载内力与24次活载内力的所有负值相加，并考虑组合值系数可得上包络值；通过类似做法还可以得到下包络值。

当不进行活载不利布置，将活载一次性加在结构上计算出活载内力时，支座弯矩与实际较为接近，而跨中弯矩与实际偏离较远，活载与恒载的比值越大，偏离幅度越大，很难找到一个合适的放大系数对支座弯矩、跨中弯矩进行放大。一般工程中采用活载不利布置来准确考虑其影响，而不用放大系数将弯矩放大。

3.4 竖向荷载作用下的内力分析近似方法

竖向荷载包含恒载和活载。竖向荷载作用下的内力精确分析方法是有限元方法，有限元法将结构力学中的矩阵位移法与线性代数结合，利用计算机的强大计算能力求解结构内力。

工程中常用有限元方法进行内力和位移求解，有限元方法无法手算。学习时，须用弯矩分配法、迭代法、分层法进行近似的手算。

3.4.1 弯矩二次分配法

计算竖向荷载作用下多层框架结构的弯矩时，如近似认为框架无侧移，则可采用弯矩分配法。

弯矩分配法是弯矩二次分配法的简称，包含两次分配和一次传递。其主要思路是：首先将所有梁的两端嵌固，计算出所有梁跨的左右端固端弯矩，悬挑梁计算出相对于柱中心线的弯矩施加于节点上，平面外的梁中心线若与柱中心线不重合，也计算出偏心弯矩施加于节点上；两端嵌固不是一种真实状态，需将人为设置的嵌固拆除，嵌固拆除后，固端弯矩、挑梁弯矩、节点集中弯矩的矢量和一般不为零，上述弯矩的矢量和会带动节点发生转动，连在节点上的所有构件会阻止该转动产生，由于相交于同一节点的各杆件转角相同，线刚度大的杆件会产生较大的反向弯矩阻止转动发生，相交于同一节点的各杆件按线刚度比分配该不平衡弯矩，方向与不平衡弯矩相反，此为弯矩的第一次分配；按结构力学，近端的转动会在远端的固端产生弯矩，即近端的弯矩会传导到远端，此为弯矩传递；每个节点都会接受各杆件传来的弯矩，破坏了第一次分配形成的节点弯矩平衡，需要再按线刚度比进行一次节点弯矩分配，此为弯矩的第二次分配。手算主要用于学习目的，不需要很高的精度，一般到弯矩第二次分配即可结束计算，若想取得更高的精度，还可继续传递、分配下去。

弯矩分配法的计算步骤如下。

（1）计算竖向荷载作用下的节点弯矩，包含竖向荷载作用下各跨梁的固端弯矩、悬挑梁相对于节点的弯矩和平面外梁相对于节点的弯矩，并计算出上述弯矩的矢量和。

（2）计算出各杆件的线刚度，根据各杆件的线刚度计算各节点的杆端弯矩分配系数，对所有节点的不平衡弯矩进行第一次分配，分配的弯矩方向与不平衡弯矩方向相反。

（3）将所有杆端分配到的弯矩各自向该杆的远端传递，梁的传递系数均为1/2，柱传向支座的传递系数为1/2，考虑到楼层梁对柱的嵌固能力较弱，柱传向楼层方向的传递系数为1/3。

（4）将各节点因传递弯矩而产生的不平衡弯矩进行第二次分配，分配的弯矩方向与不平衡弯矩方向相反，使各节点处于新的平衡状态。

（5）将柱的第一次分配弯矩、传递弯矩和第二次分配弯矩相加，可以得到柱的杆端弯矩。

（6）将梁的荷载固端弯矩、第一次分配弯矩、传递弯矩和第二次分配弯矩相加，可以得到梁的杆端弯矩。

悬挑梁相对于节点的弯矩和平面外梁相对于节点的弯矩不加入梁端弯矩，节点的所有杆端弯矩和与上述两弯矩平衡。

通过上述计算可得到梁柱的杆端弯矩，在计算梁的跨中最大正弯矩、支座剪力时须使用实际作用荷载计算，不能采用等效荷载计算。

通过柱的杆端弯矩可求出柱的剪力。

$$V_c = \frac{M_{ct} + M_{cb}}{H_c} \qquad (3.4.1)$$

式中：M_{ct}——柱顶端的弯矩，同向取正值；

$\quad M_{cb}$——柱底端的弯矩，同向取正值；

$\quad H_c$——柱高。

通过梁的杆端弯矩，再考虑梁上竖向荷载，可求出梁的左端剪力、右端剪力。

$$V_l = \frac{M_l + M_r}{L} + V_{Gl} \qquad (3.4.2)$$

$$V_r = -\frac{M_l + M_r}{L} + V_{Gr} \qquad (3.4.3)$$

式中：M_l——梁左端弯矩，逆时针取正值；

$\quad M_r$——梁右端弯矩，逆时针取负值；

$\quad L$——框架梁的跨度；

V_{Gl}，V_{Gr}——梁上竖向荷载按简支计算出的左支座剪力、右支座剪力。

梁的剪力在柱上形成轴力，逐层累加即可得到柱的轴力图。

【例3.1】图3.4.1所示为三层框架，已知其柱截面均为 350mm×400mm，梁截面均为 250mm×600mm，梁两边均不带翼缘，试确定第二层 A 节点处的梁负弯矩值。

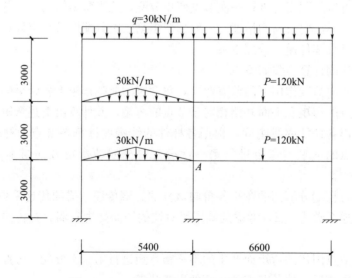

图3.4.1 三层框架结构简图（单位：mm）

解：（1）将第二层框架分离出来，并计算柱、梁的线刚度，如图3.4.2所示。

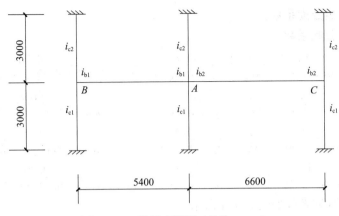

图 3.4.2 线刚度简图（单位：mm）

A 点相交杆件线刚度计算：

$$i_{b1} = \frac{EI_{b1}}{l_1} = E \times \frac{1}{12} \times 250 \times \frac{600^3}{5400} = 8.33 \times 10^5 E$$

$$i_{b2} = \frac{EI_2}{l_2} = E \times \frac{1}{12} \times 250 \times \frac{600^3}{6600} = 6.82 \times 10^5 E$$

$$i_{c1} = \frac{EI_{c1}}{H_1} = E \times \frac{1}{12} \times 350 \times \frac{400^3}{3000} = 6.22 \times 10^5 E$$

$$i_{c2} = 0.9 \times \frac{EI_{c1}}{H_1} = 0.9 \times E \times \frac{1}{12} \times 350 \times \frac{400^3}{3000} = 5.60 \times 10^5 E$$

B 点、C 点相交杆件线刚度计算过程省略。

（2）将三角形荷载转换为等效均布荷载，如图 3.4.3 所示。

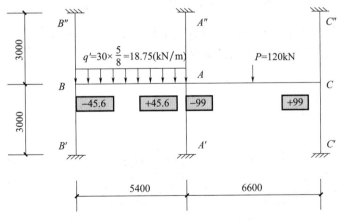

图 3.4.3 等效荷载简图（单位：mm）

满跨三角形等效均布荷载为 $\frac{5}{8} \times 30\text{kN/m} = 18.75\text{kN/m}$

AB 跨左右固端弯矩为 $\frac{1}{12} \times 18.75\text{kN/m} \times (5.4\text{m})^2 = 45.6\text{kN} \cdot \text{m}$，图 3.4.3 中绕梁逆时针为负，绕梁顺时针为正。

AC 跨左右固端弯矩为 $\frac{1}{8} \times 120\text{kN} \times 6.60\text{m} = 99\text{kN} \cdot \text{m}$

（3）计算弯矩分配系数。

A 点的弯矩分配系数：

$$\mu_{AB} = \frac{4i_{b1}}{4i_{b1} + 4i_{b2} + 4i_{c1} + 4i_{c2}} = \frac{i_{b1}}{i_{b1} + i_{b2} + i_{c1} + i_{c2}} = \frac{8.33}{8.33 + 6.82 + 6.22 + 5.6} = 0.31$$

$$\mu_{AC} = \frac{4i_{b2}}{4i_{b1} + 4i_{b2} + 4i_{c1} + 4i_{c2}} = \frac{i_{b2}}{i_{b1} + i_{b2} + i_{c1} + i_{c2}} = \frac{6.82}{8.33 + 6.82 + 6.22 + 5.6} = 0.25$$

$$\mu_{AA''} = \frac{4i_{c2}}{4i_{b1} + 4i_{b2} + 4i_{c1} + 4i_{c2}} = \frac{i_{c2}}{i_{b1} + i_{b2} + i_{c1} + i_{c2}} = \frac{5.6}{8.33 + 6.82 + 6.22 + 5.6} = 0.21$$

$$\mu_{AA'} = \frac{4i_{c1}}{4i_{b1} + 4i_{b2} + 4i_{c1} + 4i_{c2}} = \frac{i_{c1}}{i_{b1} + i_{b2} + i_{c1} + i_{c2}} = \frac{6.22}{8.33 + 6.82 + 6.22 + 5.6} = 0.23$$

A 点的弯矩分配系数如图 3.4.4 所示。

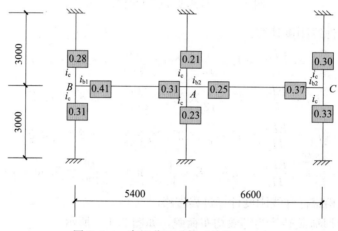

图 3.4.4　弯矩分配系数（单位：mm）

依次可以计算出 B 点、C 点的弯矩分配系数，如图 3.4.4 所示。

（4）弯矩两次分配、一次传递的结果如图 3.4.5 所示。

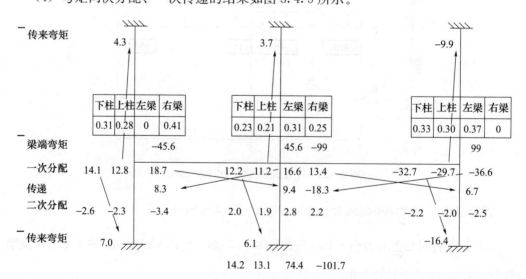

图 3.4.5　弯矩分配、传递图（单位：kN·m）

（5）A 点弯矩计算结果校核。

A 节点支座弯矩值为：下柱 14.2kN·m，上柱 13.1kN·m，左梁 74.4kN·m，右梁−101.7kN·m。由于没有外弯矩，上述弯矩和为 0。

（6）有限元电算弯矩图。

利用有限元法计算出的弯矩如图 3.4.6 所示。

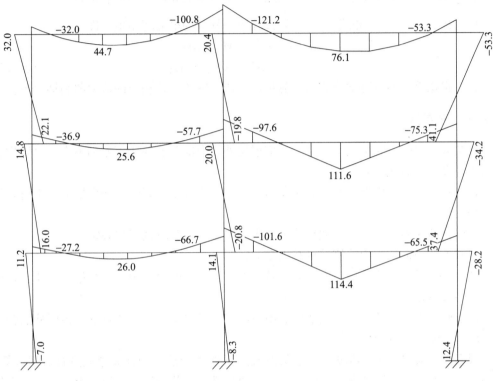

图 3.4.6　电算弯矩图（单位：kN·m）

A 节点支座弯矩值为：下柱 14.1kN·m，上柱 20.8kN·m，左梁−66.7kN·m，右梁−101.6kN·m。对比手算结果，下柱、右梁结果二者极为接近，上柱由于没有考虑三层荷载的影响而导致手算值较电算值偏小，同时带来左梁的差异。

3.4.2　迭代法

简要介绍不考虑框架侧移时，迭代法的计算步骤和方法。

（1）计算汇交于每一节点各杆的转角分配系数。

$$\mu'_{jk} = -\frac{1}{2}\frac{i_{jk}}{\sum\limits_{j} i_{jk}} \tag{3.4.4}$$

式中：i_{jk}——第 j 个节点第 k 根杆件的线刚度。

检查是否满足 $\sum\limits_{(j)} \mu'_{jk} = -\frac{1}{2}$ 以作校核。当框架中出现铰接情况及利用对称性时，要注意对有关杆件的线刚度 i_{jk} 进行修正，如当一端为铰接时，乘以修正系数 0.75，当利用正对称的奇数跨框架时，中间跨横梁的线刚度要乘以修正系数 0.5。

（2）计算竖向荷载作用下各杆端产生的固端弯矩 M_{jk}^{F}，并写在相应的各杆端部，求出汇交于每一节点的各杆固端弯矩之和 M_{j}^{F}。

（3）按式（3.4.5）计算每一杆件的近端转角弯矩 M_{jk}'，即

$$M_{jk}' = \mu_{jk}' \left(M_{j}^{\mathrm{F}} + \sum_{j} M_{kj}' \right) \tag{3.4.5}$$

式中：$\sum_{j} M_{kj}'$——汇交于节点上各杆的远端转角弯矩之和，最初可假定为零。

（4）按式（3.4.6）和式（3.4.7）计算每一杆端的最后弯矩值，即

$$M_{jk} = M_{jk}^{\mathrm{F}} + 2M_{jk}' + M_{kj}' \tag{3.4.6}$$

$$M_{jk} = M_{jk}^{\mathrm{F}} + M_{jk}' + (M_{kj}' + M_{jk}') \tag{3.4.7}$$

（5）根据算得的各杆端弯矩值，做最后的弯矩图并求得相应的剪力图和轴力图。

3.4.3 分层法

楼层数较多时，除了顶部楼层、底部楼层外，中部各层的弯矩差别不大，可以用分层法使计算大为简化。

迭代法以整个平面框架为计算对象，弯矩分配法可以计算整个平面框架，也可以计算局部框架。

竖向荷载作用下的内力近似计算可采用分层法，计算时做下列假定。

（1）不考虑框架结构的侧移对其内力的影响。

（2）每层梁上的荷载仅对本层梁及其上下柱的内力产生影响，对其他各层梁、柱内力的影响可忽略不计。

以上假定中所指的内力不包括柱的轴力，因为某层梁上的荷载对下部各层柱的轴力均有较大影响，不可忽略。

根据以上假定，可将框架的各层梁及其上下柱作为独立的计算单元进行分层计算，如图 3.4.7 所示。分层计算所得的梁内弯矩即为梁在该荷载作用下的弯矩，而每一个柱的柱端弯矩则取上下两层计算所得弯矩之和。

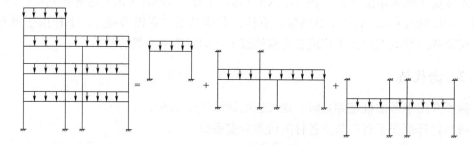

图 3.4.7 分层法计算示意图

在分层计算时，假定上下柱的远端为固定端，而实际上是弹性嵌固（有转角），计算有一定误差。为了减少该计算误差，在计算前，除底层柱外，其他层各柱的线刚度均乘以折减系数 0.9，并在计算中取相应的传递系数为 1/3（底层柱不折减，且传递系数为 1/2）。框架节点处的最终弯矩之和常不等于零，这是由柱端弯矩传递引起的。当节点不平衡弯矩较大时，可对此节点的不平衡弯矩再做一次弯矩分配（不向远端传递）进

行修正。

第二、第三层简图形式相同，受第一层层高和刚度的影响，计算参数并不同，应分两次计算。

分层法适用于节点梁柱线刚度比大于 3，且结构与荷载沿高度比较均匀的多层框架结构的计算。计算步骤如下。

（1）画出框架计算简图、竖向荷载简图。

（2）按规定计算梁、柱的线刚度及相对线刚度。

（3）除底层柱外，其他各层柱的线刚度（或相对线刚度）应乘以折减系数 0.9。

（4）计算各节点处的弯矩分配系数，并用弯矩分配法从上至下分层计算各个计算单元（每层横梁及相应的上下柱组成一个计算单元）的杆端弯矩，计算可从不平衡弯矩较大的节点开始，一般每个节点分配 2 次即可。

（5）叠加有关杆端弯矩，得出最后的弯矩（如节点弯矩不平衡值较大，可在节点重新分配一次，但不进行传递）。

（6）按静力平衡条件求出框架的其他内力图（轴力及剪力图）。

3.5　水平荷载作用下的内力分析近似方法及侧移验算

水平荷载包含风荷载、地震作用，计算出各楼层的水平集中力后，须按刚度比例将水平集中力分配到计算榀，将分配到的水平集中力作用到计算榀的各楼层位置。

水平荷载作用下的内力精确分析方法也是有限元方法。

手算时，依据梁柱刚度比，可选择反弯点法、D 值法近似计算出水平荷载作用下的结构内力和位移。

3.5.1　反弯点法

反弯点法适用于梁与柱的线刚度比 $i_b/i_c \geqslant 3$，且结构比较均匀、层数不多的多层框架。当梁的线刚度远大于柱的线刚度时，在柱中会出现反弯点，找到反弯点的位置，并求得反弯点处的剪力后，即可求得柱的所有弯矩，依据节点平衡条件可求得所有梁端弯矩，依据梁端弯矩求得所有梁的剪力，将梁剪力作用于柱上，可求得柱轴力。

1. 基本假定

为了求得各柱的剪力和反弯点位置，做如下假定。

（1）确定各柱间的剪力分配时，认为梁的线刚度与柱的线刚度之比为无限大，梁柱节点角位移为零（节点不发生转动），由于轴向变形远小于弯曲变形，可忽略梁的轴向变形；据此推知，梁在水平荷载作用下仅发生刚性的水平移动。

（2）确定各柱的反弯点位置时，除底层柱外，各层柱的反弯点位置处于各层柱高的中点；底层柱的柱脚固端为真实固端，强于梁形成的固端，底层反弯点位于离柱脚 2/3 柱高处。

（3）梁端弯矩由节点平衡条件求出，并按节点左右梁的线刚度进行分配。

2. 框架柱剪力分配

单根柱的侧向刚度 D 为产生单位层间位移需要的水平推力。

　　不同支座情况下的抗侧刚度如图 3.5.1 所示，两端铰支的柱在工程上称为摇摆柱，摇摆柱为受弯构件，不影响结构体系的刚度，只能承受弯矩，不能承受轴力，抗侧刚度为零；两端固端的柱具有最大的抗侧刚度，实际工程中不会出现两端为真实固端的柱；真实柱介于二者之间，柱顶、柱底为弹性嵌固，支座刚度由梁提供，抗侧刚度介于二者之间。真实支承情况下柱的抗侧刚度值，可按式（3.5.1）计算。

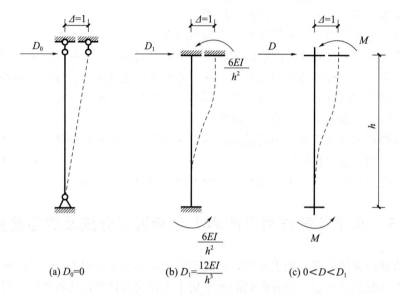

图 3.5.1　柱在不同支承条件下的抗侧刚度

$$D = \alpha_c D_1 = \alpha_c \frac{12EI}{h^3} \qquad (3.5.1)$$

式中：α_c——柱抗侧刚度修正系数，按表 3.5.1 中的公式计算。

表 3.5.1　柱抗侧刚度修正系数表

柱的部位及固定情况	一般层	底层，下面固支	底层，下端铰支
	$\bar{i} = \frac{i_1 + i_2 + i_3 + i_4}{2i_c}$	$\bar{i} = \frac{i_1 + i_2}{i_c}$	$\bar{i} = \frac{i_1 + i_2}{i_c}$
α_c	$\alpha_c = \frac{\bar{i}}{2 + \bar{i}}$	$\alpha_c = \frac{0.5 + \bar{i}}{2 + \bar{i}}$	$\alpha_c = \frac{0.5\bar{i}}{1 + 2\bar{i}}$

　　表 3.5.1 反映了梁线刚度对柱抗侧刚度的影响，柱抗侧刚度随梁刚度的增大而增大。同等情况下，柱线刚度大小排序依次为下端固支、下端弹性嵌固、下端铰支。

　　根据反弯点法的计算假定，柱的上下端没有转角，按材料力学公式，两端固端的杆件产生单位侧移的支座弯矩为 $6E_cI_c/h^2$，也可表示为 $6i_c/h$，可推算出剪力为

$$D = \frac{12i_c}{h^2} \qquad (3.5.2)$$

式中：i_c——框架柱的线刚度，$i_c = E_c I_c / h$，E_c 和 I_c 分别为柱的混凝土弹性模量和截面惯性矩；

　　　　h——柱高（层高）。

若第 i 层有 m 根柱，作用有总剪力 V_i，依据力的平衡条件，有

$$V_{i1} + V_{i2} + \cdots + V_{ik} + \cdots + V_{im} = V_i \qquad (3.5.3)$$

第 i 层第 k 根柱的侧移刚度为 D_{ik}，产生了侧移 Δ_{ik}，则第 i 层 k 柱的剪力为

$$V_{ik} = D_{ik} \Delta_{ik} \qquad (3.5.4)$$

将式（3.5.4）代入式（3.5.3），有

$$D_{i1} \Delta_{i1} + D_{i2} \Delta_{i2} + \cdots + D_{ik} \Delta_{ik} + \cdots + D_{im} \Delta_{im} = V_i \qquad (3.5.5)$$

由于梁仅做刚体平移，有

$$\Delta_{i1} = \Delta_{i2} = \cdots = \Delta_{ik} = \cdots = \Delta_{im} = \Delta_i \qquad (3.5.6)$$

将式（3.5.6）代入式（3.5.5），有

$$\Delta_i = \frac{V_i}{\sum\limits_{k=1}^{m} D_{ik}} \qquad (3.5.7)$$

将式（3.5.7）代入式（3.5.4），第 i 层第 k 根柱分配到的剪力为

$$V_{ik} = \frac{D_{ik}}{\sum\limits_{k=1}^{m} D_{ik}} V_i \qquad (3.5.8)$$

V_i 为框架第 i 层的总剪力，它等于第 i 层（含）以上所有水平力之和；式（3.5.8）即为总剪力 V_i 在各柱间的分配方式，其中分母为第 i 层框架柱的总抗侧刚度。可见，每根柱分配到的剪力值以侧向刚度比为分配依据。

风荷载的作用中心为挡风面的几何中心，地震作用的中心为质量中心。当水平力的作用中心与刚度中心不重合时，楼层会产生整体扭转，柱所受的剪力为侧移刚度与有害侧移的乘积，有害侧移为受水平力作用产生的侧移，总侧移包含受力产生的侧移和下层位移角带来的本层侧移。

3. 柱端弯矩的计算

根据反弯点法有关反弯点位置的假定，除底层柱外，各层柱的反弯点位置处于各层柱高的中点，底层柱的反弯点位于 2/3 柱高处，因此求出柱剪力 V_{ik} 后可直接计算各柱上下端的弯矩。

（1）底层柱弯矩。

底层柱下端弯矩为

$$M_{1k}^b = \frac{2}{3} V_{1k} h_1 \qquad (3.5.9)$$

底层柱上端弯矩为

$$M_{1k}^t = \frac{1}{3} V_{1k} h_1 \qquad (3.5.10)$$

（2）其余各层柱上下端弯矩。

$$M_{ik}^t = M_{ik}^b = \frac{1}{2} V_{ik} h_i \qquad (3.5.11)$$

式中：M^t_{1k}，M^b_{1k}——第 1 层第 k 根柱顶端、底端的弯矩。

M^t_{ik}，M^b_{ik}——第 i 层第 k 根柱顶端、底端的弯矩。

（3）梁端弯矩的计算。

根据节点平衡条件，节点左右梁端弯矩之和等于上下柱端弯矩之和，节点左右梁端弯矩大小按其线刚度比例分配，从而可得到节点左梁的梁端弯矩 M^l_b、右梁的梁端弯矩 M^r_b，如图 3.5.2 所示。梁端弯矩与柱端弯矩的转动方向相反，即

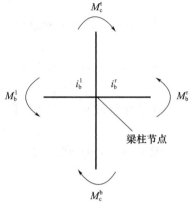

图 3.5.2　节点处梁端弯矩分配

$$M^l_b = \frac{i^l_b}{i^l_b + i^r_b}(M^t_c + M^b_c) \tag{3.5.12}$$

$$M^r_b = \frac{i^r_b}{i^l_b + i^r_b}(M^t_c + M^b_c) \tag{3.5.13}$$

式中：M^l_b，M^r_b——节点左侧、右侧梁的梁端弯矩；

M^t_c，M^b_c——节点上端、下端柱的弯矩；

i^l_b，i^r_b——节点左侧、右侧梁的线刚度。

（4）其他内力的计算

框架梁的剪力按照梁的弯矩平衡条件计算。

$$V^l_b = V^r_b = \frac{M^l_b + M^r_b}{l} \tag{3.5.14}$$

式中：V^l_b，V^r_b——梁左右两端剪力；

l——框架梁的跨度。

进一步，由梁的剪力可求出柱的轴力，迎风向的框架柱受到轴拉力的作用，背风向的框架柱受到轴压力的作用。

综上所述，对于层数不多的框架，在梁的线刚度较大时，采用反弯点法误差不会很大。但对于高层框架，由于柱截面加大，梁柱相对线刚度比值相应减小，甚至柱的线刚度大于梁的线刚度，不能采用反弯点法计算水平荷载产生的内力。

工程中如遇坡地建筑或局部基础超深，框架底层柱高度会出现不一致的情况，如图 3.5.3 所示，柱的抗侧刚度值按式（3.5.15）计算。

$$\begin{cases} D' = \alpha'_c \dfrac{12EI}{(h')^3} \\ \alpha'_c = \alpha_c \left(\dfrac{h}{h'}\right)^2 \end{cases} \tag{3.5.15}$$

为了便于比较，假定柱的截面尺寸一样，$h' = h/2$，则 $\alpha'_c = 4\alpha_c$，$D' = 32D$。由于短柱脚抗侧刚度是长柱脚的 32 倍，在水平地震作用下，短柱脚的柱所承受的水平力是长柱脚的柱所承受的水平力的 32 倍，水平力将大幅向短柱脚集中，地震时短柱脚的柱容易被首先摧毁，从而带来连续倒塌，有抗震设计要求时应避免采用。

工程中因楼梯间的平台梁、商铺错层或宾馆大堂出现跃层柱，会出现错层框架柱，如图 3.5.4 所示，柱的抗侧刚度值按式（3.5.16）计算。

$$D' = \frac{1}{\dfrac{1}{D_1}\left(\dfrac{h_1}{h}\right)^2 + \dfrac{1}{D_2}\left(\dfrac{h_2}{h}\right)^2} \tag{3.5.16}$$

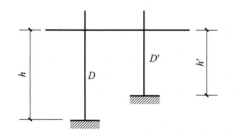
图 3.5.3　高低脚框架柱

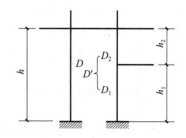
图 3.5.4　错层框架柱

为了便于比较，假定柱的截面尺寸一样，假定柱从半层处分开，$h_1 = h_2 = h/2$，则 $D_1 = D_2 = 8D$，$D' = 16D$。由于错层短柱抗侧刚度是正常柱的 16 倍，在水平地震作用下，错层短柱所承受的水平力是正常柱所承受的水平力的 16 倍，水平力将大幅向错层短柱集中，地震时错层短柱容易被首先摧毁，从而带来连续倒塌，有抗震设计要求时应引起重视。除了准确计算出错层柱的剪力外，《混凝土结构通用规范》（GB 55008—2021）规定错层处框架柱的混凝土强度等级不应低于 C30，箍筋应全柱段加密配置。

【例题】 2 层框架结构简图如图 3.5.5 所示，$F_1 = 200\text{kN}$，$F_2 = 120\text{kN}$；A、C 线柱第一层框架柱线刚度为 $3i$，第二层框架柱线刚度为 $3.5i$；B 线柱第一层框架柱线刚度为 $4i$，第二层框架柱线刚度为 $5i$；AB 跨框架梁线刚度为 $24i$，BC 跨框架梁线刚度为 $16i$。试用反弯点法绘制此框架的弯矩图。

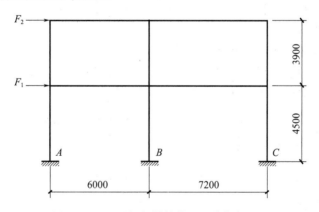
图 3.5.5　2 层框架结构简图（单位：mm）

解： 梁最小线刚度为 $16i$，柱最大线刚度为 $5i$，所有梁柱线刚度比均大于 3，可以用反弯点法计算水平荷载内力。

（1）第二层柱的剪力及弯矩。

第二层 A、C 线柱反弯点处剪力为 $V_{A2} = V_{C2} = \dfrac{3.5i}{3.5i + 5i + 3.5i} \times 120\text{kN} = 35\text{kN}$

第二层 B 线柱反弯点处剪力为 $V_{B2} = \dfrac{5i}{3.5i + 5i + 3.5i} \times 120\text{kN} = 50\text{kN}$

第二层 A、C 线柱柱顶、柱底弯矩均为 $M_{A2} = M_{C2} = 35\text{kN} \times \dfrac{3.9\text{m}}{2} = 68.25\text{kN} \cdot \text{m}$

第二层 B 线柱柱顶、柱底弯矩均为 $M_{B2} = 50\text{kN} \times \dfrac{3.9\text{m}}{2} = 97.50\text{kN} \cdot \text{m}$

（2）第一层柱剪力及弯矩。

第一层柱总水平剪力为 120kN＋200kN＝320kN

第一层 A，C 线柱反弯点处剪力为 $V_{A1}＝V_{C1}＝\dfrac{3i}{3i＋4i＋3i}×320kN＝96kN$

第一层 B 线柱反弯点处剪力为 $V_{B1}＝\dfrac{4i}{3i＋4i＋3i}×320kN＝128kN$

第一层 A，C 线柱柱顶弯矩为 $M_{A1}^{t}＝M_{C1}^{t}＝96kN×\dfrac{4.5m}{3}＝144kN·m$

第一层 B 线柱柱顶弯矩为 $M_{B1}^{t}＝128kN×\dfrac{4.5m}{3}＝192kN·m$

第一层 A，C 线柱柱底弯矩为 $M_{A1}^{b}＝M_{C1}^{b}＝96kN×\dfrac{2×4.5m}{3}＝288kN·m$

第一层 B 线柱柱底弯矩为 $M_{B1}^{b}＝128kN×\dfrac{2×4.5m}{3}＝384kN·m$

（3）屋面层梁弯矩计算。

屋面层 AB 跨梁左支座弯矩为 $M_{AB2}^{l}＝M_{A2}＝68.25kN·m$

屋面层 AB 跨梁右支座弯矩为 $M_{AB2}^{r}＝\dfrac{24i}{16i＋24i}M_{B2}＝0.6×97.50kN·m＝58.50kN·m$

屋面层 BC 跨梁左支座弯矩为 $M_{BC2}^{l}＝\dfrac{16i}{16i＋24i}M_{B2}＝0.4×97.50kN·m＝39.00kN·m$

屋面层 BC 跨梁右支座弯矩为 $M_{BC2}^{r}＝M_{C2}＝68.25kN·m$

（4）第二层梁弯矩计算。

第二层 AB 跨梁左支座弯矩为

$$M_{AB1}^{l}＝M_{A2}＋M_{A1}^{t}＝68.25kN·m＋144kN·m＝212.25kN·m$$

第二层 AB 跨梁右支座弯矩为

$$M_{AB1}^{r}＝\dfrac{24i}{16i＋24i}(M_{B2}＋M_{B1}^{t})＝0.6×(97.50kN·m＋192kN·m)＝173.70kN·m$$

第二层 BC 跨梁左支座弯矩为

$$M_{BC1}^{l}＝\dfrac{16i}{16i＋24i}(M_{B2}＋M_{B1}^{t})＝0.4×(97.50kN·m＋192kN·m)＝115.80kN·m$$

第二层 BC 跨梁右支座弯矩为

$$M_{BC1}^{r}＝M_{C2}＋M_{C1}^{t}＝68.25kN·m＋144kN·m＝212.25kN·m$$

（5）弯矩图。

反弯点法框架梁柱弯矩如图 3.5.6 所示。

3.5.2 D 值法

由于反弯点法的基本假定为梁柱之间的线刚度比无穷大，因此无须考虑节点转动，从而使柱的抗侧刚度只与柱的线刚度及层高有关，而且柱的反弯点高度为一定值，这样就使反弯点法计算框架结构在水平荷载作用下的内力大为简化。但是，在实际工程中，梁与柱的线刚度一般比较接近，特别是在有抗震设计要求的多层建筑和高层建筑中，柱的线刚度可能会大于梁的线刚度。

基于反弯点法的基本假定，反弯点法并不能准确地反映框架梁及框架柱线刚度对框

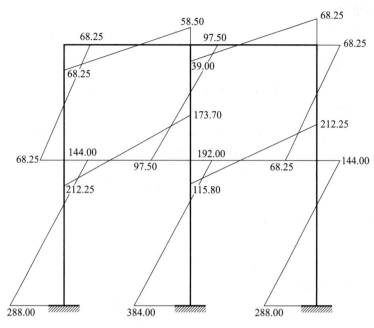

图 3.5.6　反弯点法框架梁柱弯矩图（单位：kN·m）

架结构抗侧刚度的影响。针对以上问题，有学者提出 D 值法，对柱侧移刚度进行修正；近似考虑节点转动的影响，对反弯点高度也进行修正。

1. 修正柱的侧移刚度

节点转动影响柱的抗侧刚度，柱的侧移刚度不但与柱本身的线刚度和层高有关，而且还与梁的线刚度有关。取图 3.5.7 所示框架中的柱 AB 进行分析，并假定：

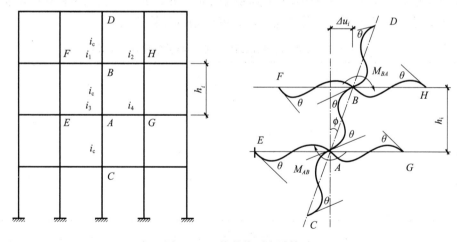

图 3.5.7　柱的线刚度计算

（1）柱 AB 及其上下相邻柱的线刚度为 i_c。

（2）柱 AB 及其上下相邻柱的层间位移为 Δu_i。

（3）柱 AB 两端节点及上下左右相邻各节点的转角均为 θ。

（4）与柱 AB 相交的梁线刚度分别为 i_1，i_2，i_3，i_4。

于是弦转角为

$$\phi = \frac{\Delta u_i}{h_i} \qquad (3.5.17)$$

由 $\sum M_A = 0$ 得

$$4(i_3 + i_4 + i_c + i_c)\theta + 2(i_3 + i_4 + i_c + i_c)\theta - 6(i_c\phi + i_c\phi) = 0 \qquad (3.5.18)$$

由 $\sum M_B = 0$ 得

$$4(i_1 + i_2 + i_c + i_c)\theta + 2(i_1 + i_2 + i_c + i_c)\theta - 6(i_c\phi + i_c\phi) = 0 \qquad (3.5.19)$$

式 (3.5.18) 和式 (3.5.19) 相加可得到

$$\theta = \frac{2i_c}{(i_1 + i_2 + i_3 + i_4) + 2i_c}\phi \qquad (3.5.20)$$

令 $K = \frac{\sum i}{2i_c}$，$\sum i = i_1 + i_2 + i_3 + i_4$，有

$$\theta = \frac{2}{2 + K}\phi \qquad (3.5.21)$$

AB 柱所受的剪力为

$$V_{ij} = \frac{12i_c}{h_i}(\phi - \theta) = \frac{K}{2 + K}\frac{12i_c}{h_i^2}\Delta u_i \qquad (3.5.22)$$

设 $\alpha = \frac{K}{2 + K}$，$D_{ij} = \alpha\frac{12i_c}{h_i^2}$

AB 柱所受的剪力可表示为

$$V_{ij} = D_{ij}\Delta u_i = \alpha\frac{12i_c}{h_i^2}\Delta u_i \qquad (3.5.23)$$

D 值法中的 D 即为修正后的柱的抗侧刚度，与反弯点法中柱的抗侧刚度相比，就是通过系数 α 近似考虑了节点转动对柱抗侧刚度的修正。式中 α 为与梁柱线刚度相关的修正系数，表 3.5.2 给出了各种情况下 α 值和 K 值的计算公式。

表 3.5.2　抗侧刚度修正系数 α 值和梁柱线刚度比 K 值

楼层	计算简图	K	α
一般层		$K = \dfrac{i_1 + i_2 + i_3 + i_4}{2i_c}$	$\alpha = \dfrac{K}{2 + K}$
底层		$K = \dfrac{i_1 + i_2}{i_c}$	$\alpha = \dfrac{0.5 + K}{2 + K}$

由表 3.5.2 中的公式可以看出，梁柱线刚度的比值 K 越大，α 值越大。当梁柱线刚度比值趋于无穷大时，$\alpha = 1$，这时 D 值就等于反弯点法中采用的抗侧刚度。

2. 修正反弯点的高度

节点转动同样还影响反弯点高度位置，柱的反弯点高度偏向转动较大的节点一端，即偏向节点刚度小的一端。节点转动刚度的大小取决于节点受约束的程度，即取决于四周与节点连接的梁柱线刚度。

反弯点高度与层数、所处楼层位置及梁柱线刚度比有关，下部楼层的反弯点高度比上部楼层的反弯点高度要高；当梁刚度很小时，第一层可能不会出现反弯点，第一层的反弯点高度会出现在第二层；梁柱线刚度比越大，反弯点位置越接近反弯点法的理想位置；楼层数的增加也会影响反弯点的位置。

节点刚度受相邻层柱刚度、与节点相连的梁刚度影响，相邻层柱高度增大引起节点转动刚度变小，与节点相连的梁刚度增大引起节点转动刚度增大。

通过考虑层数、所处楼层位置及梁柱线刚度比，得到标准反弯点高度；通过考虑上下层梁刚度比、上下层柱层高变化进一步进行反弯点高度修正，各参数如图 3.5.8 所示。

（1）假定框架梁、柱的线刚度和层高沿高度保持不变，用标准反弯点高度比 y_0 反映在不同分布水平荷载下框架梁柱线刚度比及总层数、所处层数对反弯点高度的影响。

（2）当上下横梁刚度不同时，对 y_0 加增量 y_1 进行修正。

（3）当上下层层高变化时，对 y_0 加增量 y_2、y_3 进行修正。

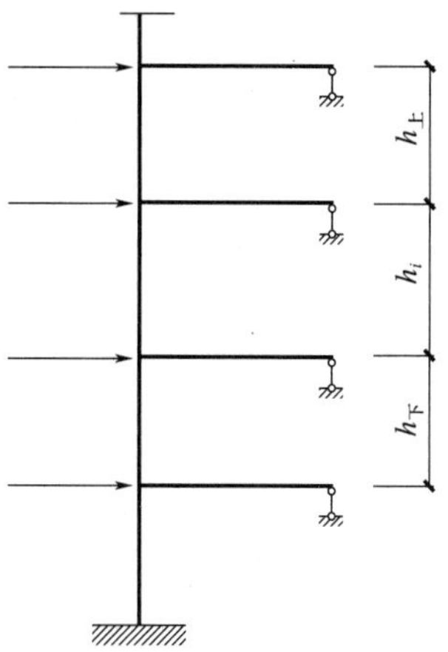

则反弯点位置可用式（3.5.24）表达。

$$yh = (y_0 + y_1 + y_2 + y_3)h \qquad (3.5.24)$$

式中：y——反弯点高度比；

y_0——标准反弯点高度比，依据荷载形状选择表 3.5.3 或表 3.5.4；

y_1——上下层横梁线刚度不相等时的修正值，见表 3.5.5；

y_2，y_3——上下层层高变化时的修正值，见表 3.5.6；

h——计算层的层高。

为了方便使用，计算出的系数 y_0，y_1，y_2，y_3 已制成表格，当手算时可通过查表的方式确定其数值。

图 3.5.8　反弯点高度修正图

表 3.5.3　均布水平荷载下各层柱标准反弯点高度比 y_0

n	j	K													
		0.1	0.2	0.3	0.4	0.5	0.6	0.7	0.8	0.9	1.0	2.0	3.0	4.0	5.0
1	1	0.80	0.75	0.70	0.65	0.65	0.60	0.60	0.60	0.60	0.55	0.55	0.55	0.55	0.55
2	2	0.45	0.40	0.35	0.35	0.35	0.35	0.40	0.40	0.40	0.40	0.45	0.45	0.45	0.45
	1	0.95	0.80	0.75	0.70	0.65	0.65	0.65	0.60	0.60	0.60	0.55	0.55	0.55	0.50
3	3	0.15	0.20	0.20	0.25	0.30	0.30	0.30	0.35	0.35	0.35	0.40	0.45	0.45	0.45
	2	0.55	0.50	0.45	0.45	0.45	0.45	0.45	0.45	0.45	0.45	0.50	0.50	0.50	0.50
	1	1.00	0.85	0.80	0.75	0.70	0.70	0.65	0.65	0.60	0.55	0.55	0.55	0.55	0.55

n	j	K													
		0.1	0.2	0.3	0.4	0.5	0.6	0.7	0.8	0.9	1.0	2.0	3.0	4.0	5.0
4	4	−0.05	0.05	0.15	0.20	0.25	0.30	0.30	0.35	0.35	0.35	0.40	0.45	0.45	0.45
	3	0.25	0.30	0.30	0.35	0.35	0.40	0.40	0.40	0.40	0.45	0.45	0.50	0.50	0.50
	2	0.65	0.55	0.50	0.50	0.45	0.45	0.45	0.45	0.45	0.45	0.50	0.50	0.50	0.50
	1	1.10	0.90	0.80	0.75	0.70	0.70	0.55	0.65	0.55	0.60	0.55	0.55	0.55	0.55
5	5	−0.20	0.00	0.15	0.20	0.25	0.30	0.30	0.30	0.35	0.35	0.40	0.45	0.45	0.45
	4	0.10	0.20	0.25	0.30	0.35	0.35	0.40	0.40	0.40	0.40	0.45	0.45	0.50	0.50
	3	0.40	0.40	0.40	0.40	0.40	0.45	0.45	0.45	0.45	0.45	0.50	0.50	0.50	0.50
	2	0.65	0.55	0.50	0.50	0.50	0.50	0.50	0.50	0.50	0.50	0.50	0.50	0.50	0.50
	1	1.20	0.95	0.80	0.75	0.75	0.70	0.70	0.65	0.65	0.65	0.55	0.55	0.55	0.55
6	6	−0.30	0.00	0.10	0.20	0.25	0.25	0.30	0.30	0.35	0.35	0.40	0.45	0.45	0.45
	5	0.00	0.20	0.25	0.30	0.35	0.35	0.40	0.40	0.40	0.40	0.45	0.45	0.50	0.50
	4	0.20	0.30	0.35	0.35	0.40	0.40	0.40	0.45	0.45	0.45	0.45	0.50	0.50	0.50
	3	0.40	0.40	0.40	0.45	0.45	0.45	0.45	0.45	0.45	0.45	0.50	0.50	0.50	0.50
	2	0.70	0.60	0.55	0.50	0.50	0.50	0.50	0.50	0.50	0.50	0.50	0.50	0.50	0.50
	1	1.20	0.95	0.85	0.80	0.75	0.70	0.70	0.65	0.65	0.65	0.55	0.55	0.55	0.55
7	7	−0.35	−0.05	0.10	0.20	0.20	0.25	0.30	0.30	0.35	0.35	0.40	0.45	0.45	0.45
	6	−0.10	0.15	0.25	0.30	0.35	0.35	0.35	0.40	0.40	0.40	0.45	0.45	0.50	0.50
	5	0.10	0.25	0.30	0.35	0.40	0.40	0.40	0.45	0.45	0.45	0.50	0.50	0.50	0.50
	4	0.30	0.35	0.40	0.40	0.40	0.45	0.45	0.45	0.45	0.45	0.50	0.50	0.50	0.50
	3	0.50	0.45	0.45	0.45	0.45	0.45	0.45	0.46	0.45	0.45	0.50	0.50	0.50	0.50
	2	0.75	0.60	0.55	0.50	0.50	0.50	0.50	0.50	0.50	0.50	0.50	0.50	0.50	0.50
	1	1.20	0.95	0.85	0.80	0.75	0.70	0.70	0.65	0.65	0.65	0.55	0.55	0.55	0.55
8	8	−0.35	−0.15	0.10	0.10	0.25	0.25	0.30	0.30	0.35	0.35	0.40	0.45	0.45	0.45
	7	0.10	0.15	0.25	0.30	0.35	0.35	0.40	0.40	0.40	0.40	0.45	0.50	0.50	0.50
	6	0.05	0.25	0.30	0.35	0.40	0.40	0.45	0.45	0.45	0.45	0.45	0.50	0.50	0.50
	5	0.20	0.30	0.35	0.40	0.40	0.45	0.45	0.45	0.45	0.45	0.50	0.50	0.50	0.50
	4	0.35	0.40	0.40	0.45	0.45	0.45	0.45	0.45	0.45	0.45	0.50	0.50	0.50	0.50
	3	0.50	0.45	0.45	0.45	0.45	0.45	0.45	0.45	0.50	0.50	0.50	0.50	0.50	0.50
	2	0.75	0.60	0.55	0.55	0.50	0.50	0.50	0.50	0.50	0.50	0.50	0.50	0.50	0.50
	1	1.20	1.00	0.85	0.80	0.75	0.70	0.70	0.65	0.65	0.65	0.55	0.55	0.55	0.55

续表

n	j	K													
		0.1	0.2	0.3	0.4	0.5	0.6	0.7	0.8	0.9	1.0	2.0	3.0	4.0	5.0
9	9	−0.40	−0.05	0.10	0.20	0.25	0.25	0.30	0.30	0.35	0.35	0.45	0.45	0.45	0.45
	8	−0.15	0.15	0.25	0.30	0.35	0.35	0.35	0.40	0.40	0.40	0.45	0.45	0.50	0.50
	7	0.05	0.25	0.30	0.35	0.40	0.40	0.40	0.45	0.45	0.45	0.45	0.50	0.50	0.50
	6	0.15	0.30	0.35	0.40	0.45	0.45	0.45	0.45	0.45	0.50	0.50	0.50	0.50	0.50
	5	0.25	0.35	0.40	0.40	0.45	0.45	0.45	0.45	0.45	0.45	0.50	0.50	0.50	0.50
	4	0.40	0.40	0.40	0.45	0.45	0.45	0.45	0.45	0.45	0.45	0.50	0.50	0.50	0.50
	3	0.55	0.45	0.45	0.45	0.45	0.45	0.45	0.45	0.50	0.50	0.50	0.50	0.50	0.50
	2	0.80	0.65	0.55	0.55	0.50	0.50	0.50	0.50	0.50	0.50	0.50	0.50	0.50	0.50
	1	1.20	1.00	0.85	0.80	0.75	0.70	0.70	0.65	0.65	0.65	0.55	0.55	0.55	0.55
10	10	−0.40	−0.05	0.10	0.20	0.25	0.30	0.30	0.30	0.30	0.35	0.40	0.45	0.45	0.45
	9	−0.15	0.15	0.25	0.30	0.35	0.35	0.40	0.40	0.40	0.40	0.45	0.45	0.50	0.50
	8	0.00	0.25	0.30	0.35	0.40	0.40	0.40	0.45	0.45	0.45	0.45	0.50	0.50	0.50
	7	0.10	0.30	0.35	0.40	0.40	0.40	0.45	0.45	0.45	0.45	0.50	0.50	0.50	0.50
	6	0.20	0.35	0.40	0.40	0.45	0.45	0.45	0.45	0.45	0.45	0.50	0.50	0.50	0.50
	5	0.30	0.40	0.40	0.45	0.45	0.45	0.45	0.45	0.45	0.50	0.50	0.50	0.50	0.50
	4	0.40	0.40	0.45	0.45	0.45	0.45	0.45	0.45	0.45	0.50	0.50	0.50	0.50	0.50
	3	0.55	0.50	0.45	0.45	0.45	0.50	0.50	0.50	0.50	0.50	0.50	0.50	0.50	0.50
	2	0.80	0.65	0.55	0.55	0.55	0.50	0.50	0.50	0.50	0.50	0.50	0.50	0.50	0.50
	1	1.30	1.00	0.85	0.80	0.75	0.70	0.70	0.65	0.65	0.65	0.60	0.55	0.55	0.55
11	11	−0.40	−0.05	0.10	0.20	0.25	0.30	0.30	0.30	0.35	0.35	0.40	0.45	0.45	0.45
	10	−0.15	0.15	0.25	0.30	0.35	0.35	0.40	0.40	0.40	0.40	0.45	0.45	0.50	0.50
	9	0.00	0.25	0.30	0.35	0.40	0.40	0.40	0.45	0.45	0.45	0.45	0.50	0.50	0.50
	8	0.10	0.30	0.35	0.40	0.40	0.45	0.45	0.45	0.45	0.45	0.50	0.50	0.50	0.50
	7	0.20	0.35	0.40	0.45	0.45	0.45	0.45	0.45	0.45	0.45	0.50	0.50	0.50	0.50
	6	0.25	0.35	0.40	0.45	0.45	0.45	0.45	0.45	0.45	0.45	0.50	0.50	0.50	0.50
	5	0.35	0.40	0.40	0.45	0.45	0.45	0.45	0.45	0.45	0.50	0.50	0.50	0.50	0.50
	4	0.40	0.45	0.45	0.45	0.45	0.45	0.45	0.50	0.50	0.50	0.50	0.50	0.50	0.50
	3	0.55	0.50	0.50	0.50	0.50	0.50	0.50	0.50	0.50	0.50	0.50	0.50	0.50	0.50
	2	0.80	0.65	0.60	0.55	0.55	0.50	0.50	0.50	0.50	0.50	0.50	0.50	0.50	0.50
	1	1.30	1.00	0.85	0.80	0.75	0.70	0.70	0.65	0.65	0.65	0.60	0.55	0.55	0.55

n	j	K													
		0.1	0.2	0.3	0.4	0.5	0.6	0.7	0.8	0.9	1.0	2.0	3.0	4.0	5.0
12以上	自上1	−0.40	−0.05	0.10	0.20	0.25	0.30	0.30	0.30	0.35	0.35	0.40	0.45	0.45	0.45
	2	−0.15	0.15	0.25	0.30	0.35	0.35	0.40	0.40	0.40	0.40	0.45	0.45	0.50	0.50
	3	0.00	0.25	0.30	0.35	0.40	0.40	0.40	0.45	0.45	0.45	0.50	0.50	0.50	0.50
	4	0.10	0.30	0.35	0.40	0.40	0.45	0.45	0.45	0.45	0.45	0.50	0.50	0.50	0.50
	5	0.20	0.35	0.40	0.40	0.45	0.45	0.45	0.45	0.45	0.45	0.50	0.50	0.50	0.50
	6	0.25	0.35	0.40	0.45	0.45	0.45	0.45	0.45	0.45	0.45	0.50	0.50	0.50	0.50
	7	0.30	0.40	0.40	0.45	0.45	0.45	0.45	0.45	0.50	0.50	0.50	0.50	0.50	0.50
	8	0.35	0.40	0.45	0.45	0.45	0.45	0.45	0.50	0.50	0.50	0.50	0.50	0.50	0.50
	中间	0.40	0.40	0.45	0.45	0.45	0.45	0.50	0.50	0.50	0.50	0.50	0.50	0.50	0.50
	4	0.45	0.45	0.45	0.45	0.50	0.50	0.50	0.50	0.50	0.50	0.50	0.50	0.50	0.50
	3	0.60	0.50	0.50	0.50	0.50	0.50	0.50	0.50	0.50	0.50	0.50	0.50	0.50	0.50
	2	0.80	0.65	0.60	0.55	0.55	0.50	0.50	0.50	0.50	0.50	0.50	0.50	0.50	0.50
	自下1	1.30	1.00	0.85	0.80	0.75	0.70	0.70	0.65	0.65	0.55	0.55	0.55	0.55	0.55

注：K 为梁柱线刚度比，详见表 3.5.2

表 3.5.4　倒三角形荷载下各层柱标准反弯点高度比 y_0

n	j	K													
		0.1	0.2	0.3	0.4	0.5	0.6	0.7	0.8	0.9	1.0	2.0	3.0	4.0	5.0
1	1	0.80	0.75	0.70	0.65	0.65	0.60	0.60	0.60	0.60	0.55	0.55	0.55	0.55	0.55
2	2	0.50	0.45	0.40	0.40	0.40	0.40	0.40	0.40	0.40	0.45	0.45	0.45	0.45	0.50
	1	1.00	0.85	0.75	0.70	0.70	0.65	0.65	0.65	0.60	0.60	0.55	0.55	0.55	0.55
3	3	0.25	0.25	0.25	0.30	0.35	0.35	0.35	0.40	0.40	0.45	0.45	0.45	0.45	0.50
	2	0.60	0.50	0.50	0.50	0.50	0.45	0.45	0.45	0.45	0.45	0.50	0.50	0.55	0.50
	1	1.15	0.90	0.80	0.75	0.75	0.70	0.70	0.65	0.65	0.65	0.60	0.55	0.55	0.55
4	4	0.10	0.15	0.20	0.25	0.30	0.30	0.35	0.35	0.35	0.40	0.45	0.45	0.45	0.45
	3	0.35	0.35	0.35	0.40	0.40	0.40	0.40	0.45	0.45	0.45	0.45	0.50	0.50	0.50
	2	0.70	0.60	0.55	0.50	0.50	0.50	0.50	0.50	0.50	0.50	0.50	0.50	0.50	0.50
	1	1.20	0.95	0.85	0.80	0.75	0.70	0.70	0.70	0.65	0.65	0.55	0.55	0.55	0.50
5	5	−0.05	0.10	0.20	0.25	0.30	0.30	0.35	0.35	0.35	0.35	0.40	0.45	0.45	0.45
	4	0.20	0.25	0.35	0.35	0.40	0.40	0.40	0.40	0.40	0.45	0.45	0.50	0.50	0.50
	3	0.45	0.40	0.45	0.45	0.45	0.45	0.45	0.45	0.45	0.45	0.50	0.50	0.50	0.50
	2	0.75	0.60	0.55	0.55	0.50	0.50	0.50	0.50	0.50	0.50	0.50	0.50	0.50	0.50
	1	1.30	1.00	0.85	0.80	0.75	0.70	0.70	0.65	0.65	0.65	0.65	0.55	0.55	0.55

续表

n	j	K													
		0.1	0.2	0.3	0.4	0.5	0.6	0.7	0.8	0.9	1.0	2.0	3.0	4.0	5.0
6	6	−0.15	0.05	0.15	0.20	0.25	0.30	0.30	0.35	0.35	0.35	0.40	0.45	0.45	0.45
	5	0.10	0.25	0.30	0.35	0.35	0.40	0.40	0.40	0.40	0.45	0.45	0.50	0.50	0.50
	4	0.30	0.35	0.40	0.40	0.45	0.45	0.45	0.45	0.45	0.45	0.50	0.50	0.50	0.50
	3	0.50	0.45	0.45	0.45	0.45	0.45	0.45	0.45	0.45	0.50	0.50	0.50	0.50	0.50
	2	0.80	0.65	0.55	0.55	0.55	0.55	0.50	0.50	0.50	0.50	0.50	0.50	0.50	0.50
	1	1.30	1.00	0.85	0.80	0.75	0.70	0.70	0.65	0.65	0.65	0.60	0.55	0.55	0.55
7	7	−0.20	0.05	0.15	0.20	0.25	0.30	0.30	0.35	0.35	0.35	0.45	0.45	0.45	0.45
	6	0.05	0.20	0.30	0.35	0.35	0.40	0.40	0.40	0.40	0.45	0.45	0.50	0.50	0.50
	5	0.20	0.30	0.35	0.40	0.40	0.45	0.45	0.45	0.45	0.45	0.50	0.50	0.50	0.50
	4	0.35	0.40	0.40	0.45	0.45	0.45	0.45	0.45	0.45	0.45	0.50	0.50	0.50	0.50
	3	0.55	0.50	0.50	0.50	0.50	0.50	0.50	0.50	0.50	0.50	0.50	0.50	0.50	0.50
	2	0.80	0.65	0.60	0.55	0.55	0.55	0.55	0.50	0.50	0.50	0.50	0.50	0.50	0.50
	1	1.30	1.00	0.90	0.80	0.75	0.70	0.70	0.70	0.65	0.65	0.60	0.55	0.55	0.55
8	8	−0.20	0.05	0.15	0.20	0.25	0.30	0.30	0.35	0.35	0.35	0.45	0.45	0.45	0.45
	7	0.00	0.20	0.30	0.35	0.35	0.40	0.40	0.40	0.40	0.45	0.45	0.50	0.50	0.50
	6	0.15	0.30	0.35	0.40	0.40	0.45	0.45	0.45	0.45	0.45	0.50	0.50	0.50	0.50
	5	0.30	0.45	0.40	0.45	0.45	0.45	0.45	0.45	0.45	0.45	0.50	0.50	0.50	0.50
	4	0.40	0.45	0.45	0.45	0.45	0.45	0.45	0.45	0.50	0.50	0.50	0.50	0.50	0.50
	3	0.60	0.50	0.50	0.50	0.50	0.50	0.50	0.50	0.50	0.50	0.50	0.50	0.50	0.50
	2	0.85	0.65	0.60	0.55	0.55	0.55	0.50	0.50	0.50	0.50	0.50	0.50	0.50	0.50
	1	1.30	1.00	0.90	0.80	0.75	0.70	0.70	0.70	0.65	0.65	0.60	0.55	0.55	0.55
9	9	−0.25	0.00	0.15	0.20	0.25	0.30	0.30	0.35	0.35	0.40	0.45	0.45	0.45	0.45
	8	−0.00	0.20	0.30	0.35	0.35	0.40	0.40	0.40	0.40	0.45	0.45	0.50	0.50	0.50
	7	0.15	0.30	0.35	0.40	0.40	0.45	0.45	0.45	0.45	0.45	0.50	0.50	0.50	0.50
	6	0.25	0.35	0.40	0.40	0.45	0.45	0.45	0.45	0.45	0.45	0.50	0.50	0.50	0.50
	5	0.35	0.40	0.45	0.45	0.45	0.45	0.45	0.45	0.50	0.50	0.50	0.50	0.50	0.50
	4	0.45	0.45	0.45	0.45	0.45	0.50	0.50	0.50	0.50	0.50	0.50	0.50	0.50	0.50
	3	0.65	0.50	0.50	0.50	0.50	0.50	0.50	0.50	0.50	0.50	0.50	0.50	0.50	0.50
	2	0.80	0.65	0.65	0.55	0.55	0.55	0.55	0.50	0.50	0.50	0.50	0.50	0.50	0.50
	1	1.35	1.00	1.00	0.80	0.75	0.75	0.70	0.70	0.65	0.65	0.60	0.55	0.55	0.55

n	j	K													
		0.1	0.2	0.3	0.4	0.5	0.6	0.7	0.8	0.9	1.0	2.0	3.0	4.0	5.0
10	10	−0.25	0.00	0.15	0.20	0.25	0.30	0.30	0.35	0.35	0.40	0.45	0.45	0.45	0.45
	9	−0.05	0.20	0.30	0.35	0.35	0.40	0.40	0.40	0.40	0.45	0.45	0.50	0.50	0.50
	8	0.10	0.30	0.35	0.40	0.40	0.40	0.45	0.45	0.45	0.45	0.50	0.50	0.50	0.50
	7	0.20	0.35	0.40	0.40	0.45	0.45	0.45	0.45	0.45	0.50	0.50	0.50	0.50	0.50
	6	0.30	0.40	0.40	0.45	0.45	0.45	0.45	0.45	0.45	0.50	0.50	0.50	0.50	0.50
	5	0.40	0.45	0.45	0.45	0.45	0.45	0.45	0.50	0.50	0.50	0.50	0.50	0.50	0.50
	4	0.50	0.45	0.45	0.45	0.50	0.50	0.50	0.50	0.50	0.50	0.50	0.50	0.50	0.50
	3	0.60	0.55	0.50	0.50	0.50	0.50	0.50	0.50	0.50	0.50	0.50	0.50	0.50	0.50
	2	0.85	0.65	0.60	0.55	0.55	0.55	0.55	0.50	0.50	0.50	0.50	0.50	0.50	0.50
	1	1.35	1.00	0.90	0.80	0.75	0.75	0.70	0.70	0.65	0.65	0.60	0.55	0.55	0.55
11	11	−0.25	0.00	0.15	0.20	0.25	0.30	0.30	0.30	0.35	0.35	0.45	0.45	0.45	0.45
	10	−0.05	0.20	0.25	0.30	0.35	0.40	0.40	0.40	0.40	0.45	0.45	0.50	0.50	0.50
	9	0.10	0.30	0.35	0.40	0.40	0.45	0.45	0.45	0.45	0.45	0.50	0.50	0.50	0.50
	8	0.20	0.35	0.40	0.40	0.45	0.45	0.45	0.45	0.45	0.45	0.50	0.50	0.50	0.50
	7	0.25	0.40	0.40	0.45	0.45	0.45	0.45	0.45	0.45	0.50	0.50	0.50	0.50	0.50
	6	0.35	0.40	0.45	0.45	0.45	0.45	0.45	0.50	0.50	0.50	0.50	0.50	0.50	0.50
	5	0.40	0.45	0.45	0.45	0.45	0.50	0.50	0.50	0.50	0.50	0.50	0.50	0.50	0.50
	4	0.50	0.50	0.50	0.50	0.50	0.50	0.50	0.50	0.50	0.50	0.50	0.50	0.50	0.50
	3	0.65	0.55	0.50	0.50	0.50	0.50	0.50	0.50	0.50	0.50	0.50	0.50	0.50	0.50
	2	0.85	0.65	0.60	0.55	0.55	0.55	0.55	0.50	0.50	0.50	0.50	0.50	0.50	0.50
	1	1.35	1.50	0.90	0.80	0.75	0.75	0.70	0.70	0.65	0.65	0.60	0.55	0.55	0.55
12以上	自上1	−0.30	0.00	0.15	0.20	0.25	0.30	0.30	0.30	0.35	0.35	0.40	0.45	0.45	0.45
	2	−0.10	0.20	0.25	0.30	0.35	0.40	0.40	0.40	0.40	0.45	0.45	0.45	0.50	0.50
	3	0.05	0.25	0.35	0.40	0.40	0.40	0.45	0.45	0.45	0.45	0.45	0.50	0.50	0.50
	4	0.15	0.30	0.40	0.40	0.45	0.45	0.45	0.45	0.45	0.45	0.50	0.50	0.50	0.50
	5	0.25	0.30	0.40	0.45	0.45	0.45	0.45	0.45	0.45	0.45	0.50	0.50	0.50	0.50
	6	0.30	0.40	0.45	0.45	0.45	0.45	0.45	0.50	0.50	0.50	0.50	0.50	0.50	0.50
	7	0.35	0.40	0.40	0.45	0.45	0.45	0.50	0.50	0.50	0.50	0.50	0.50	0.50	0.50
	8	0.35	0.45	0.45	0.45	0.50	0.50	0.50	0.50	0.50	0.50	0.50	0.50	0.50	0.50
	中间	0.45	0.45	0.45	0.45	0.50	0.50	0.50	0.50	0.50	0.50	0.50	0.50	0.50	0.50
	4	0.55	0.50	0.50	0.50	0.50	0.50	0.50	0.50	0.50	0.50	0.50	0.50	0.50	0.50
	3	0.65	0.55	0.50	0.50	0.50	0.50	0.50	0.50	0.50	0.50	0.50	0.50	0.50	0.50
	2	0.70	0.70	0.60	0.55	0.55	0.55	0.55	0.50	0.50	0.50	0.50	0.50	0.50	0.50
	自下1	1.35	1.05	0.70	0.80	0.75	0.70	0.70	0.70	0.65	0.65	0.60	0.55	0.55	0.55

注：K 为梁柱线刚度比，详见表 3.5.2。

表 3.5.5　上下层梁线刚度不等时修正值 y_1

α_1	K													
	0.1	0.2	0.3	0.4	0.5	0.6	0.7	0.8	0.9	1.0	2.0	3.0	4.0	5.0
0.4	0.55	0.40	0.30	0.25	0.20	0.20	0.20	0.15	0.15	0.15	0.05	0.05	0.05	0.05
0.5	0.45	0.30	0.20	0.20	0.15	0.15	0.15	0.10	0.10	0.10	0.05	0.05	0.05	0.05
0.6	0.30	0.20	0.15	0.15	0.10	0.10	0.10	0.05	0.05	0.05	0.05	0.00	0.00	0.00
0.7	0.20	0.15	0.10	0.10	0.10	0.05	0.05	0.05	0.05	0.05	0.00	0.00	0.00	0.00
0.8	0.15	0.10	0.05	0.05	0.05	0.05	0.05	0.05	0.05	0.05	0.00	0.00	0.00	0.00
0.9	0.05	0.05	0.05	0.05	0.05	0.05	0.00	0.00	0.00	0.00	0.00	0.00	0.00	0.00

注：当 $i_1+i_2<i_3+i_4$ 时，令 $\alpha_1=(i_1+i_2)/(i_3+i_4)$，表中数据取正值；当 $i_1+i_2>i_3+i_4$ 时，令 $\alpha_1=(i_3+i_4)/(i_1+i_2)$，表中数据取负值。$K$ 为梁柱线刚度比，详见表 3.5.2。

表 3.5.6　上下层层高变化时的修正值 y_2 和 y_3

α_2	α_3	K													
		0.1	0.2	0.3	0.4	0.5	0.6	0.7	0.8	0.9	1.0	2.0	3.0	4.0	5.0
2.0		0.25	0.15	0.15	0.10	0.10	0.10	0.10	0.10	0.05	0.05	0.05	0.05	0.00	0.00
1.8		0.20	0.15	0.10	0.10	0.10	0.05	0.05	0.05	0.05	0.05	0.05	0.00	0.00	0.00
1.6	0.4	0.15	0.10	0.10	0.05	0.05	0.05	0.05	0.05	0.05	0.05	0.00	0.00	0.00	0.00
1.4	0.6	0.10	0.05	0.05	0.05	0.05	0.05	0.00	0.00	0.00	0.00	0.00	0.00	0.00	0.00
1.2	0.8	0.05	0.05	0.05	0.00	0.00	0.00	0.00	0.00	0.00	0.00	0.00	0.00	0.00	0.00
1.0	1.0	0.00	0.00	0.00	0.00	0.00	0.00	0.00	0.00	0.00	0.00	0.00	0.00	0.00	0.00
0.8	1.2	−0.05	−0.05	−0.05	0.00	0.00	0.00	0.00	0.00	0.00	0.00	0.00	0.00	0.00	0.00
0.6	1.4	−0.10	−0.05	−0.05	−0.05	−0.05	−0.05	−0.05	−0.05	−0.05	−0.05	0.00	0.00	0.00	0.00
0.4	1.6	−0.15	−0.10	−0.10	−0.05	−0.05	−0.05	−0.05	−0.05	−0.05	−0.05	0.00	0.00	0.00	0.00
	1.8	−0.20	−0.15	−0.10	−0.10	−0.10	−0.05	−0.05	−0.05	−0.05	−0.05	−0.05	0.00	0.00	0.00
	2.0	−0.25	−0.15	−0.15	−0.10	−0.10	−0.10	−0.10	−0.05	−0.05	−0.05	−0.05	−0.05	0.00	0.00

注：令上层层高 $h_上$ 与本层层高之比 $\alpha_2=h_上/h$；同理，令下层层高 $h_下$ 与本层层高之比 $\alpha_3=h_下/h$。

3.5.3　侧移验算

　　框架侧移主要是由水平荷载引起的，顶部侧移过大会使结构顶部的水平加速度变大，给使用者带来心理上的不安全感。层间相对侧移过大则会使填充墙开裂、内外部装修破坏；很大的层间侧移还会导致结构构件的损坏。

　　设计时要对结构的侧移加以控制，控制框架侧移包括两部分内容：①控制框架顶部的最大侧移；②控制层间相对位移。

　　1. 侧移的组成

　　在水平荷载作用下，框架结构的变形由三部分组成：剪切型变形、弯曲型变形、下部楼层层间错动带来的变形。

剪切型变形是由梁、柱弯曲变形引起的，具有下面一层侧移总比相邻上面一层侧移大的特点，其侧移曲线与悬臂梁的剪切变形曲线一致（图3.5.9）。

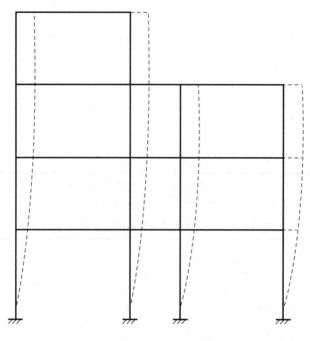

图3.5.9 剪切型变形

弯曲型变形由框架柱的轴向变形所引起，具有下面一层侧移总比相邻上面一层侧移小的特点，其侧移曲线与悬臂梁的弯曲变形曲线一致。

结构软件计算出的变形曲线包含了下部楼层层间错动带来的变形，中下部楼层的受力层间变形虽不是最大，但是较大，再叠加其以下楼层层间错动带来的变形，导致其层间侧移比最下一层的层间侧移更大。

构件的轴向变形远小于弯曲变形，一般情况下，当框架结构房屋高度小于50m或高宽比$H/B<4$时，柱轴向变形引起的侧移很小，常常可以忽略。因此在近似计算中，一般只需计算由层间剪力引起的梁、柱弯曲变形而产生的剪切型变形侧移。

2. 侧移的计算

杆件的轴向变形远小于弯曲变形，杆件轴向变形导致的侧移手算不便，下面主要介绍由梁、柱弯曲变形引起的剪切型变形的计算方法。由于剪切型变形主要表现为层间构件的错动，楼盖仅产生平移，可用下述近似方法手算其侧移。

设V_i为第i层的层间剪力，若没有地下室，则V_i为第$i+1$层（含）楼面以上所有水平荷载的和。$\sum D_{ik}$为i层竖向构件的总侧移刚度，则框架第i层因荷载产生的层间侧移可按式（3.5.25）计算。

$$\Delta u_i = \frac{V_i}{\sum D_{ik}} \tag{3.5.25}$$

每一层的层间侧移值求出以后，就可以计算各层楼板标高处的侧移值和框架的顶点侧移值，各层楼板标高处的侧移值是该层以下各层层间侧移之和。顶点侧移是所有各层层间侧移之和。

第 i 层侧移为

$$u_i = \sum_{i=1}^{i} \Delta u_i \qquad (3.5.26)$$

顶点侧移为

$$u = \sum_{i=1}^{n} \Delta u_i \qquad (3.5.27)$$

3. 框架结构的水平位移控制

在正常使用条件下，框架结构应具有足够的刚度，避免产生过大的位移而影响结构的承载力、稳定性和使用要求。刚度过小，水平位移过大，影响建筑的正常使用；刚度过大，水平位移过小，经济性不好。

《高层建筑混凝土结构技术规程》（JGJ 3—2010）规定，在按弹性方法计算的风荷载标准值作用下，高度不大于 150m 的高层建筑，其楼层层间最大水平位移与层高之比 $\Delta u/h$ 不宜大于 1/550。

$\Delta u/h$ 又称为层间位移角，当仅考虑剪切型变形时，对于刚度比较均匀的结构，层间位移角的最大值位于最底层。工程中的层间位移角由结构软件计算得出，包含所有变形因素，其最大值一般不在最底层，而在底部偏上的位置。对于剪力墙结构，层间位移角的最大值普遍位于离底部 1/4～1/3 的高度附近。

4. 框架结构的二阶效应

当结构在水平风荷载作用下产生侧移时，侧移引起的竖向荷载的偏心又将对结构产生附加弯矩，附加弯矩又会使结构的侧移进一步加大，若侧移趋于收敛，则二阶效应只会带来结构的侧移和内力的增大；若侧移不收敛，则二阶效应会带来结构的失稳。这种由水平侧移导致竖向荷载对结构产生的内力与侧移增大的现象称为重力二阶效应（又称为 P-Δ 效应）。规范通过限制结构的刚重比来控制二阶效应的影响。

混凝土结构的重力二阶效应可采用有限元分析方法计算，框架结构满足式 (3.5.28)，弹性计算时可不考虑重力二阶效应对结构内力和位移的不利影响。

$$D_i \geqslant 20 \sum_{j=i}^{n} G_j / h_j \, (i = 1, 2, \cdots, n) \qquad (3.5.28)$$

式中：D_i——第 i 楼层的弹性等效侧向刚度，可取该层剪力与层间位移的比值；

　　　G_j——为第 j 楼层重力荷载设计值，取 1.3 倍的永久荷载标准值与 1.5 倍的楼面可变荷载标准值的组合值；

　　　h_j——第 j 楼层层高；

　　　n——结构计算总层数。

框架结构满足式 (3.5.29)，弹性计算时应考虑重力二阶效应对结构内力和位移的不利影响。

$$10 \sum_{j=i}^{n} G_j / h_j \leqslant D_i < 20 \sum_{j=i}^{n} G_j / h_j \qquad (3.5.29)$$

框架结构满足式 (3.5.30)，重力二阶效应对结构内力和位移的不利影响较大，应通过加大结构刚度保证结构安全。

$$D_i < 10 \sum_{j=i}^{n} G_j / h_j \qquad (3.5.30)$$

带地下室的多层框架结构，当结构模型包含地下室时，由于覆土的影响可能出现刚重比计算值小于 10 的情况，可通过减小结构模型地下室的范围使刚重比计算值增大。

5. P-Δ 效应

P-Δ 效应是指由于结构的水平变形而引起的重力附加效应，称之为重力二阶效应。结构在水荷载作用下发生水平变形后，重力荷载因该水平变形而引起附加效应，结构发生的水平侧移绝对值越大，P-Δ 效应越显著。若结构的水平变形过大，可能因 P-Δ 效应而导致结构失稳。

6. P-δ 效应

P-δ 效应是指构件在轴向压力作用下，单层柱自身发生挠曲变形而引起的附加效应，可称为构件挠曲二阶效应，通常指轴向压力在产生挠曲变形的构件中引起的附加弯矩，柱两侧发生同向弯曲时，附加弯矩最大值位于柱中部偏较大弯矩一侧；柱两侧发生反向弯曲时，两侧最大弯矩不在杆端，在临近杆端的杆中位置。

3.6　结构软件的内力分析方法

结构软件采用有限元方法进行内力计算，软件采用空间杆单元模拟梁、柱及支撑等杆系构件，并采用超单元来模拟剪力墙、弹性楼板和转换梁。墙元专用于模拟多高层结构中的剪力墙，对于尺寸较大或带洞口的剪力墙，按照子结构的基本思想，由软件自动进行细分，然后用静力凝聚原理将内部自由度消去，从而保证墙元的精度和较少的出口自由度。这种墙元对剪力墙的洞口（仅考虑矩形洞）的大小及空间位置无限制，具有较好的适用性，也能较好地模拟工程中剪力墙的实际受力状态。对于弹性楼板和转换梁也采用相似的处理方案，细分后凝聚内部节点，只保留出口节点。

软件采用先进的数据库管理技术，将力学计算与专业设计分离管理，并用数据库传递信息。计算前处理中包含了大量的专业性预处理，中间部分是核心有限元力学计算，然后对得到的内力、位移根据规范和设计要求进行一系列专业计算，最终得到以截面配筋为主要内容的设计结果。分离管理保证了力学计算可采用通用的技术处理方案，并充分跟踪国内外先进技术的发展和改进。

软件广泛使用了多点约束（MPC）机制。刚性楼板假定、偏心刚域、支座位移、节点约束、不协调节点等功能以及短梁短墙，均利用 MPC 机制进行统一处理。偏心刚域应用于梁、柱、墙之间的偏心、上下柱和上下墙之间的偏心以及转换梁上托墙与梁之间的偏心等的处理。偏心刚域的合理使用避免了计算异常，保证了计算精度。建筑模型中不可避免地会出现大量的短墙或短梁，这些短梁、短墙直接用于力学计算可能引起计算异常，加大计算误差。采用统一的 MPC 机制进行处理，有效提高了计算精度和计算稳定性。

有限元方法是求解各种复杂数学问题的重要方法，是处理各种复杂工程问题的重要分析手段，也是进行科学研究的重要工具。实际上有限元分析已成为代替大量实物试验的数值化"虚拟试验"，基于该方法的大量计算分析与典型的验证性试验相结合可以做到高效率和低成本。有限元分析的主要内容包括基本变量和力学方程、数学求解原理、离散结构和连续体的有限元分析实现。

当梁位于基础处时，称之为基础梁。由于基础尺寸很大、高度很小，手算时无法建立杆系模型进行计算，借助结构软件，将基础梁、基础设置为实体，通过有限元划分，将基础梁、基础划分为空间实体单元，可以较为准确地计算出基础梁的弯矩和剪力。

进行抗震设计时，各独立基础、桩承台之间需设置拉梁，拉梁主要受到轴压力或轴拉力的作用，轴力值主要与竖向构件的轴压力值有关。轴压力主要通过设定合适的拉梁截面尺寸，选择合适的混凝土强度承受；轴拉力要求主要配置满足受力要求的钢筋满足。

3.7　内力组合

3.7.1　内力组合的目的

结构受到恒载、活载、风荷载和地震作用的单独作用或联合作用，通过内力组合能够使结构在两种、三种或四种作用下具有同等的安全度。

内力计算以标准值为基本参照值，通过乘以荷载分项系数、组合值系数调整荷载的超越概率，参与组合的荷载种类越多，越需要乘以合适的组合值系数将组合值调低以达到相同或接近的结构安全度。

荷载分项系数与荷载的离散程度相关，离散程度越高，相应的荷载分项系数就越大。

3.7.2　梁的控制截面

弯矩越大，梁的正截面配筋量越大；剪力越大，梁的斜截面配筋量越大；故梁的控制截面应选择在弯矩、剪力最大处。

当梁的控制截面承载力满足规范要求时，辅以构造要求，即可实现整个梁段的任意截面均能满足规范要求的目的。

在竖向荷载作用下，梁的最大负弯矩位置在支座处，梁的最大剪力也在支座处；在水平力作用下，梁的最大弯矩在支座处，梁的剪力沿梁长跨内不变；故梁的支座截面须作为控制截面，由该控制截面计算出梁的支座负弯矩配筋量和箍筋截面面积。在竖向荷载作用下，在跨的中部可能会出现最大正弯矩，故梁的跨中（一般非正中）也须作为控制截面，计算出梁的正弯矩配筋量；对于跨度较小同时临跨很大的情况，梁的跨中可能是负弯矩，则不需要计算出梁的底筋，按规范的构造规定配置梁底钢筋，此时梁面钢筋应全部或大部贯通。

在水平力作用下，梁的一侧支座会出现正弯矩，对于水平力较大的多层建筑、高层建筑的底部区域，竖向荷载的负弯矩值可能会小于水平荷载的正弯矩值，会出现梁支座底部受拉的现象。当支座截面总的正弯矩值小于跨中控制截面的正弯矩值时，梁底配筋由跨中控制截面确定，梁底纵筋在支座处按受拉钢筋锚固。当支座截面总的正弯矩值大于跨中控制截面的正弯矩值时，梁底配筋由支座控制截面确定，剪力墙结构的连梁常出现这一现象。

由于水平力可能使支座底面受拉，对于有抗震设防要求的梁，不允许采用弯起钢筋抗剪。

梁的控制截面及相应内力：

(1) 支座截面，最大负弯矩（$-M_{max}$）、最大正弯矩（$+M_{max}$）和最大剪力（V_{max}）。

(2) 跨中截面，最大正弯矩（$+M_{max}$），当出现负弯矩时，梁面钢筋须部分或全部拉通。

支座截面的最大剪力和最大负弯矩是同一荷载工况。

3.7.3 柱的控制截面

1. M-N 曲线

按力的平衡条件，有

$$N = \alpha_1 f_c bx + f'_y A'_s - \sigma_s A_s \tag{3.7.1}$$

对于对称配筋，大偏心受压，式（3.7.1）简化为

$$N = \alpha_1 f_c bx \tag{3.7.2}$$

受压区高度可表示为

$$x = \frac{N}{\alpha_1 f_c b} \tag{3.7.3}$$

按力矩平衡条件，有

$$Ne \leqslant \alpha_1 f_c bx(h_0 - 0.5x) + f'_y A'_s(h_0 - a'_s) \tag{3.7.4}$$

$e = \eta_{ns} e_i + 0.5h - a_s$，$e_i = e_0 + e_a$，代入式（3.7.4）有

$$\eta_{ns} Ne_0 + N(\eta_{ns} e_a + 0.5h - a_s) \leqslant N\left(h_0 - \frac{0.5N}{\alpha_1 f_c b}\right) + f'_y A'_s(h_0 - a'_s) \tag{3.7.5}$$

由于 $M = Ne_0$，有

$$\eta_{ns} M \leqslant -\frac{1}{2\alpha_1 f_c b}N^2 + N(h_0 - \eta_{ns} e_a - 0.5h + a_s) + f'_y A'_s(h_0 - a'_s) \tag{3.7.6}$$

$h_0 - 0.5h + a_s = 0.5h$，有

$$\eta_{ns} M \leqslant -\frac{1}{2\alpha_1 f_c b}N^2 + N(0.5h - \eta_{ns} e_a) + f'_y A'_s(h_0 - a'_s) \tag{3.7.7}$$

从式（3.7.7）可以看出，弯矩 M 是轴力 N 的二次函数，受弯承载力随配筋率的增大而增大。当 $N=0$ 时，为纯弯构件，对称配筋的受弯构件其受弯承载力为 $f'_y A'_s(h_0 - a'_s)$。

当 $N = \alpha_1 f_c b(0.5h - \eta_{ns} e_a) \approx 0.5\alpha_1 f_c bh$ 时，受弯承载力取得最大值，为

$$\eta_{ns} M_{max} = 0.25Nh + f'_y A'_s(h_0 - a'_s) \tag{3.7.8}$$

从式（3.7.8）可以看出，就算不计入配筋影响，由于混凝土存在抗压能力，偏心受压构件仍有一定的抗弯能力。

由于前述推算以大偏心受压为前提条件，一般 $\xi_b > 0.5$，故在大偏压构件中也存在一个受弯承载力下降段。小偏心受压由于远离轴力侧钢筋依次出现受拉不屈服、受压不屈服和受压屈服，因而出现二次抛物线偏离现象。对称配筋的典型 M-N 曲线如图 3.7.1 所示，抛物线的顶点位于大偏心受压区间，并没有在大偏心受压、小偏心受压的

分界点上。大偏心受压段 HPB300 钢筋与 HRB400 钢筋的曲线完全重叠，在小偏心受压段，HPB300 钢筋的曲线较 HPB400 钢筋的曲线内偏。

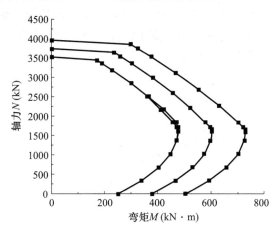

图 3.7.1　对称配筋典型 M-N 曲线

从图 3.7.2 中可以看出，对于大偏心受压情况，轴力最小的点可能是配筋较大的点，如图中 a 点；对于小偏心受压情况，轴力最大的点可能是配筋较大的点，如图中 b 点；无论大小偏心受压，在轴力相同的前提下，弯矩最大的点总是配筋最大的点，如图中 c 点；弯矩很小，轴力既不是最大，也不是最小的点，其内力总是对配筋不起控制作用，如图中很多未编号的点；有的点弯矩偏大而不是最大，轴力也偏大而不是最大，如图中 d 点。若是手算，取 a，b，c 三点的内力分别计算配筋并取大值能包含绝大多数不利情况；若是电算，则可能出现如图中 d 点配筋最大的情况。

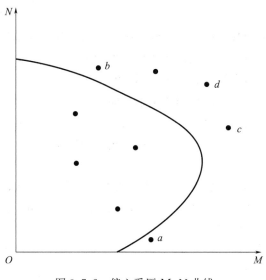

图 3.7.2　偏心受压 M-N 曲线

由于规范做了近似处理，小偏压并不能平稳地过渡到轴心受压，配筋较大时影响尤其大。对于偏心距较小的小偏压构件，有可能出现将偏心距略去，按轴心受压构件计算，配筋反而更大的现象，故对于偏心距较小的小偏压构件，应按轴心受压构件进行承载力复核。

可以将 M-N 曲线延伸，得到所有正截面承载力的完整曲线，如图 3.7.3 所示。A 点表示轴心受拉，C 点表示受弯，E 点表示轴心受压；AB 段为小偏心受拉，BC 段为大偏心受拉，偏心受拉为外鼓的接近直线的曲线，近似计算时也有直接用直线代替的；CD 段为大偏心受压，DE 段为小偏心受压。

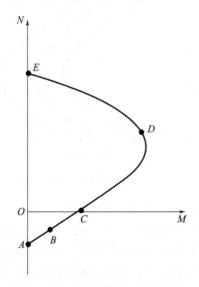

图 3.7.3　正截面承载力设计曲线

由于轴心受拉构件不计入混凝土的抗拉承载力，故轴心受拉承载力远小于轴心受压承载力。

2. 控制截面

在竖向荷载、水平荷载作用下，柱的弯矩均为斜直线，弯矩最大值位于柱的上下端截面，在同一个柱段剪力完全相同，忽略柱自重的影响，柱的轴力在同一个柱段也基本相同，由此可知，进行内力组合时，对于同一组合工况，弯矩最大值出现在柱的上下端截面，剪力、轴力在同一个柱段相同或基本相同。

偏心受压的正截面配筋总会出现在弯矩最大的截面，故工程中取柱的上下端截面作为控制截面进行配筋计算，即可使柱在全柱段满足结构安全要求。

3. 控制内力

由于柱为偏心受压构件，随着弯矩 M 和轴力 N 的比值的变化，可能发生大偏心受压破坏或小偏心受压破坏，一般框架柱在控制截面的不利内力组合有以下几种。

（1）$+M_{max}$ 及相应的轴力 N。

（2）$-M_{max}$ 及相应的轴力 N。

（3）N_{max} 及相应的弯矩 M。

（4）N_{min} 及相应的弯矩 M。

（5）V_{max} 及相应的轴力 N，N_{min} 及相应的 V。

$+M_{max}$，$-M_{max}$ 表达的是弯矩绝对值最大，正负号反映的是受拉侧的方向不同；上述情况下轴压力均取正值。进行配筋计算时应取同一工况下的内力。

4. 受剪承载力

混凝土的抗剪强度不是一个独立的指标，它随混凝土正应力的变化而变化，随压应力的增大而提高，当压应力达到混凝土的实际抗压强度时，混凝土的抗剪强度为零；随拉应力的增大而降低，当拉应力达到混凝土的实际抗拉强度时，混凝土的抗剪强度为零；如图 3.7.4 所示。

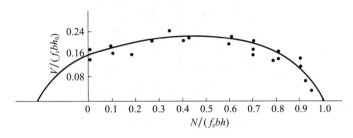

图 3.7.4 轴力对受剪承载力的影响

偏心受压构件柱斜截面受剪承载力公式为

$$V_u = \frac{1.75}{\lambda + 1.0} f_t b h_0 + f_{yv} \frac{A_{sv}}{s} h_0 + 0.07N \tag{3.7.9}$$

式中：λ——偏心受压构件计算截面的剪跨比；

N——与剪力设计值 V 相对应的轴向压力基本组合值，考虑到顶部曲线平缓，当 $N \geqslant 0.3 f_c b h$ 时，取 $N = 0.3 f_c b h$。

当 $N = f_c b h$ 时，理论上混凝土的受剪承载力为 0，即 $\frac{1.75}{\lambda + 1.0} f_t b h_0 + 0.07N = 0$，考虑到混凝土的实际抗压强度远大于 $f_c b h$，故仍可取 $N = 0.3 f_c b h$。

偏心受拉构件柱斜截面受剪承载力公式为：

$$V_u = \frac{1.75}{\lambda + 1.0} f_t b h_0 + f_{yv} \frac{A_{sv}}{s} h_0 - 0.2N \tag{3.7.10}$$

式中：λ——偏心受拉构件计算截面的剪跨比；

N——与剪力设计值 V 相对应的轴向拉力基本组合值。

公式右边的计算值小于 $f_{yv} \frac{A_{sv}}{s} h_0$ 时，说明混凝土因受拉而丧失承载力，式 (3.7.10) 应等于 $f_{yv} \frac{A_{sv}}{s} h_0$，且 $f_{yv} \frac{A_{sv}}{s} h_0$ 值不应小于 $0.3 f_t b h_0$。

5. 双向偏心受压

对于偏心受压构件，将框架柱作为框架梁的铰支座计算框架梁的内力，仅计算出框架柱的轴力，而不计算出框架柱的弯矩，不仅轴力不准确，还会使配筋结果偏小而带来结构不安全，工程中不得采用这种做法。

为了保证框架柱的空间稳定性，所有框架柱在所有楼层至少应有 2 个主轴方向有框架梁交于框架柱上，框架柱受到轴力、2 个方向的弯矩和 2 个方向的剪力作用，正截面设计时应按双偏心受压构件设计，双偏心受压的 M_x-M_y-N 曲面如图 3.7.5 所示。

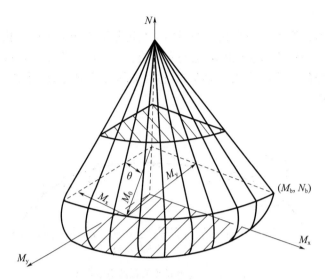

图 3.7.5　双向偏心受压构件 M_x-M_y-N 曲面

从双偏心受压的 M_x-M_y-N 曲面可知，忽略一个方向的弯矩，将实际的双偏心受压构件按单偏心受压构件进行设计是偏不安全的。平面框架的手算仅用于学习目的，将平面框架手得算出的配筋用于工程设计将会带来安全隐患，工程中应建立真实模型进行结构设计。

双偏心受压有受压区高度、角筋、x 向配筋和 y 向配筋 4 个未知量，只有 1 个力的平衡方程式和 2 个力矩平衡方程式，故须设定角筋配筋才可求解。由于角筋的内力臂最大，工程图在满足角筋配筋要求的前提下，再满足 x 向配筋和 y 向配筋才能满足规范安全度要求。

先将双偏心受压构件分别按 2 个方向的单向偏心受压构件配筋，再合并配筋也存在安全隐患，因其受压区存在重叠，导致混凝土在重叠的角部位置混凝土强度被重复使用，而带来钢筋内力臂的虚假增大；同时中和轴附近的钢筋应力较小，单偏压计算时认为所有钢筋均能得到较为充分的利用，尤其是大偏压构件按单偏压计算会偏于不安全。

3.7.4　规范规定

《工程结构通用规范》（GB 5001—2021）规定结构设计应区分下列设计状况：持久设计状况、短暂设计状况、偶然设计状况、地震设计状况。结构设计时选定的设计状况，应涵盖正常施工和使用过程中的各种不利情况。各种设计状况均应进行承载能力极限状态设计，持久设计状况尚应进行正常使用极限状态设计。对每种设计状况，均应考虑各种不同的作用组合，以确定作用控制工况和最不利的效应设计值。

进行承载能力极限状态设计时采用的作用组合，应符合下列规定：持久设计状况和短暂设计状况应采用作用的基本组合；偶然设计状况应采用作用的偶然组合；地震设计状况应采用作用的地震组合；作用组合应为可能同时出现的作用的组合；每个作用组合中应包括一个主导可变作用或一个偶然作用或一个地震作用；当静力平衡等极限状态设计对永久作用的位置和大小很敏感时，该永久作用的有利部分和不利部分应作为单独作用分别考虑；当一种作用产生的几种效应非完全相关时，应降低有利效应的分项系数取值。

基本组合分为无震基本组合和有震基本组合，是用于承载力设计的两种重要组合。偶然作用的定量计算较为困难，除了地下人防工程依据人防等级进行人防荷载计算以外，其他情况基本不能使用。永久荷载又称恒载，当恒载对结构安全有利时，须取荷载分项系数1.0进行计算。

进行正常使用极限状态设计时采用的作用组合，应符合下列规定：标准组合，用于不可逆正常使用极限状态设计；频遇组合，用于可逆正常使用极限状态设计；永久组合，用于长期效应是决定性因素的正常使用极限状态设计。各种作用组合如下：

1. 基本组合

$$\sum_{i \geqslant 1} \gamma_{Gi} G_{ik} + \gamma_{p} P + \gamma_{Q1} \gamma_{L1} Q_{1k} + \sum_{j>1} \gamma_{Qj} \psi_{cj} \gamma_{Lj} Q_{jk} \tag{3.7.11}$$

基本组合的荷载安全系数一般都大于1，基本组合值的超越概率比标准值的超越概率小，从而使结构在安全上得到有效保障。

当水平地震与竖向地震同时组合时，由于地面运动加速度最大值有时间差，一个地震反应最大值总是与另一个地震反应最大值不同时出现，将其中一个荷载分项系数取为小于1的系数，以与实际相符。

组合值系数一般小于1，在2种或2种以上可变荷载参与组合时使用，用来调节多个可变荷载参与组合的超越概率。

2. 偶然组合

$$\sum_{i \geqslant 1} G_{ik} + P + A_{d} + (\psi_{f1} \text{ 或 } \psi_{q1}) Q_{1k} + \sum_{j>1} \psi_{qj} Q_{jk} \tag{3.7.12}$$

3. 标准组合

$$\sum_{i \geqslant 1} G_{ik} + P + Q_{1k} + \sum_{j>1} \psi_{cj} Q_{jk} \tag{3.7.13}$$

标准组合不需要乘以荷载分项系数，当2种或2种以上可变荷载参与组合时，须乘以组合值系数调节多个可变荷载参与组合的超越概率。

4. 频遇组合

$$\sum_{i \geqslant 1} G_{ik} + P + \psi_{f1} Q_{1k} + \sum_{j>1} \psi_{qj} Q_{jk} \tag{3.7.14}$$

频遇值的超越概率为10%，比标准值的超越概率大，数值比标准值稍低，将主导可变作用标准值乘以小于1的频遇值系数，可将标准值转换为频遇值，其他可变作用取准永久值参与组合。

5. 准永久组合

$$\sum_{i \geqslant 1} G_{ik} + P + \sum_{j \geqslant 1} \psi_{qj} Q_{jk} \tag{3.7.15}$$

准永久值的超越概率为50%，比频遇值的超越概率大，数值也更低，通过乘以更小的准永久值系数将标准值转换为准永久值。

式中：A_d——偶然作用的代表值；

　　　G_{ik}——第i个永久作用的标准值；

　　　Q_{1k}——第1个可变作用（主导可变作用）的标准值；

　　　Q_{jk}——第j个可变作用的标准值；

P——预应力作用的有关代表值；

γ_0——结构重要性系数，当安全等级为一级时取 1.1，当安全等级为二级时取 1.0，当安全等级为三级时取 0.9，对偶然设计状况和地震设计状况取 1.0；

γ_{Gi}——第 i 个永久作用的分项系数，当作用效应对承载力不利时取 1.3，当作用效应对承载力有利时取值不大于 1.0；

γ_{L1}, γ_{Lj}——第 1 个和第 j 个考虑结构设计工作年限的荷载调整系数，当结构的设计工作年限为 5 年时取 0.9，当结构的设计工作年限为 50 年时取 1；当结构的设计工作年限为 100 年时取 1.1；

γ_{Q1}——第 1 个可变作用（主导可变作用）的分项系数，当作用效应对承载力不利时取 1.5，当作用效应对承载力有利时取 0；

γ_{Qj}——第 j 个可变作用的分项系数，当作用效应对承载力不利时取 1.5，当作用效应对承载力有利时取 0；

γ_P——预应力作用的分项系数，当作用效应对承载力不利时取 1.3，当作用效应对承载力有利时取值不大于 1.0；

μ_z——风压高度变化系数，根据地面粗糙度类别和建筑物高度确定；

ψ_{cj}——第 j 个可变作用的组合值系数，活载按荷载类别不同取 0.7～0.9，风荷载取 0.6；

ψ_{f1}——第 1 个可变作用的频遇值系数，活载按荷载类别不同取 0.5～0.9，风荷载取 0.4；

ψ_{q1}, ψ_{qj}——第 1 个和第 j 个可变作用的准永久值系数，活载按荷载类别不同取 0.3～0.6，风荷载取 0。

3.7.5 弯矩调幅

《混凝土结构设计规范》（GB 50010—2010）（2024 年版）规定钢筋混凝土梁支座或节点边缘截面的负弯矩调整幅度不宜大于 25%；为了保证截面的延性，在梁达到承载力极限状态时截面转角不能太小，须满足弯矩调整后的梁端截面相对受压区高度不超过 0.35 的要求；为了保证在正常使用下不致出现截面转动幅度过大，裂缝过宽，须满足弯矩调整后的梁端截面相对受压区高度不小于 0.10 的要求。

钢筋混凝土板的负弯矩调整幅度不宜大于 20%。

竖向荷载作用下梁端塑性转动后，支座弯矩减小，跨中弯矩增大，竖向荷载作用下的框架梁端弯矩可以进行调幅。水平荷载的最大弯矩在支座处，跨中最小弯矩一般为零，支座转动不能使弯矩进行转移，故水平荷载作用下的梁端弯矩不允许调幅。因此，弯矩调幅应在内力组合之前进行。

在同一工况作用和活载布置下，梁端负弯矩减小后，梁跨中弯矩应按平衡条件相应增大，如图 3.7.6 所示。由于跨中正弯矩最大的活载布置总是与支座负弯矩最大的活载布置不同，调幅后调大的跨中正弯矩若小于活载最不利布置时的跨中最大正弯矩，则可以实现调小支座配筋而不增大跨中配筋的效果。一般情况下活载大时，调幅系数宜取大值，使调整幅度更大，反之取小值，这样既能实现经济性，还能满足正常

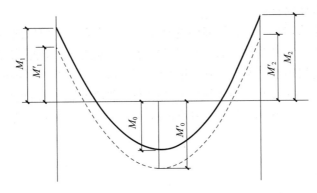

图 3.7.6　竖向荷载作用下弯矩调幅示意图

使用要求。

为了保证截面大幅异常转动混凝土受损时跨中有一定的受弯承载力，进行截面设计时，框架梁跨中截面底部钢筋不应过少，其正弯矩设计值不应小于竖向荷载作用下按简支梁计算的跨中弯矩的 50%。

3.8　构造要求

3.8.1　梁的构造要求

1. 纵向配筋

（1）为保证箍筋的准确就位，梁底、梁面至少应有 2 根纵筋，伸入梁支座范围内的钢筋总数不应少于 4 根。

（2）梁高不小于 300mm 时，钢筋直径不应小于 10mm；梁高小于 300mm 时，钢筋直径不应小于 8mm。

（3）为保证梁混凝土的浇捣质量，梁上部钢筋水平方向的净间距不应小于 30mm 和 $1.5d$（d 为钢筋公称直径）；梁下部钢筋水平方向的净间距不应小于 25mm 和 d。

（4）架立钢筋计算时不考虑受力，仅为保证钢筋骨架成型，其直径受梁钢筋骨架跨度的影响；当梁的跨度小于 4m 时，架立筋直径不宜小于 8mm；当梁的跨度为 4～6m 时，直径不应小于 10mm；当梁的跨度大于 6m 时，直径不宜小于 12mm。

2. 横向配筋

（1）按承载力计算不需要箍筋的梁，当截面高度大于 300mm 时，为保证钢筋骨架施工时的稳定性及异常受力出现的剪力，应沿梁全长设置构造箍筋；当截面高度为 150～300mm 时，可仅在构件端部 $l_0/4$ 范围内设置构造箍筋；对于跨度很小的门窗过梁，可仅配置单层纵筋，此时不需要配置箍筋。但当在构件中部 $l_0/2$ 范围内有集中荷载作用时，则应沿梁全长设置箍筋。

（2）对于截面高度大于 800mm 的梁，箍筋直径不宜小于 8mm；对于截面高度不大于 800mm 的梁，箍筋直径不宜小于 6mm。梁中配有计算需要的纵向受压钢筋时，箍筋直径尚不应小于 $d/4$，箍筋对纵向受压钢筋的约束力由大直径钢筋决定，d 为纵向受压钢筋中最大直径钢筋的直径。

（3）为保证箍筋在有剪切斜裂缝穿过时能可靠受力，箍筋应做成封闭式，且弯钩直线段长度不应小于 $5d$，d 为箍筋直径。箍筋除了承受剪力外，还能有效约束其他斜裂缝的开展，故箍筋的间距不应大于 $15d$，并不应大于 400mm。当一层内的纵向受压钢筋多于 5 根且直径大于 18mm 时，由于纵向受压钢筋鼓曲给箍筋带来的附加拉力无法准确计算，箍筋间距不应大于 $10d$，小直径钢筋较易受压鼓曲，d 为纵向受压钢筋中最小直径钢筋的直径。

3. 局部配筋

（1）钢筋弯折。

折线的楼梯梁、楼梯板、坡屋面梁在屋脊处均须对钢筋进行弯折或锚固，钢筋的弯折方向应能保证弯折钢筋在受到拉力作用时，不将保护层混凝土崩落。

折梁的内折角处应增设箍筋，如图 3.8.1 所示，箍筋应能承受未在压区锚固纵向受拉钢筋的合力，且在任何情况下不应小于全部纵向钢筋合力的 35%。

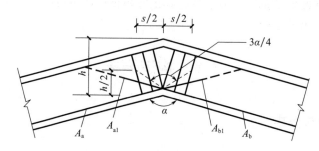

图 3.8.1　竖向折梁钢筋构造图

（2）腰筋。

梁面、梁底均有纵向受力钢筋，混凝土的收缩不易造成开裂，当梁高较大时，梁的中部须配置腰筋抵抗由于混凝土收缩而产生的裂缝。

梁的腹板高度 h_w 不小于 450mm 时，在梁的两个侧面应沿高度配置纵向构造钢筋。每侧纵向构造钢筋（不包括梁上下部受力钢筋及架立钢筋）的间距不宜大于 200mm，截面面积不应小于腹板截面积（bh_w）的 0.1%，但当梁宽较大时可以适当放松。此处，腹板高度 h_w 取不包含现浇板厚度的梁高。

为了保证腰筋在受到压应力时不向外鼓曲，应配置拉筋将同高度腰筋拉接。

3.8.2　框架柱的构造要求

1. 柱中纵向钢筋配置应符合的规定

（1）小直径的纵向钢筋在压应力作用下容易受压鼓曲，纵向受力钢筋直径不宜小于 12mm；过多的纵向钢筋会影响混凝土的浇捣质量，全部纵向钢筋的配筋率不宜大于 5%；为了保证框架柱的混凝土质量，在配筋率偏大时，可采用并筋。

（2）柱的混凝土浇捣深度远大于梁，须适当加大柱纵向钢筋净间距，柱中纵向钢筋的净间距不应小于 50mm；过大的柱纵向钢筋间距也不利于约束混凝土的受压开裂，故柱中纵向钢筋的净间距不宜大于 300mm。

（3）偏心受压柱的截面高度不小于 600mm 时，在柱的侧面上应设置直径不小于 10mm 的纵向构造钢筋，并相应设置复合箍筋或拉筋。

（4）圆柱中纵向钢筋不宜少于 8 根，不应少于 6 根，且宜沿周边均匀布置。

（5）在偏心受压柱中，垂直于弯矩作用平面的侧面上的纵向受力钢筋以及轴心受压柱中各边的纵向受力钢筋，其中距不宜大于 300mm。

2. 柱中的箍筋应符合的规定

（1）为了约束柱纵向钢筋的受压鼓曲，箍筋直径不应小于 $d/4$，且不应小于 6mm，d 为纵向钢筋的最大直径。

（2）为了约束柱混凝土受压开裂，箍筋间距不应大于 400mm 及构件截面的短边尺寸；为了约束柱纵向钢筋的受压鼓曲，箍筋间距不应大于 15d，d 为纵向钢筋的最小直径。

（3）柱及其他受压构件中的周边箍筋应做成封闭式；对圆柱中的箍筋，搭接长度不应小于《混凝土结构设计规范》（GB 50010—2010）（2024 年版）第 8.3.1 条规定的锚固长度，且末端应做成 135°弯钩，弯钩末端平直段长度不应小于 5d，d 为箍筋直径。

（4）当柱截面短边尺寸大于 400mm 且各边纵向钢筋多于 3 根时，或当柱截面短边尺寸不大于 400mm 但各边纵向钢筋多于 4 根时，应设置复合箍筋。

（5）柱中全部纵向受力钢筋的配筋率大于 3％时，箍筋直径不应小于 8mm，间距不应大于 10d，且不应大于 200mm，d 为纵向受力钢筋的最小直径。箍筋末端应做成 135°弯钩，且弯钩末端平直段长度不应小于箍筋直径的 10 倍。

3.8.3　框架梁柱节点构造要求

梁柱节点是平面框架结构的受力关键部位、梁柱节点处于剪压复合受力状态，为保证节点具有足够的受剪承载力、防止节点产生剪切脆性破坏，在设计时除保证梁、柱构件具有足够承载力和延性外，还要保证节点区受剪承载力，使梁、柱构件可靠地连成一体，形成抗侧力框架结构。

框架梁柱的纵向钢筋在框架节点区的锚固和搭接，应符合图 3.8.2 中的要求。

（1）框架柱纵向钢筋在顶层中节点和端节点应伸至柱顶，且自梁底算起的锚固长度不应小于 l_a；当截面尺寸不满足总锚固要求时，可采用 90°弯折锚固措施。为了保证锚固的有效性，包括弯弧在内的钢筋垂直投影锚固长度不应小于 0.5l_{ab}，在弯折平面内包含弯弧段的水平投影长度不宜小于 12d，此处，l_{ab} 为受拉钢筋基本锚固长度。

（2）框架柱纵向钢筋在顶层端节点处，在角点处外侧钢筋全线受拉，顶层端节点外侧梁柱钢筋应按搭接处理而不是按锚固处理。在梁宽范围以内的柱外侧纵向钢筋可与梁上部纵向钢筋搭接，搭接长度不应小于 1.5l_{ab}；在梁宽范围以外的柱外侧纵向钢筋可伸入现浇板内，其伸入长度与伸入梁内的相同。当柱外侧纵向钢筋的配筋率大于 1.2％时，伸入梁内的柱纵向钢筋宜分批截断，其截断点之间的距离不宜小于 20d，d 为柱外侧纵向钢筋的直径。将柱纵向钢筋锚入屋面梁、屋面板中，可以使在屋面梁以下的柱混凝土施工时，不需要绑扎梁的钢筋。

（3）框架梁上部纵向钢筋伸入端节点的锚固长度，直线锚固时不应小于 l_a，且伸过柱中心线的长度不宜小于 5 倍的梁纵向钢筋直径；当柱截面尺寸不足时，为了使梁上部

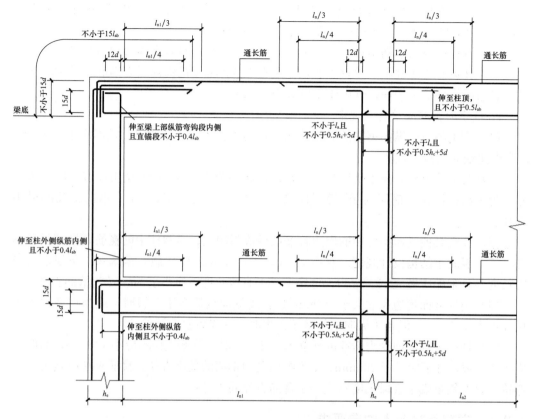

图 3.8.2　框架梁、柱纵向钢筋锚固构造

注：跨度值 l_n 为左跨 l_{ni} 和右跨 l_{ni+1} 之较大值，其中 $i=1,2,3\cdots$。

弯折纵筋在弯折范围内的柱混凝土足够多而不被崩落，梁上部纵向钢筋应伸至节点对边并向下弯折，锚固段弯折前的水平投影长度不应小于 $0.4l_{ab}$；弯折纵筋的受力效果要好于直线锚固，但其锚固效果受弯折后的竖直投影长度的影响，弯折后的竖直投影长度应取 $15d$，d 为梁纵向钢筋直径。框架梁中部节点上部纵向钢筋左右两侧均受拉，不需要考虑锚固尺寸，框架梁中节点上部纵向钢筋应贯穿节点或支座。

（4）框架梁下部纵向钢筋宜贯穿节点或支座。必须锚固时，当计算中充分利用钢筋的抗拉强度时，钢筋可采用直线方式锚固在节点或支座内，锚固长度不应小于钢筋的受拉锚固长度 l_{ab}；弯折锚固时，锚固段的水平投影长度不应小于 $0.4l_{ab}$，竖直投影长度应取 $15d$，d 为梁纵向钢筋直径。

梁支座截面的上部纵向受拉钢筋不需要沿梁长全线拉通，在框架梁跨中顶部受压区域采用架立筋。梁支座截面上部纵向受拉钢筋向跨中延伸的尺寸应由弯矩包络图决定，当框架跨度均匀时，梁支座截面上部纵向受拉钢筋应向跨中延伸至 $(1/4\sim1/3)l_n$，活载大时取大值，活载小时取小值，l_n 为本跨梁的净跨，并与跨中的架立筋搭接，搭接长度不需要考虑受力要求，搭接长度可取 150mm。当框架跨度不均匀时，若框架梁全跨梁面受拉，则梁面纵向钢筋采用沿梁跨全部或部分拉通不切断的做法；若相邻跨的跨度差别较小，则 l_n 应取临跨梁的净跨。

第4章

装配式框架结构设计

4.1 概 述

4.1.1 产生背景

改革开放以来，我国的建筑产业逐年发展，实现了由量到质的伟大跨越。随着21世纪的到来，国民经济飞速增长，人民生活质量快速提高，同时也带来了以前从未出现的问题，比如土地使用成本变高、人工成本增加等。国家全行业的变革创新也意味着建筑行业即将迎来改变。原来的以现浇为主的传统房屋建筑方式已不再适应建筑业的发展，我们需要的是现场人工少、现场劳动强度低、损耗量小且绿色环保的新的建筑方式，基于这些需求，应运而生的就是装配式建筑。

4.1.2 装配式建筑的概念

根据国家标准《装配式混凝土建筑技术标准》（GB/T 51231—2016）的定义，装配式建筑是结构系统、外围护系统、设备与管线系统、内装系统的主要部分采用预制部品部件集成的建筑。

装配式混凝土建筑是指建筑的结构系统由混凝土部件（预制构件）构成的装配式建筑。装配式混凝土结构分为装配整体式混凝土结构和全装配混凝土结构。

（1）装配整体式混凝土结构。装配整体式混凝土结构是指由预制混凝土构件通过可靠的方式进行连接并与现场后浇混凝土、水泥基灌浆料形成整体的装配式混凝土结构。装配整体式混凝土结构采用湿连接节点，又称装配整体式节点，是指预制梁、柱或T形构件在连接部位利用钢筋、型钢连接或锚固，同时通过在预制构件结合部后浇混凝土形成整体骨架的连接方式。后浇部位根据设计主要集中于梁柱节点区域或梁跨中部位。这种节点具有较好的整体性和抗震性。

（2）全装配混凝土结构。全装配混凝土结构是指所有的构件都先在工厂内预制完成，然后运输到现场进行装配、连接和固定，最终形成完整的混凝土结构。单层工业厂房可采用全装配混凝土结构。

装配整体式混凝土框架结构是指全部或部分框架梁、柱采用预制构件构建成的装配整体式混凝土结构，简称装配整体式框架结构。

4.1.3 装配式建筑的分类

（1）按结构材料分类。装配式建筑按结构材料分类，有装配式钢结构建筑、装配式混凝土结构建筑、装配式木结构建筑和装配式钢混结构建筑等。

（2）按建筑高度分类。装配式建筑分为低层装配式建筑、多层装配式建筑、高层装配式建筑和超高层装配式建筑。

（3）按结构体系分类。装配式建筑按结构体系分类，有装配整体式框架结构、装配整体式剪力墙结构、装配整体式框架-现浇剪力墙结构、装配整体式框架-现浇核心筒结构和装配整体式部分框支剪力墙结构等。

（4）按装配率分类。装配式建筑评价等级应划分为 A 级、AA 级、AAA 级，装配率为 60％～75％时，为 A 级装配式建筑；装配率为 76％～90％时，为 AA 级装配式建筑；装配率为 91％及以上时，为 AAA 级装配式建筑。

4.1.4　装配式混凝土结构与现浇混凝土结构的差异

装配式混凝土结构与现浇混凝土结构的设计原则上一样，对系数进行调整和采取一些构造措施，使装配式混凝土结构达到与现浇混凝土结构近似等同的效果。但两者的结构设计还是有较多不同，具体如下。

（1）在考虑地震作用效应组合时，现浇抗侧力构件承担的地震作用会比预制抗侧力构件大。

（2）装配式结构用结构软件进行计算时，参数设置与现浇混凝土结构设计有所不同。

（3）装配式结构相对于现浇结构增加了一些设计内容，如预制构件平面布置图、预制构件深化图和连接节点大样图等。

（4）装配式建筑结构一般在当地的预制构件厂进行拆分。预制构件须进行脱模验算和吊装验算等。

（5）连接设计要求在预制构件与后浇混凝土、灌浆料、坐浆材料结合面设置粗糙面、键槽。这些抗剪构造措施能保证剪力墙的竖向接缝、叠合板的结合面等位置的受剪承载力不需要验算，但叠合梁端竖向接缝、预制柱底水平接缝、剪力墙水平接缝这三种接缝仍需进行不同于现浇结构的验算。

（6）装配式建筑结构设计工作量增加 30％～40％。

4.2　板

4.2.1　钢筋桁架混凝土板

钢筋桁架混凝土板分为钢筋桁架楼承板、钢筋桁架混凝土叠合板。

钢筋桁架楼承板由工厂制作钢筋桁架，分为带固定式底模、带可拆卸式底模和不带底模三种做法。固定式底膜一般选用镀锌铁皮，将铁皮焊接在钢筋桁架腹杆钢筋的底面上，三个桁架一组，桁架上弦杆钢筋间距为 200mm，单块板宽度为 600mm，生产时依据图纸排板情况、运输要求确定单块板的长度，现场进行切割以满足板的宽度需求，全部在现场浇捣混凝土，常用于钢结构不需要拆除底膜的工程。可拆卸式底模钢筋桁架楼承板，在工地现场安装底模，浇捣混凝土后将底模拆除，常用于钢结构需拆除底膜的工程。不带底膜的钢筋桁架楼承板可用于钢结构和混凝土结构，若用于钢结构，可选用支撑于 H 形钢梁下翼缘的桁架支模架支承楼板的模板，免除常规支模架，浇筑混凝土后将桁架、模板依次拆除；若用于混凝土结构，虽然钢筋桁架能保证钢筋的准确就位，但与梁面层钢筋同标高，施工不便。

钢筋桁架混凝土叠合板是指将钢筋桁架与混凝土底板浇筑一体形成预制部分，现场安装完成后，再浇筑叠合层混凝土形成整体受力的叠合楼板（图 4.2.1）。本节主要讨论桁架钢筋混凝土叠合板。

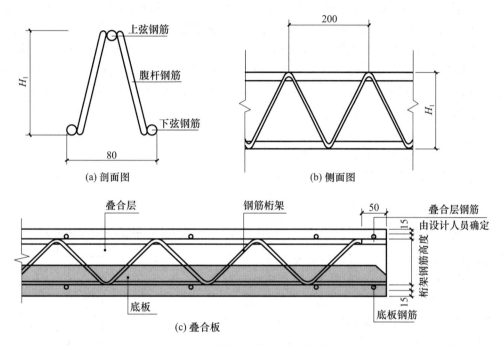

(a) 剖面图　　　　　　　　　(b) 侧面图

(c) 叠合板

图 4.2.1　钢筋桁架混凝土板（单位：mm）

桁架钢筋混凝土叠合板分为单向板和双向板（图 4.2.2），研究和实践表明，力学性能和同厚度的现浇楼板相近。

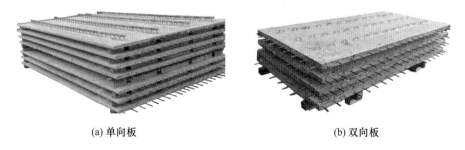

(a) 单向板　　　　　　　　　(b) 双向板

图 4.2.2　钢筋桁架混凝土叠合板

欧洲等一些发达国家的叠合板都是单向板，只有单向伸出钢筋。与双向板相比，单向板的模具消耗量可以降低，模具开孔的人工费可以避免，开孔后的堵孔器具费可以避免，钢筋加工可以实现全自动化，混凝土浇筑过程中的漏浆可以基本杜绝，减少了混凝土浪费；现场施工效率大幅提高，平均吊装一块的时间，出筋时 20min、不出筋时 15min 左右，工效提高 25%，极大地提高了装配式建筑的工业化和自动化效率。

4.2.2　构造要求

装配整体式结构的楼盖宜采用叠合楼盖。

叠合板应按现行国家标准《混凝土结构设计规范》（GB 50010—2010）（2024 年版）进行设计，叠合板的预制板厚度不宜小于 60mm，后浇混凝土叠合层厚度不应小于 60mm［图集《桁架钢筋混凝土叠合板（60mm 厚底板）》（15G366-1）中后浇混凝土叠合层厚度最小为 70mm，便于电气管线施工］；当叠合板的预制板采用空心板时，板端空腔应封堵；跨度大于 3m 的叠合板，宜采用桁架钢筋混凝土叠合板；跨度大于 6m 的叠合板，宜采用预应力混凝土预制板；板厚大于 180mm 的叠合板，宜采用混凝土空心板。

预制板与后浇混凝土叠合层之间的结合面应设置粗糙面。粗糙面的面积不宜小于结合面的 80%，预制板的粗糙面凹凸深度不应小于 4mm，以保证叠合面具有较强的黏结力，使两部分混凝土共同有效地工作。

叠合板在支座处和接缝处应符合下列要求。

（1）叠合板支座处的受力钢筋应符合下列规定。

① 板端支座处，预制板内的纵向受力钢筋宜从板端伸出并锚入支承梁或墙的后浇混凝土中，锚固长度不应小于 5d（d 为纵向受力钢筋直径），且宜伸过支座中心线（图 4.2.3）。

② 单向叠合板的板侧支座处，当板底分布钢筋不伸入支座时，宜在紧邻预制板顶面的后浇混凝土叠合层中设置附加钢筋，附加钢筋截面面积不宜小于预制板内的同向分布钢筋截面面积，间距不宜大于 600mm，在板的后浇混凝土叠合层内锚固长度不应小于 15d，在支座内锚固长度不应小于 15d（d 为附加钢筋直径）且宜伸过支座中心线（图 4.2.4）。

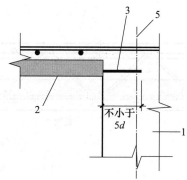

图 4.2.3　板端支座

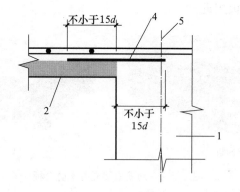

图 4.2.4　板侧支座

1—支承梁或墙；2—预制板；3—纵向受力钢筋；4—附加钢筋；5—支座中心线

（2）单向叠合板板侧的分离式接缝宜配置附加钢筋（图 4.2.5），并应符合下列规定。

① 接缝处紧邻预制板顶面宜设置垂直于板缝的附加钢筋，附加钢筋伸入两侧后浇混凝土叠合层的锚固长度不应小于 15d（d 为附加钢筋直径）。

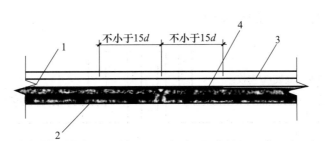

图 4.2.5　单向叠合板板侧的分离式接缝构造示意图

1—后浇混凝土叠合层；2—预制板；3—后浇层内钢筋；4—附加钢筋

② 附加钢筋截面面积不宜小于预制板中该方向钢筋截面面积，钢筋直径不宜小于 6mm，间距不宜大于 250mm。

（3）双向叠合板板侧的整体式接缝宜设置在叠合板的次要受力方向上且宜避开最大弯矩截面。接缝可采用后浇带形式，并应符合下列规定。

① 后浇带宽度不宜小于 200mm。

② 后浇带两侧板底纵向受力钢筋可在后浇带中焊接、搭接连接、弯折锚固。

③ 当后浇带两侧板底纵向受力钢筋在后浇带中弯折锚固时（图 4.2.6），叠合板厚度不应小于 $10d$，且不应小于 120mm（d 为弯折钢筋直径的较大值）；接缝处预制板侧伸出的纵向受力钢筋应在后浇混凝土叠合层内锚固，且锚固长度不应小于 l_a；两侧钢筋在接缝处重叠的长度不应小于 $10d$，钢筋弯折角度不应大于 30°，弯折处沿接缝方向应配置不少于 2 根通长构造钢筋，且直径不应小于该方向预制板内钢筋直径。

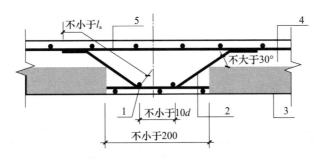

图 4.2.6　双向叠合板整体式接缝构造示意图

1—通长构造钢筋；2—纵向受力钢筋；3—预制板；4—后浇混凝土叠合层；5—后浇层内钢筋

（4）桁架钢筋混凝土叠合板应满足下列要求。

① 桁架钢筋应沿主要受力方向布置。

② 桁架钢筋距板边不应大于 300mm，间距不宜大于 600mn。

③ 桁架钢筋弦杆钢筋直径不宜小于 8mm，腹杆钢筋直径不应小于 4mm。

④ 桁架钢筋弦杆混凝土保护层厚度不应小于 15mm。

4.2.3　桁架钢筋混凝土叠合板表示方法

桁架钢筋混凝土叠合板分为单向叠合板和双向叠合板，底板厚度均为 60mm，后浇混凝土叠合层厚度有 70mm、80mm、90mm 三种。

1. 双向叠合板用底板编号（图 4.2.7）

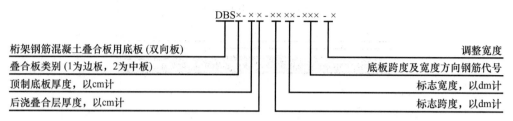

图 4.2.7　双向叠合板用底板编号

例如，底板编号 DBS1-67-3012-43，表示双向受力叠合板用底板，拼装位置为边板，预制底板厚度为 60mm，后浇叠合层厚度为 70mm，预制底板的标志跨度为 3000mm，预制底板的标志宽度为 1200mm，底板跨度方向配筋为Φ10@150，底板宽度方向配筋为Φ8@100。

底板编号 DBS2-67-3318-32，表示双向受力叠合板用底板，拼装位置为中板，预制底板厚度为 60mm，后浇叠合层厚度为 70mm，预制底板的标志跨度为 3300mm，预制底板的标志宽度为 1800mn，底板跨度方向配筋为Φ10@200，底板宽度方向配筋为Φ8@150。双向叠合板用底板钢筋代号详见表 4.2.1。

表 4.2.1　叠合双向板底板跨度、宽度方向钢筋代号组合表

宽度方向钢筋	跨度方向钢筋			
	Φ8@200	Φ8@150	Φ10@200	Φ10@150
Φ8@200	11	21	31	41
Φ8@150	—	22	32	42
Φ8@100	—	—	—	43

2. 单向叠合板用底板编号（图 4.2.8）

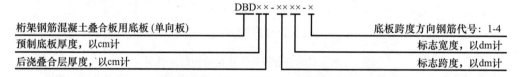

图 4.2.8　单向叠合板用底板编号

例如，底板编号 DBD67-3318-2，表示单向受力叠合板用底板，预制底板厚度为 60mm，后浇叠合层厚度为 70mm，预制底板的标志跨度为 3300mm，预制底板的标志宽度为 1800mm，底板跨度方向配筋为Φ8@150。单向叠合板用底板钢筋代号详见表 4.2.2。

表 4.2.2　单向叠合板底板钢筋代号表

代号	1	2	3	4
受力钢筋规格及间距	Φ8@200	Φ8@150	Φ10@200	Φ10@150
分布钢筋规格及间距	Φ6@200	Φ6@200	Φ6@200	Φ6@200

某住宅楼叠合板底板局部布置图如图 4.2.9 所示。剖面图如图 4.2.10 所示。

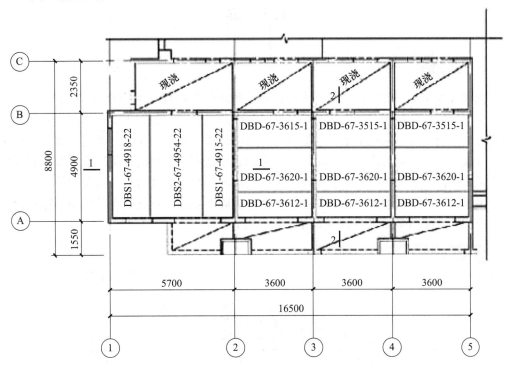

图 4.2.9　底板局部布置图（单位：mm）

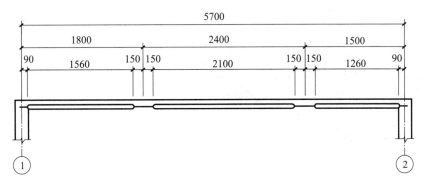

(a) 1-1 剖面图

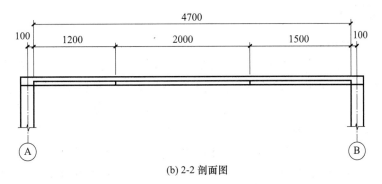

(b) 2-2 剖面图

图 4.2.10　剖面图（单位：mm）

4.3 梁

4.3.1 叠合梁

预制混凝土梁在现场后浇混凝土而形成的整体受弯构件，称为叠合梁（图4.3.1）。叠合梁的预制部分是在工厂内通过模具将梁内底筋、箍筋与混凝土浇筑成型，并预留连接节点，在施工现场绑扎梁上部钢筋与叠合板浇筑成整体。采用叠合梁时，楼板一般采用叠合板，梁、板的后浇层一起浇筑。当板的总厚度不小于梁的后浇层要求厚度时，可采用矩形截面预制梁。当板的总厚度小于梁的后浇层要求厚度时，为增大梁的后浇层厚度，可采用凹口形截面预制梁。某些情况下，为施工方便，预制梁也可采用其他截面形式，如倒T形截面或者传统的花篮梁的形式等。

图 4.3.1　叠合梁预制混凝土梁

4.3.2 构造要求

1. 叠合梁截面构造要求

预制梁与后浇混凝土、灌浆料、坐浆材料的结合面应设置粗糙面，预制梁端面应设置键槽（图4.3.2），可以有效提高叠合梁的整体性能。预制梁端的粗糙面凹凸深度不应小于6mm，键槽尺寸和数量应按现行《装配式混凝土结构技术规程》（JGJ 1—2014）计算确定。键槽的深度不宜小于30mm，宽度不宜小于深度的3倍且不宜大于深度的10倍，键槽可贯通截面，当不贯通截面时槽口距离截面边缘不宜小于50mm，键槽间距宜等于键槽宽度，键槽端部斜面倾角不宜大于30°。粗糙面的面积不宜小于结合面的80%。

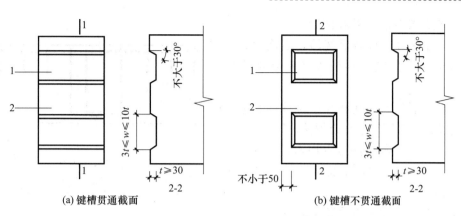

(a) 键槽贯通截面 　　　　　　　　　　　　　(b) 键槽不贯通截面

图 4.3.2　梁端键槽构造示意图

1—键槽；2—梁端面

装配整体式框架结构中，当采用叠合梁时，框架梁的后浇混凝土叠合层厚度不宜小于 150mm［图 4.3.3（a）］，次梁的后浇混凝土叠合层厚度不宜小于 120mm；当采用凹口形截面预制梁时［图 4.3.3（b）］，凹口深度不宜小于 50mm，凹口边厚度不宜小于 60mm。

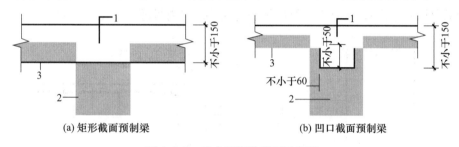

(a) 矩形截面预制梁 　　　　　　　　　　　　(b) 凹口截面预制梁

图 4.3.3　叠合框架梁截面示意图

1—后浇混凝土叠合层；2—预制梁；3—预制板

2. 叠合梁的箍筋配置要求

抗震等级为一、二级的叠合框架梁的梁端箍筋加密区宜采用整体封闭箍筋［图 4.3.4（a）］；采用组合封闭箍筋的形式［图 4.3.4（b）］时，开口箍筋上方应做成 135°弯钩；进行非抗震设计时，弯钩端头平直段长度不应小于 5d（d 为箍筋直径）；进行抗震设计时，平直段长度不应小于 10d。现场应采用箍筋帽封闭开口箍，箍筋帽末端应做成 135°弯钩；进行非抗震设计时，弯钩端头平直段长度不应小于 5d；进行抗震设计时，平直段长度不应小于 10d。

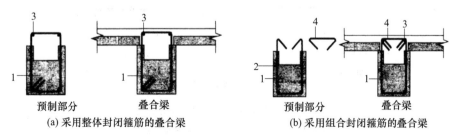

(a) 采用整体封闭箍筋的叠合梁 　　　　　　　(b) 采用组合封闭箍筋的叠合梁

图 4.3.4　叠合梁箍筋构造示意图

1—预制梁；2—开口箍筋；3—上部纵向钢筋；4—箍筋帽

3. 叠合梁对接（图 4.3.5）

（1）连接处应设置后浇段，后浇段的长度应满足梁下部纵向钢筋连接作业的空间需求。

（2）梁下部纵向钢筋在后浇段内宜采用机械连接、套筒灌浆连接或焊接连接。

（3）后浇段内的箍筋应加密，箍筋间距不应大于 $5d$（d 为纵向钢筋直径），且不应大于 100mm。

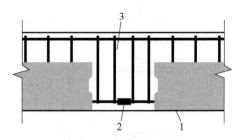

图 4.3.5 叠合梁连接节点示意图
1—预制梁；2—钢筋连接接头；3—后浇段

4. 主梁与次梁采用后浇段连接

（1）在端节点处，次梁下部纵向钢筋伸入主梁后浇段内的长度不应小于 $12d$。次梁上部纵向钢筋应在主梁后浇段内锚固。当采用弯折锚固 [图 4.3.6（a）] 或锚固板时，锚固直段长度不应小于 $0.6l_{ab}$；当钢筋应力不大于钢筋强度设计值的 50% 时，锚固直段长度不应小于 $0.35l_{ab}$；弯折锚固的弯折后直段长度不应小于 $12d$（d 为纵向钢筋直径）。

（2）在中节点处，两侧次梁的下部纵向钢筋伸入主梁后浇段内长度不应小于 $12d$（d 为纵向钢筋直径）；次梁上部纵向钢筋应在现浇层内贯通 [图 4.3.6（b）]。

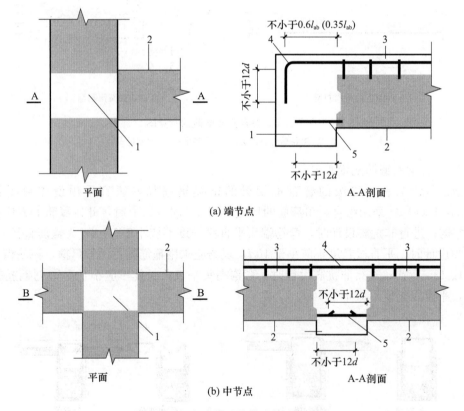

图 4.3.6 主次梁连接节点构造示意图
1—主梁后浇段；2—次梁；3—后浇混凝土叠合层；
4—次梁上部纵向钢筋；5—次梁下部纵向钢筋；l_{ab}—基本锚固长度

5. 次梁与主梁采用企口连接

次梁与主梁宜采用铰接连接，也可采用刚接连接，后浇段连接属于刚接连接的形式。当采用铰接连接时，可采用企口连接或钢企口连接形式；采用企口连接时，应符合国家现行标准的有关规定；当次梁不直接承受动力荷载且跨度不大于9m时，可采用钢企口连接（图4.3.7、图4.3.8）。

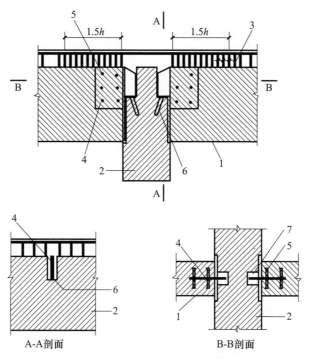

图 4.3.7　钢企口接头示意图

1—预制次梁；2—预制主梁；3—次梁端部加密箍筋；4—钢板；5—栓钉；6—预埋件；7—灌浆料

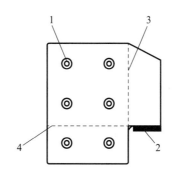

图 4.3.8　钢企口示意图

1—栓钉；2—预埋件；3—截面 A；4—截面 B

4.4　预制柱

在工厂或现场预先制作的混凝土柱称为预制柱（图4.4.1）。

图 4.4.1　预制柱

4.4.1　预制柱截面构造要求

（1）矩形截面柱边长不宜小于 400mm，圆形截面柱直径不宜小于 450mm，且不宜小于同方向梁宽的 1.5 倍。

（2）柱纵向受力钢筋在柱底连接时，柱箍筋加密区长度不应小于纵向受力钢筋连接区域长度与 500mm 之和；当采用套筒灌浆连接〔在金属套筒中插入单根带肋钢筋并注入灌浆料拌合物，通过拌合物硬化形成整体并实现传力的钢筋对接连接方式（图 4.4.2）〕或浆锚搭接连接等方式时，套筒或搭接段上端第一道箍筋距离套筒或搭接段顶部不应大于 50mm（图 4.4.3）。

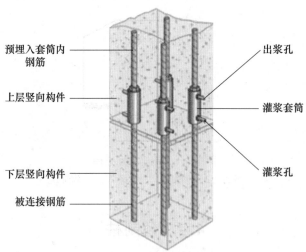

图 4.4.2　预制柱套筒灌浆连接

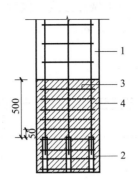

图 4.4.3　柱底箍筋加密区构造示意图（单位：mm）
1—预制柱；2—连接接头（或钢筋连接区域）；3—加密区箍筋；4—箍筋加密区（阴影区域）

（3）柱纵向受力钢筋直径不宜小于 20mm，纵向受力钢筋的间距不宜大于 200mm 且不应大于 400mm。柱的纵向受力钢筋可集中于四角配置且宜对称布置。柱中可设置纵向辅助钢筋且直径不宜小于 12mm 和箍筋直径；当正截面承载力计算不计入纵向辅助钢筋时，纵向辅助钢筋可不伸入框架节点（图 4.4.4）。

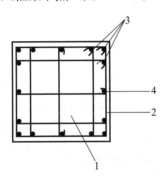

图 4.4.4　柱集中配筋构造平面示意图
1—预制柱；2—箍筋；3—纵向受力钢筋；4—纵向辅助钢筋

4.4.2　预制柱纵向钢筋连接规定

装配整体式框架结构中，预制柱的纵向钢筋连接应符合下列规定。

（1）当房屋高度不大于 12m 或层数不超过 3 层时，可采用套筒灌浆连接、浆锚搭接、焊接等连接方式。

（2）当房屋高度大于 12m 或层数超过 3 层时，宜采用套筒灌浆连接。

装配整体式框架结构中，预制柱水平接缝处不宜出现拉力。

4.4.3　预制柱与叠合梁的连接

采用预制柱及叠合梁的装配整体式框架节点，梁纵向受力钢筋应伸入后浇节点区内锚固或连接，并应符合下列规定。

（1）框架梁预制部分的腰筋不承受扭矩时，可不伸入梁柱节点核心区。

（2）对于框架中间层中节点，节点两侧的梁下部纵向受力钢筋宜锚固在后浇节点核

心区内 [图4.4.5 (a)]，也可采用机械连接或焊接的方式连接 [图4.4.5 (b)]；梁的上部纵向受力钢筋应贯穿后浇节点核心区。

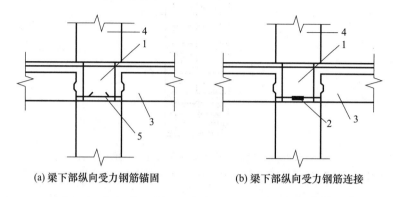

(a) 梁下部纵向受力钢筋锚固　　　　　　(b) 梁下部纵向受力钢筋连接

图4.4.5　预制柱及叠合梁框架中间层中节点构造示意图

1—后浇区；2—梁下部纵向受力钢筋连接；3—预制梁；4—预制柱；5—梁下部纵向受力钢筋锚固

（3）对于框架中间层端节点，当柱截面尺寸不满足梁纵向受力钢筋的直线锚固要求时，宜采用锚固板锚固（图4.4.6），也可采用90°弯折锚固。

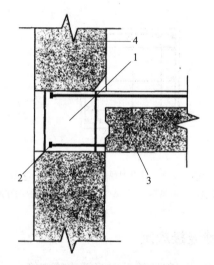

图4.4.6　预制柱及叠合梁框架中间层端节点构造示意图

1—后浇区；2—梁纵向钢筋锚固；3—预制梁；4—预制柱

（4）对于框架顶层中节点，梁纵向受力钢筋的构造应符合第（2）条的规定。柱纵向受力钢筋宜采用直线锚固；当梁截面尺寸不满足直线锚固要求时，宜采用锚固板锚固（图4.4.7）。

（5）对于框架顶层端节点，柱宜伸出屋面并将柱纵向受力钢筋锚固在伸出段内（图4.4.8），柱纵向受力钢筋宜采用锚固板锚固，此时锚固长度不应小于 $0.6l_{abE}$。伸出段内箍筋直径不应小于 $d/4$（d 为柱纵向受力钢筋的最大直径），伸出段内箍筋间距不应大于 $5d$（d 为柱纵向受力钢筋的最小直径）且不应大于 $100mm$；梁纵向受力钢筋应锚固在后浇节点区内，且宜采用锚固板锚固，此时锚固长度不应小于 $0.6l_{abE}$。

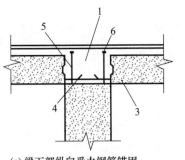
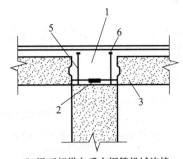

(a) 梁下部纵向受力钢筋锚固   (b)梁下部纵向受力钢筋机械连接

图 4.4.7 预制柱及叠合梁框架顶层中节点构造示意图

1—后浇区；2—梁下部纵向受力钢筋连接；3—预制梁；
4—梁下部纵向受力钢筋锚固；5—柱纵向受力钢筋；6—锚固板

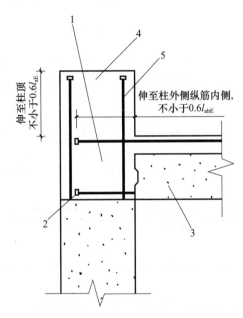

图 4.4.8 预制柱及叠合梁框架顶层端节点构造示意图

1—后浇区；2—梁下部纵向受力钢筋锚固；3—预制梁；
4—柱延伸段；5—柱纵向受力钢筋

4.5 预制构件的存放

4.5.1 叠合板存放

    叠合板堆放场地应平整、坚实，并设有排水措施，堆放时底板与地面之间应有一定的空隙。垫木放置在桁架侧边，板两端（至板端 200mm）及跨中位置均应设置垫木且间距不大于 1.6m，垫木应上下对齐。不同板号应分别堆放，堆放高度不宜大于 6 层（图 4.5.1）。堆放时间不宜超过两个月。垫木的摆放如图 4.5.2 所示，垫木的长、宽、高均不宜小于 100mm。

图 4.5.1 叠合板叠放

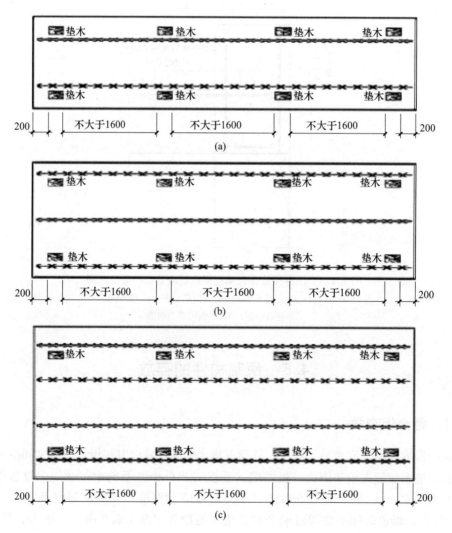

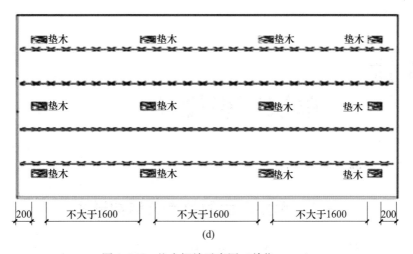

(d)

图 4.5.2　垫木摆放示意图（单位：mm）

4.5.2　预制楼梯存放

预制楼梯宜平放，叠放层数不宜超过 4 层，应按同项目、同规格、同型号分别叠放（图 4.5.3）；应合理设置垫块位置；起吊时防止端头碰撞。

图 4.5.3　预制楼梯存放

第5章

单层厂房设计

5.1 单层厂房的特点及结构形式

单层厂房主要用于冶金、机械、物流、加工等工业建筑，一般层高较大布置有吊车。这类厂房一般有大型机器或设备，产品较重且轮廓较大，宜直接在地面上生产，故设计成单层厂房。单层厂房结构设计应根据厂房建筑功能、生产工艺流程、建筑工业标准化等要求，经过安全性和经济性分析，最终确定结构类型、结构体系、结构布置等。

5.1.1 单层厂房的特点

单层厂房的特点是生产设备体积大、质量重，产品以水平运输为主，须形成高度大、跨度大的生产空间以满足生产工艺流程要求，内部交通运输组织须方便，有利于较重生产设备安装和产品放置，可实现厂房建筑构配件生产工业化以及现场施工机械化以节省工程造价。

为满足大型设备安装及利用吊车进行产品的水平运输的要求，单层厂房的层高普遍较高；为满足生产及产品运输需要，在运输线上不能有障碍物，单层厂房的跨度一般很大。层高大、跨度大是单层厂房的主要建筑特点。

5.1.2 单层厂房的结构形式

单层厂房的结构形式主要有排架结构和刚架结构两种。

排架结构通常由混凝土排架柱、H形变截面屋面钢梁（或钢屋架）组成横向受力体系，如图5.1.1所示，屋面钢梁（或钢屋架）与排架柱柱顶铰接连接。通过撑杆、吊车梁、柱间支撑等组成纵向抗侧力体系，抗风柱、屋面钢梁、屋面横向水平支撑和屋面刚性系杆将山墙的上部水平力传给纵向柱列，这些构件也是纵向抗侧力体系的组成部分。横向受力体系和纵向抗侧力体系共同形成整体的空间受力结构，横向受力体系同时承受竖向荷载和水平荷载，纵向抗侧力体系主要承受水平荷载。

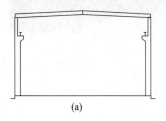
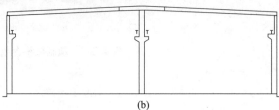

(a)　　　　　　　　　　　　　　(b)

图5.1.1　排架结构类型

排架结构常用于有较高立面需求的建筑，建筑周边的排架柱采用现浇混凝土柱，内部柱采用钢柱，墙面围护通常采用砌体砌筑以满足公建化立面需求，屋面通常采用轻型金属屋面板，有时屋顶还设置通风气楼。按照厂房的生产工艺和使用要求的不同，排架结构可设计为单跨、多跨、等高、不等高等多种形式。单跨跨度一般在18m以上，大的跨度可做到30m以上，跨度过大时可采用钢屋架；高度一般在18m以内，高度过高、吊车吨位过大时下柱常用格构柱，上柱仍用实腹柱。

当对立面没有很高要求时，外墙围护采用轻型金属墙面板，结构采用钢梁、钢柱的刚架结构，排架结构的屋面钢梁与混凝土排架柱为铰接，刚架结构的屋面钢梁与钢柱为刚接，这种结构通常称为门式刚架轻型钢结构。门式刚架轻型钢结构适用于房屋高度不大于18m，房屋高宽比小于1，承重结构为单跨或多跨实腹式门式刚架，具有轻型屋盖、无桥式吊车或有起重量不大于20t的A1～A5工作级别桥式吊车或3t悬挂式起重机的单层钢结构房屋。超过上述高度和吊车吨位的单层钢结构厂房，习惯上被称为单层重钢厂房，应满足现行《钢结构设计标准》（GB 50017—2017）、《建筑抗震设计规范》（GB 50011—2010）（2024年版）和通用规范的要求。

从20世纪90年代开始，我国轻型屋面体系应用于单层厂房，替换了原来的大型屋面板，门式刚架轻型钢结构在工业建筑中大量使用，混凝土的排架结构使用有所减少，但当厂房立面有特殊要求时，比如要达到传统建筑的立面效果，门式刚架轻型墙面板难以实现，外圈柱采用混凝土柱的排架结构是较好的选择。本章仅对单层厂房排架结构进行阐述。

5.2 排架结构的组成和传力路线

5.2.1 排架结构组成

排架结构的主承重构件为排架柱、抗风柱、屋面钢梁和钢吊车梁，排架结构的次承重构件为柱间支撑、屋面横向水平支撑、刚性系杆和联系梁等，如图5.2.1所示。

排架结构主要由横向受力体系和纵向抗侧力体系组成。

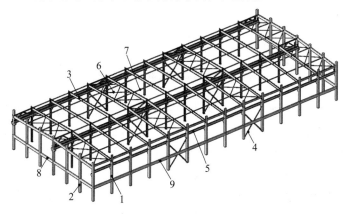

图 5.2.1 单层厂房排架结构组成图

1—排架柱；2—抗风柱；3—屋面钢梁；4—柱间支撑；5—钢吊车梁；
6—屋面横向水平支撑；7—刚性系杆；8—山墙联系梁；9—纵向联系梁

5.2.2 横向受力体系

排架结构横向受力体系由排架柱、屋面钢梁组成，边柱为现浇混凝土排架柱，中柱一般采用钢柱，跨度较小时采用变截面 H 形钢梁，跨度较大时采用钢桁架；有通风需求时会有通风气楼，通风气楼参与排架计算，不属于主承重构件。混凝土排架柱刚性固接于基础，当厂房设有吊车时，排架柱须设置牛腿；屋面钢梁与混凝土排架柱铰接连接。有时厂房中部须增设一列柱或多列柱以形成多跨，此时中部柱一般采用钢柱，中部柱若采用混凝土柱会带来施工不便、造价增加。

厂房外侧柱采用混凝土柱时，山墙面采用混凝土框架形式；混凝土柱顶应超出屋面，以便外围墙体遮挡轻型金属屋面板。

横向受力体系（图 5.2.2）是单层厂房的主要承重结构，承受作用在厂房的竖向荷载和横向水平荷载。竖向荷载主要为屋面荷载、外墙荷载、结构自重和吊车竖向荷载等，屋面荷载包含不均匀的屋面积雪荷载、垂直于屋面的竖向风荷载；横向水平荷载主要为吊车横向水平制动力、横向风荷载、横向地震作用。

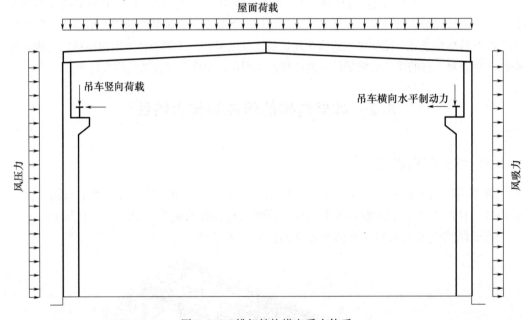

图 5.2.2　排架结构横向受力体系

吊车荷载包含竖向的轮压、横向水平制动力和纵向水平制动力。吊车的轮压由大车自重、小车自重、起吊货物重量及小车位置决定，吊车轮压通过轨道传给吊车梁，吊车梁再传到牛腿顶部，作用在牛腿顶部的力依据吊车台数通过影响线算出，两侧柱的竖向力不相等。为了防止吊车梁倾覆，吊车梁顶部与排架柱的上柱固定；吊车横向水平制动力由小车质量、货物质量、吊车台数和吊车位置决定，横向水平制动力作用于上柱吊车梁顶面标高，两侧水平制动力相同；吊车横向水平制动力通过轨道传给吊车梁，吊车梁再传到排架柱上柱的吊车梁顶面标高位置，吊车横向水平制动力依据吊车台数通过影响线算出。

由于屋面平面内刚度很小，没有平面变形协调能力，在不设置屋面纵向水平支撑时，不考虑空间协同，各横向受力体系按平面排架独自受力，互不关联。进行抗震设计时，无须满足周期比、位移比等与空间协同有关的控制指标。

5.2.3　纵向抗侧力体系

排架结构纵向抗侧力体系由纵向排架柱列、纵向联系梁（或刚性系杆）、吊车梁和柱间支撑等组成，如图 5.2.3 所示；作用是保证厂房的纵向稳定性、纵向刚度和排架柱平面外计算长度，将纵向水平力传给基础。

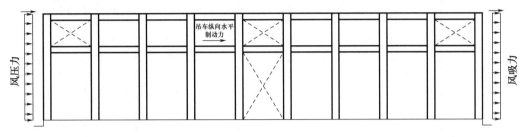

图 5.2.3　排架结构纵向抗侧力体系

当为预制混凝土排架柱时，柱顶设置刚性系杆，刚性系杆与纵向排架柱铰接；当为现浇混凝土排架柱时，柱顶设置纵向联系梁；当下柱过高时还应在下柱适当标高增设纵向连系梁，以解决砌体的稳定性问题。

吊车梁将厂房纵向柱列连成一线，传递吊车纵向水平制动力，吊车纵向水平制动力由大车自重、小车自重、起吊货物重量及小车位置决定，该力先通过轨道传到吊车梁，再主要传到下柱柱间支撑。

上柱支撑体系中由上柱柱间支撑、支撑两侧的排架柱、柱顶纵向连系梁（或刚性系杆）、吊车梁组成受力桁架；柱间支撑由交叉的柔性系杆组成，柔性系杆长细比较大，只考虑承受拉力，不考虑承受压力，通过在中部交叉，能在满足长细比要求的前提下，减小杆件截面尺寸，一般选用角钢、槽钢制作；单次受到一个方向的水平力作用时，只有一根柔性系杆参与工作；除交叉的柱间支撑外，其他受力桁架组件均为刚性杆，既能承受拉力，又能承受压力。柱顶的水平集中力主要为抗风柱传向屋面的水平力，为保证水平力的直接传力，上柱柱间支撑须设在屋面横向水平支撑的同一柱间；为了将山墙传向屋面的水平力尽快下传，一般会在房屋端部第一或第二开间设置上柱柱间支撑；上柱支撑体系将绝大部分纵向水平力由柱顶传到吊车梁标高处，无柱间支撑的排架柱传递的水平力可以忽略不计。

下柱支撑体系中由下柱柱间支撑、支撑两侧的排架柱、吊车梁组成受力桁架，上柱支撑体系传下来的水平力与吊车纵向水平制动力叠加，通过下柱支撑体系传到基础顶面。

为了增大伸缩缝的间距，减少伸缩缝的数量，下柱柱间支撑一般不在纵向柱列的两侧设置。纵向水平力主要通过下柱支撑体系传到基础，纵向柱列所有柱沿纵向的剪力、弯矩均很小，轴力通过横向平面排架已经计算得到，故一般不需要进行纵向抗侧力体系的计算。为了让纵向柱列的所有基础分担纵向水平力，应在纵向柱列设置通长的基础拉梁；当采用桩基础时，下柱支撑的两侧柱不应采用横向布置的双桩基础。

5.2.4 排架屋盖水平支撑体系

必要的屋盖水平支撑体系为屋盖横向水平支撑体系；当厂房过高、横向水平力过大时，需要设置屋盖纵向水平支撑体系，如图 5.2.4 所示。

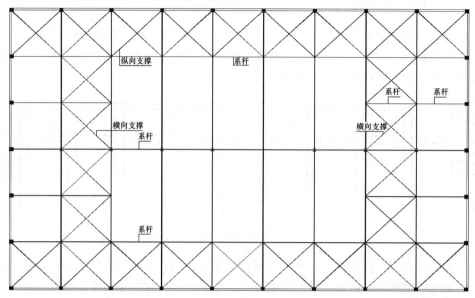

图 5.2.4 屋盖支撑体系

横向水平支撑体系中由屋面钢梁、系杆、交叉支撑组成支撑桁架，支撑桁架固定于排架柱顶部。交叉支撑属于柔性杆，钢梁、系杆属于刚性杆。

横向水平支撑体系能提高屋盖结构的纵向刚度，先安装有横向水平支撑的两侧屋面梁，再安装交叉支撑、刚性系杆使两榀平面排架具备空间受力能力。通过刚性系杆将后安装的屋面梁固定在已经具备空间受力能力的两榀排架上，可以保证后续屋面梁的施工安全和使用时的空间受力能力。

门式刚架的横向水平支撑一般在靠山墙开间设置，当山墙为混凝土抗风柱时，须往建筑中部移动一个开间，通过刚性系杆将抗风柱的水平力传给横向水平支撑体系，横向水平支撑体系再将水平力传给两侧和中间的纵向柱列，主要通过柱间支撑将屋盖水平力传给基础。当厂房长度较大时，每间隔 30~45m 须增设一道横向水平支撑，以增强空间受力效果。

屋盖水平支撑可选用圆钢或型钢交叉支撑。屋面横向交叉支撑节点布置应与抗风柱相对应，并在屋面梁转折处布置节点。

对于设有带驾驶室且起重量大于 15t 桥式吊车的跨间，应在屋盖边缘设置纵向支撑；在有抽柱的柱列，沿托架长度应设置纵向支撑。

5.2.5 排架围护系统

公建化的排架结构外围常采用砌体墙做建筑围护，一般需设置过梁、连系梁（或圈梁）及基础梁。砌体墙要与排架柱、抗风柱可靠拉结。

屋面通常采用轻型金属屋面板，以轻型冷弯薄壁型钢构件为支承骨架。屋面板可选用镀层钢板、涂层钢板、铝镁锰合金板等金属板，屋面板的基板厚度不应小于

0.45mm，与檩条的连接方式可分为直立缝锁边连接型、扣合式连接型和螺钉连接型。有时屋面板设置采光带用于满足室内采光的要求。

屋面板的支承骨架主要为檩条，一般采用轻型冷弯薄壁型钢构件，其截面形式主要有 Z 形卷边和 C 形卷边两种，跨度较大时可采用 H 型钢或钢桁架檩条。实腹式檩条可设计成单跨简支，也可设计成多跨连续。Z 形卷边檩条上下边尺寸有小的差值，可叠放安装，通常设计成连续檩条，受力合理、节省用钢量，连续檩条要满足嵌套搭接长度要求，搭接长度不宜小于檩条跨度的 10%。

檩条主受力方向的抗弯能力远强于侧向的抗弯能力，顺檩条主受力方向的重力分力由各檩条独立承受。通过斜拉条、撑杆及其两侧的檩条组成檩条受力桁架，屋脊处的屋面檩条桁架应正放，以化解屋面坡度带来的下滑力形成的檩条侧向弯矩，通过拉条将所有单个檩条拉接于屋脊处的檩条桁架上，解决所有单个檩条的下滑力受力问题。屋面还会受到与重力相反的风荷载作用，当向上的风荷载超过重力荷载时，仍会出现侧向抗弯问题，故檐口处的檩条桁架应反放。通过设置拉条增大单个檩条的抗侧刚度，檩条的上翼缘和下翼缘均会受压应力作用，可能导致檩条失稳，一般设置双层拉条体系。拉条和撑杆体系如图 5.2.5 所示。

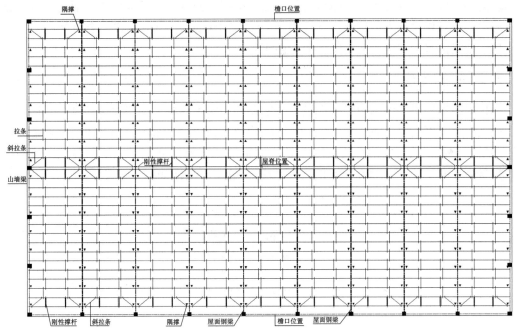

图 5.2.5　拉条和撑杆体系

当檩条跨度大于 4m 时，宜在檩条跨中位置设置直拉条；当檩条跨度大于 6m 时，宜在檩条跨度三分点处各设一道拉条；当檩条跨度大于 9m 时，宜在檩条跨度四分点处各设一道拉条。

屋面钢梁的下翼缘平面外的受压稳定可考虑隔撑的作用，通过隔撑将钢梁下翼缘与檩条相连减小钢梁的平面外计算长度。常用结构软件中可输入隔撑的截面和布置间距，程序可算出隔撑提供弹性刚度的大小，有效地确定屋面钢梁平面外的计算长度。隔撑一般在屋面钢梁的两侧对称设置，与檩条的连接位置不低于檩条形心线。隔撑单面布置对屋面斜梁下翼缘有水平作用力，要考虑对屋面钢梁的不利影响。

5.3 结构布置

5.3.1 柱网布置

柱网布置与建筑的生产工艺和使用需要密切相关，对建筑物的造价有直接的影响。柱网布置遵循以下原则：符合生产和使用要求，建筑平面和结构方案经济合理，方便施工。柱网布置尚应遵守国家标准《厂房建筑模数协调标准》（GB/T 50006—2010）和《建筑模数协调统一标准》（GB/T 50002—2013）的规定，使构件标准化和定型化，达到建筑工业化和降低造价的目的。单层厂房排架结构柱网布置应考虑以下原则。

（1）厂房单跨跨度 18～27m 较为经济，多跨连续时，跨度可以稍大。

（2）柱距以 6～9m 为宜，以使屋面钢檩条较为节省。

（3）屋面坡度宜取 5%～12%，在雨水较多的地区宜取其中的较大值。

为使构件尺寸标准化，不受围护体系厚度尺寸变化的影响，外侧（含变形缝）纵向柱列的轴线位置为混凝土柱、钢柱的外边缘，中部纵向柱列的轴线位置为混凝土柱、钢柱的中心线；山墙柱列的轴线位置为混凝土柱、钢柱的外边缘，中部（含变形缝）横向柱列的轴线位置为混凝土柱、钢柱的中心线。

5.3.2 厂房高度

排架结构厂房高度应满足生产设备高度和生产使用的要求，一般建设单位会提出关于最大吊装高度的要求 S（吊车底的位置），根据试算的吊车梁高度 h_2 和吊车轨道高度 h_3 推算出混凝土排架柱的牛腿高度 h_1，屋面钢梁底部的高度应考虑吊车梁大车或小车的自身高度 h_4、屋面钢梁与吊车的安全间距 h_5 确定。具体如图 5.3.1 所示。

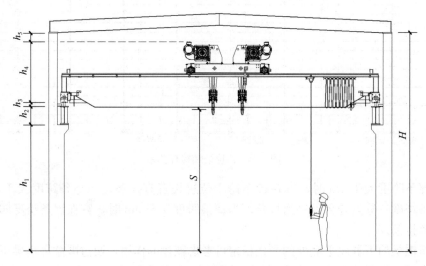

图 5.3.1　厂房高度示意图

5.4　排架结构的竖向受力构件

排架结构的竖向受力构件为排架柱、抗风柱，构造柱、门框柱不是主要的竖向受力构件。

5.4.1　排架柱

排架柱一般由上柱、下柱和牛腿组成，目前工程中以现浇混凝土柱为主，一般采用矩形截面柱，矩形截面柱构造简单，施工方便，抗震性能好。20 世纪常用的工字形截面预制柱、双肢预制柱，已很少采用。

排架柱要有足够的承载力，应保证具有足够的刚度，同时要满足矩形截面框架柱最小截面尺寸不应小于 300mm 的要求，混凝土强度等级不应低于 C25 等构造要求。柱截面的设计要注意以下几个方面。

1. 柱的计算长度

排架结构中，排架柱上部连接刚度受屋盖和房屋跨数的影响，一般假定上部为铰支座，下部为固端支座。由于柱身为变截面且有纵向联系梁、吊车梁等构件连接，计算长度取值不再是材料力学的理论值，《混凝土结构设计规范》（GB 50010—2010）（2024 年版）给出了刚性屋盖单层房屋排架柱计算长度的取值规定。

2. 承载能力极限状态设计

排架柱根据内力分析结果进行截面设计，对控制截面按偏心受压构件进行各种内力组合下的配筋计算，截面配筋通常采用对称配筋。

3. 正常使用极限状态裂缝验算

《混凝土结构设计规范》（GB 50010—2010）（2024 年版）规定偏心受压构件应进行裂缝控制的验算，排架柱当 $e_0/h_0 \leqslant 0.55$ 时，轴压力中心在杆件截面内或偏出杆件截面不远，构件全截面受压应力或远端拉应力不大，可不验算裂缝宽度；当 $e_0/h_0 > 0.55$ 时，应按规范要求进行裂缝宽度验算。

5.4.2　抗风柱

钢筋混凝土抗风柱是山墙的重要结构构件，山墙受风面积较大，钢筋混凝土抗风柱将山墙分为若干个区格。当风荷载作用到山墙时，靠纵向柱列的风荷载直接传给纵向柱列，其他风荷载传给抗风柱，混凝土抗风柱上端与屋面系统铰接，下端与基础刚接。抗风柱把一部分风荷载先通过抗风柱与屋面系统的连接传递给屋面支撑系统，再通过屋面支撑系统传给纵向柱列，另一部分风荷载通过抗风柱与基础的连接传递给基础。抗风柱的间距一般为 6~9m 不等，当厂房高度较高时，为了保证砌体的稳定性和减小抗风柱平面外的计算长度，可加设山墙连系梁，必要时可增设抗风腰梁或抗风桁架。钢筋混凝土抗风柱截面宽度不应小于 300mm。

为了保证风荷载有效传递到屋面系统，抗风柱与屋面的水平向要可靠连接，常用两种连接方法如图 5.4.1 所示。

（1）当山墙屋面梁为钢梁时，采用图 5.4.1（a）所示的连接方式。在抗风柱顶设置弹簧板与钢梁的上翼缘下侧连接，钢梁两侧设置横向加劲肋，系杆与钢梁加劲肋铰接连接。这时屋面钢梁上部的檩条外挑遮住抗风柱，山墙立面顶部为坡屋面。这种连接能将抗风柱的水平力传给屋面系统，同时不约束屋面钢梁的竖向变形，使屋面钢梁计算简图简单。

（2）当山墙屋面梁为混凝土梁时，采用图 5.4.1（b）所示的连接方式。这时抗风柱超过坡屋面保证女儿墙顶部齐平，在屋面梁位置柱内侧设置预埋件，屋面系杆与预埋件铰接连接。屋面被山墙面遮挡，山墙立面完整。

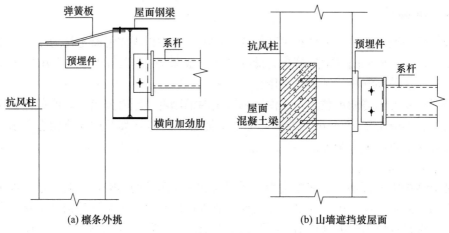

(a) 檩条外挑　　　　　　　(b) 山墙遮挡坡屋面

图 5.4.1　山墙抗风柱与屋面梁连接

5.5　牛　腿

单层厂房排架结构牛腿是排架柱重要的组成部件，如图 5.5.1 所示，起到传递吊车竖向荷载的重要作用。牛腿按照竖向力作用点至下柱边缘的水平距离 a 与牛腿垂直截面有效高度 h_0 的比值分为两种类型：当 $a/h_0 > 1.0$ 时，称为长牛腿；当 $a/h_0 \leqslant 1.0$ 时，称为短牛腿。牛腿设计的主要内容包括牛腿截面尺寸的确定、配筋计算和构造设计。长牛腿可按悬臂梁设计，本节介绍短牛腿的设计。

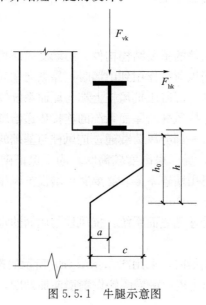

图 5.5.1　牛腿示意图

5.5.1 截面尺寸

牛腿的截面尺寸应根据斜裂缝控制要求，满足式（5.5.1）的要求。

$$F_{vk} \leqslant \beta\left(1 - 0.5\frac{F_{hk}}{F_{vk}}\right)\frac{f_{tk}bh_0}{0.5 + \dfrac{a}{h_0}} \tag{5.5.1}$$

式中：F_{vk}——作用于牛腿顶部按荷载效应标准组合计算的竖向力值；

$\quad\quad F_{hk}$——作用于牛腿顶部按荷载效应标准组合计算的水平拉力值；

$\quad\quad \beta$——裂缝控制系数，支承吊车梁的牛腿取 0.65，其他牛腿取 0.80；

$\quad\quad a$——竖向力作用点至下柱边缘的水平距离，应考虑安装偏差 20mm；当考虑安装偏差后的竖向力作用点仍位于下柱截面以内时取 0；

$\quad\quad b$——牛腿宽度；

$\quad\quad h_0$——牛腿与下柱铰接处的垂直截面有效高度，取 $h_1 + c\tan\alpha - a_s$，当 $\alpha > 45°$ 时，取 $45°$，c 为下柱边缘到牛腿外边缘的水平长度。

吊车梁若采用 H 形钢吊车梁，$F_{hk} = 0$，式（5.5.1）简化为

$$F_{vk} \leqslant \frac{\beta f_{tk}bh_0}{0.5 + \dfrac{a}{h_0}}$$

解一元二次方程，可以精确求解需要的牛腿截面高度。

5.5.2 牛腿的配筋计算

短牛腿的受力特征可简化为顶部水平的纵向受力钢筋作为拉杆和牛腿内的混凝土作为斜压杆组成的三角桁架模型。牛腿的纵向受力钢筋总截积 A_s，由承受竖向力的受拉钢筋截面面积和承受水平拉力的钢筋截面面积叠加组成，按式（5.5.2）计算。

$$A_s \geqslant \frac{F_v a}{0.85 f_y h_0} + 1.2\frac{F_h}{f_y} \tag{5.5.2}$$

式中：F_v——作用在牛腿顶部的竖向力基本组合值；

$\quad\quad F_h$——作用在牛腿顶部的水平拉力基本组合值。

当 $a < 0.3h_0$ 时，取 $a = 0.3h_0$。0.85 为内力臂系数，1.2 为水平力移位放大系数。

5.5.3 牛腿的配筋构造

1. 纵向受力钢筋

沿牛腿顶部配置的纵向受力钢筋，宜采用 HRB400 级或 HRB500 级热轧带肋钢筋。全部纵向受力钢筋及弯起钢筋宜沿牛腿外边缘向下伸入下柱内 150mm 后截断（图 5.5.2）；纵向受力钢筋及弯起钢筋伸入上柱的可采用直线锚固或弯折锚固。纵向受力钢筋的配筋率不应小于 0.2% 及 $0.45f_t/f_y$，也不宜大于 0.6%，直径 12mm 的钢筋数量不宜少于 4 根。

2. 箍筋

牛腿应设置水平箍筋，箍筋直径宜为 $6\sim12$mm，间距宜为 $100\sim150$mm；在上部 $2h_0/3$ 范围内的箍筋总截面面积不宜小于受拉钢筋截面面积 A_s 的 1/2。

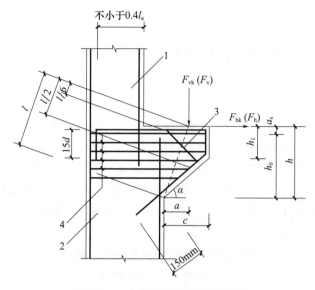

图 5.5.2　牛腿的外形及钢筋配置
1—上柱；2—下柱；3—弯起钢筋；4—水平箍筋

3. 弯起钢筋

当牛腿的剪跨比不小于 0.3 时，宜设置弯起钢筋。弯起钢筋宜采用 HRB400 级或 HRB500 级热轧带肋钢筋，并宜使其与集中荷载作用点到牛腿斜边下端点连线的交点位于牛腿上部 $l/6 \sim l/2$ 范围内，l 为连线的长度（图 5.5.2）。弯起钢筋截面面积不宜小于承受竖向力的受拉钢筋截面面积 A_s 的 1/2，且直径 12mm 的钢筋不宜少于 2 根。纵向受拉钢筋不得兼作弯起钢筋。

5.6　排架结构内力分析和计算

排架结构一般按纵向平面排架和横向平面排架分别考虑受力，不要求按空间杆系计算。纵向柱较多，设有柱间支撑，抗侧刚度大，分配到每根柱的水平剪力较小，弯矩也较小，一般不需要进行纵向平面排架计算，只需进行横向平面排架的计算。

横向平面排架计算的主要内容有计算简图确定、荷载计算、内力分析和内力组合，以及排架水平侧移验算。

5.6.1　排架计算简图

1. 计算单元

单层厂房排架结构一般在平面布置图上相邻柱距的中线截取典型区段作为横向平面排架的计算单元。如图 5.6.1（a）的阴影部分所示，阴影部分就是计算单元的负荷范围，也称为从属面积；③轴线阴影部分对应的是中间排架标准榀的负载情况；单层厂房中，有时根据工艺要求，局部区段抽柱，这时在厂房纵向一般设置托梁或桁架。图 5.6.1（a）中⑤⑦轴线存在中柱抽柱现象，⑤轴线阴影部分对应的是抽柱榀负载情况。

中间排架无抽柱标准榀计算简图如图 5.6.1（b）所示，当中柱为钢柱时，中柱与钢梁为刚接点，柱脚可根据需要选择铰接或固接。中间排架有抽柱榀计算简图如图 5.6.1（c）所示，托梁位置为竖向弹性支座。

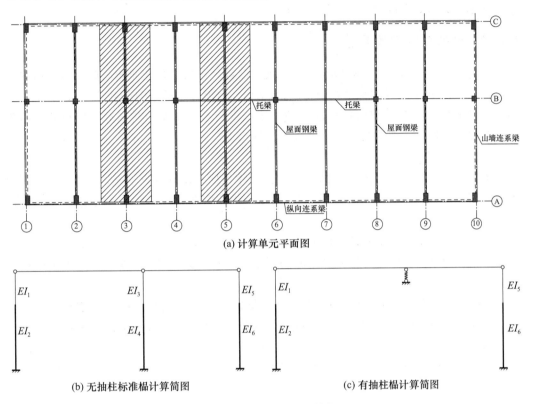

(a) 计算单元平面图

(b) 无抽柱标准榀计算简图   (c) 有抽柱榀计算简图

图 5.6.1　计算单元和计算简图

2. 基本假定和计算简图

计算单元选定之后，为了简化计算，还要根据厂房结构的实际构造和实践经验确定计算简图，对于钢筋混凝土排架结构，在确定其计算简图时可做如下假定。

（1）柱下端嵌固于基础顶面，上端与屋面梁或屋架铰接。屋面梁或屋架只能将屋面重力传给排架柱，同时将排架柱的水平剪力在横向排架柱间传递，上端不能传递弯矩。屋架或屋面梁两端与柱顶预理件螺栓连接，这种连接可以可靠地传递竖向轴力和水平剪力，通过合理设置螺栓，柱顶与屋架的连接可实现铰接。

（2）由于屋面梁或屋架的轴向变形远小于排架柱的弯曲变形，不考虑屋面梁或屋架的轴向变形。

目前屋架及横梁一般都为钢结构形式，这类构件在受力后长度变化很小，可忽略不计。因此，进行排架内力分析时可假定横梁是一根刚性连杆，不产生轴向变形，即横梁两端柱的侧移相等。但是，如横梁采用下弦刚度较小的组合式屋架或带拉杆的两铰拱、三铰拱屋架，由于它们的轴向变形较大，横梁两端柱顶侧移不相等，应考虑其轴向变形对内力和变形的影响，这种情况称为"跨变"。所以本假定实际上是指没有"跨变"的排架计算。

根据上述假定，可得横向排架的计算简图，如图 5.6.1 所示。图 5.6.1（b）表示无抽柱标准榀计算简图，图 5.6.1（c）表示有抽柱榀计算简图。柱的计算轴线取下柱的几何中心线，由于屋面梁简化为一根刚性连杆，跨度对内力计算结果无影响；当为变截面柱时，柱的轴线应为一折线，由于上下柱中心线未对齐，应在牛腿顶面附加一个由于上下柱未对齐偏心形成的偏心弯矩。

5.6.2　排架结构上的荷载

作用在排架结构上的荷载分为三类：永久荷载、可变荷载和偶然荷载。永久荷载主要包括屋盖自重 G_1、外围护墙自重 G_2、吊车梁与轨道连接件重力荷载 G_3、上柱自重 G_4 和下柱自重 G_5。可变荷载包括屋面活载、屋面雪荷载、屋面积灰荷载、风荷载、吊车荷载和温度作用等，偶然荷载包括爆炸力、撞击力等。

1. 永久荷载

永久荷载又称恒载，按结构构件的设计尺寸与材料密度计算确定。《建筑结构荷载规范》（GB 50009—2012）给出了常用材料重度表和构件的自重表，可供设计人员查找。

（1）屋盖自重 G_1。

屋盖自重包括计算单元范围内的屋面板、屋面构造层（保温层、防水层等）、天沟、天窗架、屋面钢梁、屋盖支撑系杆、屋面檩条、屋面拉条、隔撑以及与屋面钢梁连接的设备管道质量等。

新建厂房要求考虑安装太阳能光伏板，光伏板及其支架、设备等荷载可按恒载考虑。

计算单元范围内屋面钢梁通过连接板传递竖向集中力 G_1 至排架柱柱顶，其作用点位于锚栓处。G_1 对上柱截面几何中心存在偏心距 e_1，增加偏心弯矩 $M_1 = G_1 e_1$。对下柱截面几何中心存在偏心距 e_0，产生偏心弯矩 $M_1' = G_1 e_0$（图 5.6.2）。

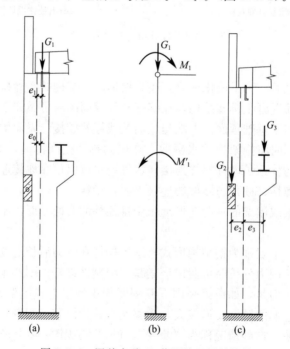

图 5.6.2　屋盖自重 G_1 作用位置及计算简图

（2）外围护墙自重 G_2。

厂房的外围护墙体一般对齐排架柱外侧，在排架柱高中部位置（4m 以内）设置纵向联系梁，计算单元范围内的墙体重力荷载以竖向集中力 G_2 通过纵向联系梁传递给排架柱。作用点通过联系梁的形心轴距排架下柱中心的距离为 e_2，产生偏心弯矩 $M_2 = G_2 e_2$（图 5.6.3）。

（3）吊车梁与轨道连接件重力荷载 G_3。

吊车梁的重力荷载可以通过吊车梁工具箱计算得到，轨道及连接件重力荷载可从吊车技术手册查得。G_3 的作用点取吊车梁的中心线位置。它对下柱截面几何中心的偏心距为 e_3，产生偏心弯矩 $M_3 = G_3 e_3$（图 5.6.3）。

（4）柱自重 G_4（G_5）。

上柱自重 G_4 和下柱自重 G_5 分别作用于各自截面的几何中心线上，其中 G_4 对下柱截面几何中心线有一偏心距 e_0，产生偏心弯矩 $M_4 = G_4 e_0$（图 5.6.4）。

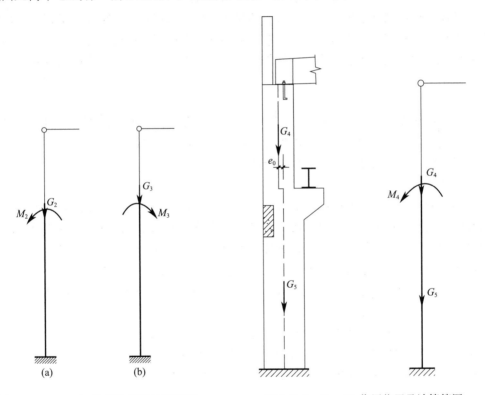

图 5.6.3　G_2，G_3 作用位置及计算简图　　　　图 5.6.4　G_4，G_5 作用位置及计算简图

2. 可变荷载

可变荷载包括屋面活载、屋面雪荷载、屋面积灰荷载、风荷载、吊车荷载和温度作用等。

（1）屋面活载。

单层厂房排架结构一般为不上人屋面，屋面水平投影面（水平方向的正投影）上屋面均布活载取 0.5kN/m^2。该荷载主要为施工、检修荷载，当施工和检修荷载较大时，应按实际情况采用。采用压型钢板轻型屋面时，对承受荷载水平投影面积大于 60m^2 的刚架构件，屋面竖向均布活载不小于 $0.3kN/m^2$。

（2）屋面雪荷载。

根据《建筑结构荷载规范》（GB 50009—2012），屋面水平投影面上的雪荷载标准值应按下式计算。

$$S_k = \mu_r S_0 \tag{5.6.1}$$

式中：S_0——基本雪压，基本雪压应根据空旷平坦地形条件下的降雪观测资料，采用适当的概率分布模型，按 50 年重现期进行计算。当采用轻型屋面时，对雪荷载敏感的结构，应按照 100 年重现期基本雪压进行计算；

μ_r——屋面积雪分布系数，屋面积雪分布系数应根据屋面形式确定（如高低屋面在低跨部位，积雪分布系数为 2.0，双跨双坡屋面当屋面倾角不大于 25°时，积雪分布系数仍为 1.0），并应同时考虑均匀分布和非均匀分布等各种可能的积雪分布情况。

注意屋面板和檩条按积雪不均匀分布的最不利情况采用；屋面梁按全跨积雪的均匀分布、不均匀分布和半跨积雪的均匀分布按最不利情况采用；排架柱可按全跨积雪的均匀分布情况采用。轻型屋盖结构，屋面均布活载不与雪荷载同时考虑，应取两者中的较大值。

（3）屋面积灰荷载。

冶金、铸造和水泥等行业的建筑要考虑屋面积灰荷载。影响屋面积灰荷载的因素很多，如清灰制度、风向和风速、屋面坡度和屋面挡风板设置情况等。积灰荷载应与雪荷载或不上人屋面均布活载两者中的较大值叠加考虑。

（4）风荷载。

排架结构计算单元范围内的风荷载产生垂直于墙面、屋面的风压力、风吸力，轻型屋面竖向重力荷载数值较小，屋面风压力对结构设计的影响很大；当厂房较高时，风荷载对排架的内力分析起控制作用。风荷载标准值的计算见第 1 章，单层厂房排架结构风荷载体型系数应按照《建筑结构荷载规范》（GB 50009—2012）中图表数据选取，同时应关注《工程结构通用规范》（GB 55001—2021）规定的对风荷载脉动的增大效应的影响。

在对单层厂房进行排架内力分析时，通常将作用在厂房上的风荷载做如下简化。

① 作用在排架柱顶以下墙面上的水平风荷载近似按均布荷载计算，如图 5.6.5 所示，柱顶以下墙面上的均布风荷载可按下列公式计算。

$$q_1 = w_{k1}B \tag{5.6.2}$$

$$q_2 = w_{k2}B \tag{5.6.3}$$

式中：　B——计算单元宽度；

w_{k1}，w_{k2}——墙面迎风面和背风面风荷载标准值。

② 作用在排架柱顶以上的风荷载集中力包含两个部分，其一为女儿墙高度范围内的风荷载，如图 5.6.5（c）所示；其二为屋面钢梁坡屋面的风荷载水平向分力，如图 5.6.5（d）所示。女儿墙高度范围内的风荷载按水平风荷载考虑，风压高度系数可取女儿墙顶标高；屋面钢梁坡屋面坡度一般为 5%～12%，仅考虑水平分力对排架柱的作

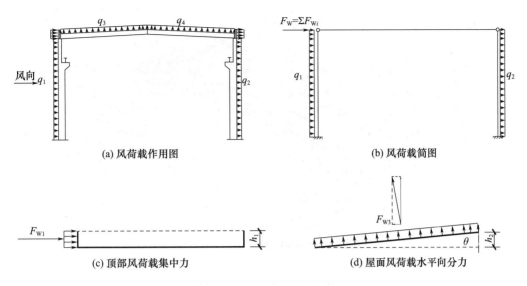

(a) 风荷载作用图　　　　　　　　　　　　(b) 风荷载简图

(c) 顶部风荷载集中力　　　　　　　　　(d) 屋面风荷载水平向分力

图 5.6.5　风荷载图

用，风压高度系数可取屋脊标高。柱顶以上的风荷载以水平集中荷载的形式作用于排架柱顶。对于图 5.6.5 所示的单层厂房排架结构，作用于柱顶的水平集中荷载 F_w 的计算如下。

$$F_w = \sum_{i=1}^{n} W_{ki}Bl\sin\theta = \left[(W_{k1}+W_{k2})h_1 + (\mp W_{k3} \pm W_{k4})h_2\right]B \qquad (5.6.4)$$

式中：l——屋面斜长。

进行排架结构内力分析时，考虑水平风荷载向右为正，向左为负。

计算风荷载对屋面钢梁的影响时，应分别按风压力、风吸力进行内力分析。

（5）吊车荷载。

单层厂房排架结构常用的吊车有单梁桥式起重机和双梁桥式起重机。根据利用等级和载荷状态，吊车共分为 8 个工作级别，其中 A1～A3 为轻级工作制，A4、A5 为中级工作制，A6、A7 为重级工作制，A8 为超重级工作制。吊车梁应验算疲劳强度，吊车工作制影响疲劳强度取值。

①吊车竖向荷载。

桥式吊车由大车（桥架）和小车组成，大车在吊车轨道上沿厂房纵向运行，小车在大车的轨道上沿厂房横向运行。当小车满载（吊有额定起重量）运行至大车一侧的极限位置时，小车所在一侧轮压将出现最大值 P_{max}，称为最大轮压，另一侧吊车轮压称为最小轮压 P_{min}，P_{max} 和 P_{min} 同时出现，如图 5.6.6 所示。

P_{max} 和 P_{min} 可从吊车制造厂家提供的吊车产品说明书中查得。对于常用规格吊车，表 5.6.1 列出了其基本参数和主要尺寸，显然，P_{max} 和 P_{min} 与吊车桥架质量 G、吊车的额定起重量 Q 及小车的重量 Q_1 三者的重力荷载之间满足下列平衡关系。

$$n(P_{max}+P_{min}) = G+Q+Q_1 \qquad (5.6.5)$$

式中：n——吊车每一侧的轮子数，每侧至少 2 个。

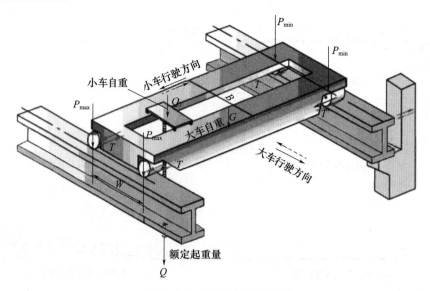

图 5.6.6　吊车荷载示意图

表 5.6.1　5～50/10t 起重机技术参数

起重量 Q (t)	工作级别	跨度 S (m)	起升高度 (m) 主钩	起升高度 (m) 副钩	运行速度 (m/min) 大车	运行速度 (m/min) 小车	基本尺寸 (mm) B	基本尺寸 (mm) W	基本尺寸 (mm) H₂	基本尺寸 (mm) b	质量 (t) 小车重	质量 (t) 总重	轮压 (kN) P_max	轮压 (kN) P_min
5	A5	10.5	16	18	89.1	42.5	5622	3850	2067	238	2.617	13.6	63.70	27.53
		13.5					5622	3850				15.1	68.60	29.99
		16.5										17.4	74.48	35.39
		19.5					5822	4100				19.4	80.36	39.32
		22.5					5822	4100				21.4	87.22	42.27
		25.5			91.3							25.2	96.04	52.09
		28.5					6722	5000				28.1	107.00	55.36
		31.5										30.9	115.64	60.45
	A6	10.5	16	18	116.9	42.5	3850	3850	2067	238	2.762	13.9	63.70	29.00
		13.5					3850	3850				15.3	68.60	30.97
		16.5										17.6	74.48	36.37
		19.5					4100	4100				19.6	80.36	40.30
		22.5					4100	4100				21.7	87.22	43.74
		25.5			118.1							25.6	96.04	54.05
		28.5					5000	5000				28.4	107.00	56.83
		31.5										31.2	115.64	61.92

续表

起重量 Q (t)	工作级别	跨度 S (m)	起升高度 (m) 主钩	副钩	运行速度 (m/min) 大车	小车	基本尺寸 (mm) B	W	H_2	b	质量 (t) 小车重	总重	轮压 (kN) P_{max}	P_{min}
10	A5	10.5	16	18	89.1	40.1	5922	4000	2239	238	4.084	15.7	100.94	25.12
		13.5										17.5	106.82	28.07
		16.5										19.4	109.76	34.45
		19.5			91.3			4100				21.7	117.60	37.89
		22.5										23.9	127.40	38.88
		25.5			93.0		6922	5000		273		28.7	137.20	52.62
		28.5										31.6	147.00	57.05
		31.5										34.6	158.76	60.00
	A6	10.5	16	18	118.1	40.1	5922	4000	2239	238	4.234	16.1	100.94	27.08
		13.5										17.9	106.82	30.03
		16.5										19.9	109.76	36.90
		19.5						4100				22.1	117.60	39.85
		22.5										24.3	127.40	40.84
		25.5			116.9		6922	5000		273		29.3	137.20	55.57
		28.5										32.2	147.00	59.99
		31.5										35.2	158.76	62.95
16/3.2	A5	10.5	16	18	92.0	40.1	5922	4000	2336	273	6.765	20.4	142.10	36.44
		13.5										22.7	152.88	36.94
		16.5										24.0	156.80	39.40
		19.5			83.0		6322	4400				27.0	172.48	38.44
		22.5										29.4	183.26	39.43
		25.5								283		33.6	195.02	48.27
		28.5			83.9		6922	5000				36.7	205.80	52.69
		31.5										39.8	215.60	58.10
	A6	10.5	16	18	116.9	40.1	5922	4000	2336	273	6.987	21.2	142.10	40.37
		13.5										23.5	152.88	40.87
		16.5										25.1	156.80	44.80
		19.5					6322	4400				27.6	172.48	41.38
		22.5										30.6	183.26	45.31
		25.5			105.4					283		34.7	195.02	53.66
		28.5					6922	5000				37.8	205.80	58.09
		31.5										40.9	215.60	63.49

续表

起重量 Q (t)	工作级别	跨度 S (m)	起升高度 (m) 主钩	副钩	运行速度 (m/min) 大车	小车	基本尺寸 (mm) B	W	H₂	b	质量 (t) 小车重	总重	轮压 (kN) P_{max}	P_{min}
		10.5					5972	4000		273		21.5	166.60	36.96
		13.5			93.0							23.8	176.40	38.44
		16.5										25.9	191.10	34.04
	A5	19.5	12	14	40.1		6322	4400	2340		7.427	29.6	202.86	40.43
		22.5										32.0	211.68	43.38
		25.5			83.9					283		37.0	224.42	55.17
		28.5					6922	5000				39.8	236.18	57.14
20/5		31.5										43.2	246.96	63.04
		10.5					5972	4000		273		22.5	166.60	41.86
		13.5			116.9							24.8	176.40	43.34
		16.5										27.1	191.10	39.93
	A6	19.5	12	14	40.1		6322	4400	2340		7.786	30.3	202.86	43.86
		22.5										32.7	211.68	46.81
		25.5			105.4					283		37.7	224.42	58.60
		28.5					6922	5000				40.5	236.18	60.57
		31.5										43.9	246.96	66.47
		10.5					6562	4600	2542	283		27.8	225.40	67.92
		13.5			83.9				2546			31.1	245.98	63.53
		16.5										33.5	255.78	65.50
	A5	19.5	16	18	75.0	37.1	6622	4800			12.012	39.9	271.46	81.21
		22.5										42.4	281.26	83.67
		25.5							2671	318		47.0	295.96	91.54
		28.5			75.4		6642	5000				50.5	305.76	98.90
32/8		31.5										54.1	319.48	102.8
		10.5					6562	4600	2542	283		28.7	225.40	72.33
		13.5			105.4				2546			32.0	245.98	67.94
		16.5										34.2	255.78	68.93
	A6	19.5	16	18	95.0	37.1	6622	4800			12.466	40.8	271.46	85.62
		22.5										43.3	281.26	88.09
		25.5							2671	318		48.0	295.96	96.44
		28.5			96.7		6642	5000				51.5	305.76	103.8
		31.5										55.1	319.48	107.7

起重量 Q (t)	工作级别	跨度 S (m)	起升高度 (m)		运行速度 (m/min)		基本尺寸 (mm)				质量 (t)		轮压 (kN)	
			主钩	副钩	大车	小车	B	W	H_2	b	小车重	总重	P_{max}	P_{min}
50/10	A5	10.5	12	14	75.4	36.9	6622	4700	2891	318	15.763	36.2	336.14	86.67
		13.5					6622	4700	2893			39.3	355.74	82.28
		16.5							2895			42.6	375.34	78.86
		19.5					6662	4800				47.0	396.90	78.89
		22.5					6662	4800				51.2	406.70	89.69
		25.5							2899			57.3	426.30	100.0
		28.5			76.8		6622	5000				61.9	437.10	111.30
		31.5										65.4	453.70	111.80
	A6	10.5	12	14	96.7	36.9	6622	4700	2891	318	16.554	37.3	336.14	92.07
		13.5					6622	4700	2893			40.3	355.74	87.67
		16.5							2895			43.7	375.34	84.26
		19.5					6662	4800				48.1	396.90	84.28
		22.5					6662	4800				52.4	406.70	95.57
		25.5							2899			60.8	426.30	117.10
		28.5			96.9		6622	5000				65.4	437.10	128.50
		31.5										68.9	453.70	129.00

注：1. 资料来源为北京起重运输机械设计研究院有限公司。

2. H_2 为轨顶以上高度。

3. b 为轨道中心至端部（排架方向）的距离。

当吊车额定起重量较大时，常在小车上设置主副钩以方便使用，如 20t/5t 起重机是指主钩的额定起重量为 20t，副钩的额定起重量为 5t。

吊车轮压 P_{max} 和 P_{min} 直接作用在吊车梁上的轨道上，计算横向排架时，吊车竖向荷载 D_{max} 和 D_{min} 由 P_{max} 和 P_{min} 计算得到，D_{max} 和 D_{min} 大小与厂房内的吊车台数和吊车作用位置有关。厂房中同一跨内可能有多台吊车，根据厂房纵向柱距大小和横向跨数、各吊车同时集聚在同一柱距范围内并满载的可能性，《建筑结构荷载规范》（GB 50009—2012）规定：计算排架考虑多台吊车竖向荷载时，对单层吊车的单跨厂房的每个排架，参与组合的吊车台数不宜多于 2 台；对单层吊车的多跨厂房的每个排架，不宜多于 4 台。因此，作用在单个排架上的吊车竖向荷载，是由参与组合的数台吊车通过吊车梁传给柱的支座反力。

由于吊车荷载是移动荷载，因此需要用影响线原理求吊车梁的最大支座反力，即吊车竖向荷载 D_{max} 和 D_{min}。最大支座反力为两台吊车挨紧并行，其中一台的最大轮压 P_{max} 正好位于计算排架柱轴线处时的反力，如图 5.6.7（a）所示，D_{max} 和 D_{min} 的标准值按式（5.6.6）和式（5.6.7）计算。

$$D_{max} = \sum P_{max} y_i \tag{5.6.6}$$

$$D_{min} = \sum P_{min} y_i \tag{5.6.7}$$

式中：P_{max} 和 P_{min}——第 i 台吊车的最大轮压和最小轮压；

y_i——与吊车轮压相对应的支座反力影响线的竖向坐标值，其中 $y_1=1$，吊车梁简支于牛腿上，依据车轮位置可计算出其他支座反力影响线的竖向坐标值。

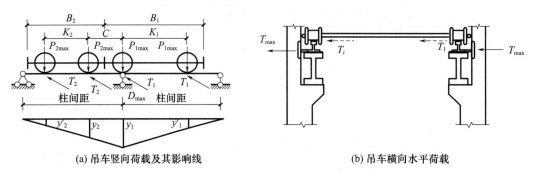

(a) 吊车竖向荷载及其影响线   (b) 吊车横向水平荷载

图 5.6.7　吊车荷载

吊车竖向荷载 D_{max} 和 D_{min} 作用在吊车梁底部，即分别作用在同一跨两侧排架柱的牛腿顶面，作用点位置和吊车梁和轨道连接件重力荷载 G_3 相同，距下柱截面形心的偏心距为 e_3。

②吊车横向水平荷载。

桥式吊车的小车起吊重物后在启动或制动时将产生惯性力，其值为 $\alpha(Q+Q_1)g$（其中 α 为横向水平制动力系数，Q 为吊车的额定起重量，Q_1 为小车的质量，g 为重力加速度）。此力通过小车制动轮与钢轨间的摩擦传给大车，通过大车再传到吊车梁的轨道，通过吊车梁顶部与排架柱的连接板传给排架结构的上柱，位置为排架上柱的吊车梁面标高处，简图如图 5.6.7（b）所示。

由于大车轴向刚度足够大，大车两侧吊车梁平面外受弯刚度相同，忽略大车两侧排架柱刚度的差异，认为横向水平制动力在两边轨道上均匀分配，即每边轨道上的横向水平制动力为 $\frac{1}{2}\alpha(Q+Q_1)g$。通常额定起重量 Q 不大于 50t 的桥式吊车，其大车总轮数为 4，即每侧 2 个车轮。每个轮子作用在轨道上的横向水平制动力 T 为

$$T=\frac{1}{4}\alpha(Q+Q_1)g \tag{5.6.8}$$

式（5.6.8）中 α 为横向水平制动力系数。按下列规定取值：对于软钩吊车（指吊重通过钢丝绳传给小车的常见吊车），横向水平制动系数随货物重量的增大而减小，当额定起重量 $Q\leqslant10t$ 时，$\alpha=0.12$；当额定起重量为 $16t<Q<50t$ 时，$\alpha=0.1$；当额定起重量为 $Q\geqslant75t$ 时，$\alpha=0.08$；硬钩吊车（指吊重通过刚性结构，如夹钳、料耙等传给小车的特种吊车），横向水平制动系数可比软钩吊车稍大，统一取 0.20。

由于吊车是移动的，吊车对排架产生的最大横向荷载应根据影响线确定。吊车对排架产生的最大横向水平荷载标准值 T_{max} 时的吊车位置与产生 D_{max} 和 D_{min} 时相同，按式（5.6.9）计算。

$$T_{max}=\sum Ty_i \tag{5.6.9}$$

③吊车纵向水平荷载。

吊车纵向水平荷载是由大车在沿厂房纵向启动或制动时，由大车自重、小车自重和吊重的惯性力在纵向所产生的纵向水平力。它通过吊车两端的制动轮与吊车轨道的摩擦力，由吊车梁传给纵向柱列和柱间支撑。

《建筑结构荷载规范》（GB 50009—2012）规定：吊车纵向水平荷载标准值，应按作用在一边轨道上所有刹车轮的最大轮压之和的 10% 采用；该项荷载的作用点位于刹车轮与轨道的接触点，其方向与轨道方向一致。考虑多台吊车水平荷载时，对单跨或多跨厂房的每个排架，参与组合的吊车台数不应多于 2 台。

一般吊车在一边轨道上的刹车轮只有 1 个，吊车纵向水平荷载设计值为 $0.1P_{max}$，当厂房纵向有柱间支撑时，大部分吊车纵向水平荷载由柱间支撑组成的支撑桁架传给基础；当厂房纵向无柱间支撑时，全部吊车纵向水平荷载由同一伸缩缝区段内的全部排架柱承受。

多台吊车同时满载并出现 D_{max} 和 D_{min} 的概率不大，同时出现 T_{max} 的概率也不大，《建筑结构荷载规范》（GB 50009—2012）规定：计算排架时，多台吊车的竖向荷载和水平荷载的标准值，应乘以表 5.6.2 中的折减系数。折减系数与吊车工作级别及吊车台数有关，工作级别低的吊车，其满载的概率比工作级别高的吊车的满载概率要小些，故折减幅度更大；4 台吊车同时出现 T_{max} 或 D_{max} 和 D_{min} 的概率要比 2 台或 3 台吊车小些，因此应折减多些。

表 5.6.2 多台吊车的荷载折减系数

参与组合的吊车台数（台）	吊车工作级别	
	A1~A5	A6~A8
2	0.90	0.95
3	0.85	0.90
4	0.80	0.85

5.6.3 排架内力分析

排架内力分析就是求得在各种荷载作用下排架柱各截面的轴力、剪力和弯矩。柱顶标高相同的排架，称为等高排架。柱顶标高不相同的排架，称为不等高排架，本章仅介绍等高排架的内力分析。工程中所有平面排架都可以利用有限元法计算，对于等高排架可以用剪力分配法手算。

剪力分配法关键在于求得各柱柱顶的水平剪力，求得各柱柱顶的水平剪力后，超静定问题即可转换为静定问题。与框架结构不同的是，排架结构是单层的，并且上柱、下柱截面不相同。

由结构力学可知，当单位水平力作用在排架柱顶时 [图 5.6.8（a）]，柱顶水平位移为

$$\Delta u = \frac{H^3}{C_0 E I_l} \qquad (5.6.10)$$

其中，$C_0 = \dfrac{3}{1 + \lambda^3 \left(\dfrac{1}{n} - 1 \right)}$，$\lambda = \dfrac{H_u}{H}$，$n = \dfrac{I_u}{I_l}$

式中：H_u 和 H——分别为上柱高和柱总高；

I_u 和 I_l——分别为上柱、下柱的截面惯性矩。

从式（5.6.10）可知，下柱抗弯刚度越大，单位水平力产生的位移越小；柱总高度越大，单位水平力产生的位移越大；还可看出上柱抗弯刚

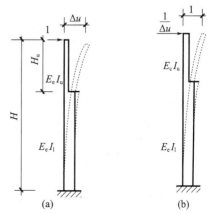

图 5.6.8 单阶悬臂柱的刚度

度越大、上柱越短，柱的整体抗弯刚度越大，单位水平力产生的位移越小。当 $I_u = I_l$ 时，Δu 即为等截面悬臂柱在单位水平力作用下产生的水平位移 $H^3 / (3EI)$，EI 为弯曲刚度，主要由杆件的弯曲变形决定。

要使柱顶产生单位水平位移，则需在柱顶施加 $1/\Delta u$ 的水平力，如图 5.6.8（b）所示。$1/\Delta u$ 反映了柱抵抗侧移的能力，称为"抗侧刚度"，记作 D_0，也有教材将 D_0 称为剪切刚度。

1. 柱顶作用有水平集中力时的剪力分配

当柱顶作用有水平集中力 F 时（图 5.6.9），设有 n 根柱，任一根柱的抗侧刚度 $D_{0i} = 1/\Delta u_i$，该柱的柱顶位移为 u_i，则该柱分担的柱顶剪力 V_i 为

$$V_i = D_{0i} u_i \tag{5.6.11}$$

由于轴向变形远小于弯曲变形，有 $u_1 = \cdots = u_i = \cdots = u_n = u$。按力的平衡条件，有

$$F = \sum V_i = \sum D_{0i} u_i = u \sum D_{0i} \tag{5.6.12}$$

任意柱分得的剪力为

$$V_i = \frac{D_{0i}}{\sum D_{0i}} F = \eta_i F \tag{5.6.13}$$

式中

$$\eta_i = \frac{D_{0i}}{\sum D_{0i}}$$

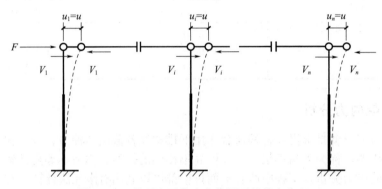

图 5.6.9　柱顶水平集中力作用下的剪力分配

式中 η_i 称为柱 i 的剪力分配系数，它等于柱 i 自身的抗侧刚度与所有柱的抗侧刚度的比值。可见，在等高排架中，柱顶水平力是按排架柱抗侧刚度来分配的，抗侧刚度大的排架柱分到的力多些，反之则少些。除了排架柱刚度的计算方法与框架不同以外，水平剪力的分配方式与框架完全相同。

2. 任意荷载作用时的剪力分配

当排架上有任意荷载作用时［图 5.6.10（a）］，为了能利用上述剪力分配系数进行计算，可以把计算过程分为三个步骤。

（1）先在排架柱顶施加不动铰支座以阻止水平位移，可以将 $n-1$ 次超静定问题转换为 n 个 1 次超静定问题，如图 5.6.9（b）所示，利用表 5.6.3 求出各种常用荷载作用下的支座水平反力 R_i。

（2）计算出排架柱顶总的不平衡水平力 $R = R_1 + \cdots + R_i + \cdots + R_n$，在图 5.6.10（b）中，$R_2$ 和 R_3 为 0，$R = R_1 + R_4$。撤销附加的不动铰支座，将不平衡水平力 R 反向施加于柱顶［图 5.6.10（c）］，应用剪力分配法可求出柱顶水平力 R 作用下各水平剪力 $\eta_i R$。

（3）将所有柱的支座水平反力 R_i 与柱顶分担的水平剪力 $\eta_i R$ 矢量相加，即为该柱

的柱顶水平力 $R_i + \eta_i R$，按静定结构计算各柱的内力。

R_i 为柱顶水平位移为 0 时其他柱为柱 i 形成支撑作用提供的支撑力，反向施加的 R_i 为柱 i 施加给其他柱的柱顶作用力，$\eta_i R$ 为柱 i 分担的不平衡水平力，R_i 与 $\eta_i R$ 的矢量和为其他柱实际给柱 i 提供的支撑力。R_i 按柱顶位移为 0 计算，使传向柱顶的水平力偏大，会使计算结果偏离实际值。

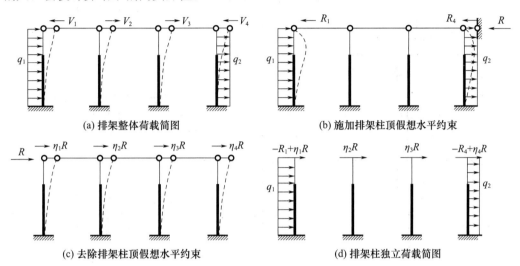

(a) 排架整体荷载简图　　　　　　　(b) 施加排架柱顶假想水平约束

(c) 去除排架柱顶假想水平约束　　　　(d) 排架柱独立荷载简图

图 5.6.10　任意荷载作用下等高排架内力分析

表 5.6.3　单阶变截面柱的柱顶位移系数 C_0 和反力系数（$C_1 - C_{11}$）

序号	简图	反力 R	位移系数 C_0 和反力系数（$C_1 - C_{11}$）
0			$\delta = \dfrac{H^3}{C_0 E I_l} \quad C_0 = \dfrac{3}{1+\lambda^3\left(\dfrac{1}{n}-1\right)}$
1		MC_1/H	$C_1 = \dfrac{3}{2}\dfrac{1-\lambda^2\left(1-\dfrac{1}{n}\right)}{1+\lambda^3\left(\dfrac{1}{n}-1\right)}$
2		MC_2/H	$C_2 = \dfrac{3}{2}\dfrac{1-\lambda^2\left(\dfrac{1-a^2}{n}-1\right)}{1+\lambda^3\left(\dfrac{1}{n}-1\right)}$

序号	简图	反力 R	位移系数 C_0 和反力系数（$C_1 - C_{11}$）
3		MC_3/H	$C_3 = \dfrac{3}{2}\dfrac{1-\lambda^2}{1+\lambda^3\left(\dfrac{1}{n}-1\right)}$
4		MC_4/H	$C_4 = \dfrac{3}{2}\dfrac{2b(1-\lambda)-b^2(1-\lambda)^2}{1+\lambda^3\left(\dfrac{1}{n}-1\right)}$
5		TC_5	$C_5 = \dfrac{1}{2}\dfrac{2-3a\lambda+\lambda^3\cdot\left[\dfrac{(2+a)(1-a)^2}{n}-(2-3a)\right]}{1+\lambda^3\left(\dfrac{1}{n}-1\right)}$
6		TC_6	$C_6 = \dfrac{1-0.5\lambda(3-\lambda^2)}{1+\lambda^3\left(\dfrac{1}{n}-1\right)}$
7		TC_7	$C_7 = \dfrac{1}{2}\dfrac{b^2(1-\lambda)^2\left[3-b(1-\lambda)\right]}{1+\lambda^3\left(\dfrac{1}{n}-1\right)}$
8		qHC_8	$C_8 = \dfrac{1}{8}\dfrac{\dfrac{a^4}{n}\lambda^4-\left(\dfrac{1}{n}-1\right)(6a-8)a\lambda^4-a\lambda(6a\lambda-8)}{1+\lambda^3\left(\dfrac{1}{n}-1\right)}$
9		qHC_9	$C_9 = \dfrac{1}{8}\dfrac{8\lambda-6\lambda^2+\lambda^4\left(\dfrac{3}{n}-2\right)}{1+\lambda^3\left(\dfrac{1}{n}-1\right)}$

序号	简图	反力 R	位移系数 C_0 和反力系数（C_1-C_{11}）
10		qHC_{10}	$C_{10} = \dfrac{1}{8} \dfrac{3 - b^3(1-\lambda)^3\left[4 - b(1-\lambda)\right] + 3\lambda^4\left(\dfrac{1}{n}-1\right)}{1 + \lambda^3\left(\dfrac{1}{n}-1\right)}$
11		qHC_{11}	$C_{11} = \dfrac{3}{8} \dfrac{1 + \lambda^4\left(\dfrac{1}{n}-1\right)}{1 + \lambda^3\left(\dfrac{1}{n}-1\right)}$

注：表中 $n = I_u/I_1$，$\lambda = H_u/H$，$1-\lambda = H_1/H$。

5.6.4 内力组合

柱内力组合就是根据各种荷载可能同时出现的情况，求出在某些荷载共同作用下，柱控制截面可能产生的最不利内力，作为柱和基础承载力设计的依据。因此，进行内力组合时需要确定柱的控制截面和相应的最不利内力，并进行荷载效应组合，内力组合的原则详见第 3 章。

在荷载作用下，柱的内力是沿长度变化的，设计时应根据内力图和截面的变化情况，选取几个控制截面进行内力的最不利组合，以此作为配筋计算的依据。在一般的单阶柱中，整个上柱截面的配筋相同，整个下柱截面的配筋也相同，故应分别找出上柱和下柱的控制截面。

柱顶铰接，排架上柱底部截面Ⅰ-Ⅰ的弯矩比其他截面大，故通常取上柱底作为上柱的控制截面。

对排架下柱来说，在吊车竖向荷载作用下，一般在牛腿面处的弯矩最大；在风荷载和吊车横向水平荷载作用下，柱底面的弯矩最大。因此，对排架下柱通常取牛腿面（Ⅱ-Ⅱ截面）和柱底（Ⅲ-Ⅲ截面）这两个截面作为控制截面，控制截面的选取如图 5.6.11 所示。当排架柱上作用有较大的集中荷载（如悬墙质量等）时，可根据其内力大小加选集中荷载作用处的截面作为控制截面。

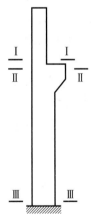

图 5.6.11 单阶排架柱的控制截面

第6章

框架结构设计样例

6.1 建筑概况

某多层办公楼，建筑层数为 4 层，第四层局部上人平屋面，主屋面为不上人平屋面。层高均为 3300mm，室内外高差为 300mm，主要房间为办公室、会议室等。

主体部分耐火等级为二级，屋面环境类别为二 a 类。

上人屋面建筑做法从上至下依次为：①40mm 厚 C20 细石混凝土，表面抹平压光；②65mm 厚难燃型挤塑聚苯板（B1 级），该层为保温隔热层；③3mm 厚自粘高聚物改性沥青防水卷材；④20mm 厚 1：2 水泥砂浆找平层；⑤轻骨料混凝土找坡层，坡度为3%，最薄处 30mm 厚；⑥钢筋混凝土屋面板；⑦20mm 厚顶棚抹灰。

楼面建筑做法从上至下依次为：①10mm 厚防滑地砖铺实拍平（水泥浆擦缝或 1：1水泥砂浆填缝）；②20mm 厚 1：3 干硬水泥砂浆结合层；③20mm 厚 1：3 水泥砂浆找平层；④钢筋混凝土楼板；⑤20mm 厚顶棚抹灰。

外墙建筑做法从外到内依次为：①喷涂两遍真石漆；②15mm 厚 1：3 水泥砂浆；③5mm 厚干粉类聚合物水泥防水砂浆；④200mm 厚烧结页岩多孔砖砌筑；⑤50mm 厚热固复合聚苯乙烯泡沫保温板；⑥20mm 厚水泥砂浆内粉刷。

内墙为 200mm 厚蒸压加气混凝土砌块砌筑，双面 20mm 厚水泥砂浆粉刷。

采用符合节能要求的断热铝合金单框普通中空玻璃（6 中透光 Low-E＋12 空气＋6透明）系列门窗。

结构体系采用钢筋混凝土框架结构，梁、板、柱均采用现浇方式。

地面粗糙度类别为 B 类，基本风压为 0.35kN/m²，基本雪压为 0.45kN/m²。设计工作年限为 50 年，结构安全等级为二级。无抗震设防要求。

第一层建筑平面图与框架计算无关，二、三层建筑平面图如图 6.1.1 所示，四层建筑平面图如图 6.1.2 所示，Ⓐ～Ⓑ轴屋面为不上人平屋面。民用建筑的轴线由建筑设计确定，一般为墙中心线，建筑平面图的柱只表示位置和偏心方向，柱尺寸由结构设计确定。

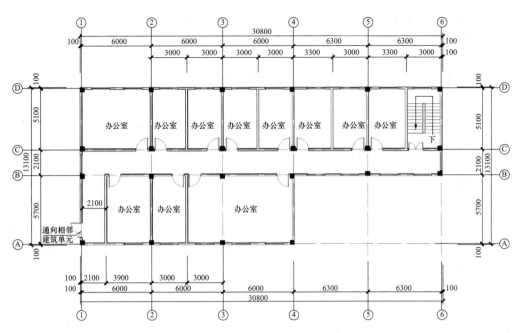

图 6.1.1　二、三层建筑平面图（单位：mm）

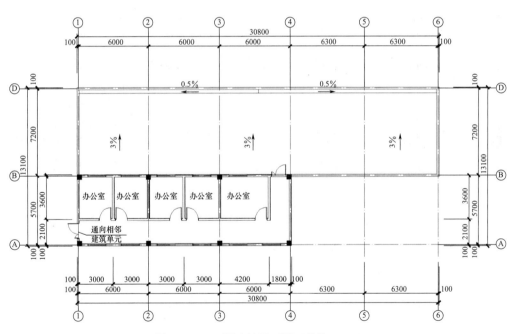

图 6.1.2　四层建筑平面图（单位：mm）

6.2　结构设计参数

根据《建筑结构可靠性设计统一标准》（GB 50068—2018）的规定，恒载分项系数为 1.3，活载分项系数为 1.5。

梁和板必须采用相同的混凝土强度等级，混凝土强度等级取 C25，$f_c=11.9\mathrm{N/mm^2}$，$f_t=1.27\mathrm{N/mm^2}$；柱混凝土强度等级取 C30，$f_c=14.3\mathrm{N/mm^2}$，$f_t=1.43\mathrm{N/mm^2}$。

6.3 结构平面布置

柱的布置应均匀、分散，同时应尽可能减小对建筑使用的影响。柱应在双向均有梁连接，柱的布置应使主要的框架梁内力较为均匀，还要使非框架梁传力路径简洁。柱的位置和偏心须与建筑设计共同确定，除非建筑设计需要，否则柱的偏心应能保证外墙、走道的平整。

梁的布置应考虑隔墙的影响，隔墙荷载较大或隔墙较长时，原则上应在隔墙下布置框架梁或非框架梁；对于较大的房间，需要用梁将大房间的板分割为合适的跨度，以减小板的内力和变形，并使板的设计更为经济；将梁的密度布置得过大，也会带来施工的不便和工程总造价的增加，还会影响房间顶棚的美观。

梁的受力主要与梁所在层的楼板和隔墙有关，为了下层房间顶棚的美观，须适当考虑下层的房间布置，二、三层结构平面布置图如图 6.3.1 所示，四层结构平面布置图如图 6.3.2 所示，屋面层结构平面布置图如图 6.3.3 所示。

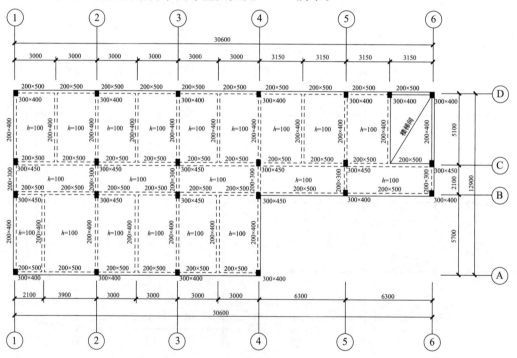

图 6.3.1 二、三层结构平面布置图（单位：mm）

《高层建筑混凝土结构技术规程》（JGJ 3—2010）第 6.3.1 条规定：框架结构的主梁截面高度可按计算跨度的 1/18～1/10 确定；梁净跨与截面高度之比不宜小于 4。梁的截面宽度不宜小于截面高度的 1/4，也不宜小于 200mm。条文解释中说明，高跨比 1/10 适用于荷载较大的情况，当设计人确有可靠依据且工程上有需要时，梁的高跨比也可小于 1/18。

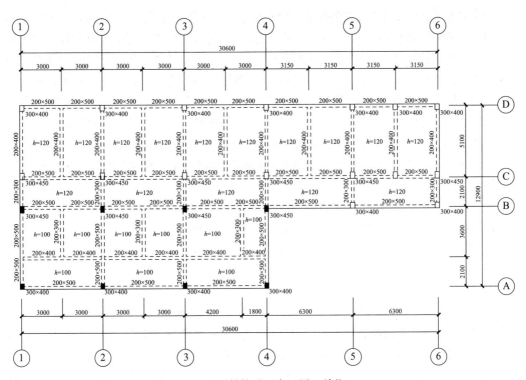

图 6.3.2 四层结构平面布置图（单位：mm）

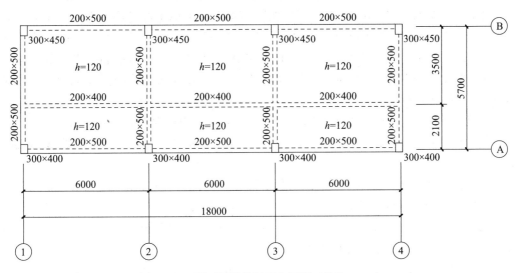

图 6.3.3 屋面层结构平面布置图（单位：mm）

上述规定仅适用于高层建筑混凝土结构的主梁（框架梁），由于《混凝土结构设计规范》（GB 50010—2010）（2024 年版）没有相应的规定，只能借鉴上述规定。

其他条件不变时，梁高加大一倍，梁的受弯承载力加大一倍有余；若梁宽加大一倍，则梁的受弯承载力增大很少；从经济的角度看，宽高比不应太大。很小的宽高比虽然能带来梁设计的经济性，但会出现梁的平面外失稳，故一般梁的宽高比取 $1/4 \sim 1/2$，对于高度很小的梁，受最小梁宽的影响，可不考虑经济性问题。

确定梁的截面尺寸首先要做的是确定梁的高度，梁的高度由梁的内力决定，影响梁内力大小的有水平荷载和竖向荷载。竖向荷载产生的内力大小主要与荷载值、荷载作用位置、梁的跨度、支座（柱、剪力墙）刚度、相邻跨受力等有关。若梁处于顶层，竖向构件对梁的支撑变弱，会使顶层梁的支座（尤其是边支座）弯矩变小，跨中弯矩变大。水平荷载产生的内力大小除了与荷载大小有关外，还与梁所处楼层有关，较低的楼层框架梁的内力更大，跨度小的梁比跨度大的梁内力大，非框架梁、悬挑梁的内力不受水平荷载的影响。

考虑到该办公楼风荷载较小、非抗震，梁内力主要受竖向荷载的影响，手算无法准确考虑竖向荷载作用位置、支座刚度和连续情况等影响，仅能通过梁的跨度来估算梁的截面高度。

AB 跨：$h=(1/18\sim1/10)\times5700mm=317\sim570mm$

BC 跨：$h=(1/18\sim1/10)\times2100mm=117\sim210mm$

CD 跨：$h=(1/18\sim1/10)\times5100mm=284\sim510mm$

纵梁：$h_1=(1/18\sim1/10)\times6000mm=334\sim600mm$，$h_2=(1/18\sim1/10)\times6300mm=350\sim630mm$

AB 跨和 CD 跨框架梁高可取 400mm，考虑到隔墙厚度为 200mm，梁宽大于 200mm 会影响房间美观度，梁宽小于 200mm 会使梁的侧面粉刷加厚，同时考虑宽高比，合适的梁宽是 200mm；AB、CD 跨截面尺寸取 200mm×400mm。

BC 跨的梁高除了受该跨的跨度和荷载影响以外，还受相邻跨梁支座弯矩的影响，合适的梁高应经结构试算确定，梁在Ⓑ轴处支座弯矩受柱的影响，在 AB 跨的支座弯矩会大于在 BC 跨的支座弯矩，BC 跨梁的跨中弯矩可能出现正弯矩或负弯矩，无论为何种情况，BC 跨梁的跨中弯矩绝对值均小于支座弯矩绝对值，用 BC 跨的跨度估算梁高没有意义，考虑到走道净空尽可能大，该跨梁高可取 300mm。考虑到梁支座负弯矩钢筋在 BC 跨须部分贯通，梁宽须与 AB、CD 跨一致，不能考虑梁的经济宽高比，梁宽取 200mm，BC 跨截面尺寸取 200mm×300mm。

纵梁须支撑 AB、CD 跨的梁，梁高不应小于 400mm，纵梁截面尺寸取 200mm×500mm。

楼面板厚 $h=100mm$，屋面板考虑屋面防水要求不应小于 120mm，因此取屋面板厚 $h=120mm$。

柱截面尺寸只能根据估算的轴力按轴心受压构件计算，再乘以放大系数 1.2 以考虑弯矩的影响。依据工程经验，一层的重力荷载可近似取 $12kN/m^2$，竖向荷载综合分项系数近似取 1.35，由图 6.3.1 可知边柱和中柱的负载面积分别为 6.00m×2.85m 和 6.00m×3.90m，即边柱截面面积为

$$A_c=\frac{1.2N}{f_c}=\frac{1.2\times(1.35\times12kN/m^2\times6.00m\times2.85m\times4)\times10^3}{14.3N/mm^2}=92986mm^2$$

《高层建筑混凝土结构技术规程》（JGJ 3—2010）第 6.4.1 条规定，矩形截面柱的边长，非抗震设计时不宜小于 250mm。由于多层没有相关规定，借用该规定，取柱宽为 300mm，则柱高为 310mm，按建筑模数取 400mm，边柱截面尺寸为 300mm×400mm，实际面积 $A_c=120000mm^2$。

需要注意的是，实际结构为空间框架，柱的受力为双向偏心受压，柱的截面宽度取值受另一方向弯矩的影响，手算一榀平面框架时仅能算出一个方向的弯矩，柱的宽度取

值在实际工程中可能并不合理。

中柱截面面积为

$$A_c = \frac{1.2N}{f_c} = \frac{1.2 \times (1.35 \times 12\text{kN/m}^2 \times 6.00\text{m} \times 3.90\text{m} \times 4) \times 10^3}{14.3\text{N/mm}^2} = 127244\text{mm}^2$$

中柱截面尺寸取 $300\text{mm} \times 450\text{mm}$，实际截面面积 $A_c = 135000\text{mm}^2$。

当两个方向的偏心弯矩接近或接近轴心受压时，柱截面适合于采用正方形截面，两个方向的配筋可以发挥出更好的受力效能或两个方向的轴心受压承载力一致，这时正方形截面的经济性要好于矩形截面。当一个方向的偏心弯矩显著大于另一个方向或为单向偏心受压时，采用矩形截面柱，将矩形截面的长边朝向较大的偏心弯矩方向有利于增大主受力筋的内力臂，使偏心受压能力得到有效提升。

6.4 结构简图

6.4.1 结构计算简图

取 3 轴平面框架进行手算分析，其结构计算简图如图 6.4.1 所示。

AB 跨 4 层有较大集中力，截面高度增大为 500mm；AB 跨屋面也有集中力，而且为单跨梁，截面高度也增大为 500mm。

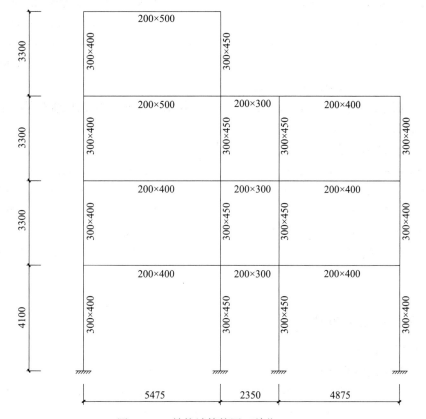

图 6.4.1 结构计算简图（单位：mm）

上部楼层柱的计算高度均取至梁面标高处，则第二～第四层柱计算高度均为 3300mm，第一层柱的计算高度为基础顶面至第二层梁顶间高差，即第一层层高＋室内外高差＋基础顶面埋深。基础的埋深应综合考虑建筑高度、水平荷载大小、结构形式、基础形式、地下水位、冻土深度和持力层位置等因素确定，基础埋深自室外地面算起，本例基础顶面埋深取 500mm，室内外高差为 300mm，即第一层柱计算高度为 4100mm。

框架计算跨度为柱中线距离，AB 跨的跨度为 5700mm－100mm－125mm＝5475mm，BC 跨的跨度为 2100mm＋125mm×2＝2350mm，CD 跨的跨度为 5100mm－125mm－100mm＝4875mm。

6.4.2 楼（屋）面恒载标准值

1. 屋面恒载标准值

（1）上人屋面恒载标准值。

40mm 厚 C20 细石混凝土，表面抹平压光	$24kN/m^3×0.04m＝0.96kN/m^2$
65mm 厚难燃型挤塑聚苯板（B1 级）	$0.3kN/m^3×0.065m＝0.0195kN/m^2$
3mm 厚自粘高聚物改性沥青防水卷材	$11kN/m^3×0.003m＝0.033kN/m^2$
20mm 厚 1:2 水泥砂浆找平层	$20kN/m^3×0.02m＝0.40kN/m^2$
轻骨料混凝土找 3‰坡，最薄处 30mm 厚	
	$14kN/m^3×（7.20×3‰÷2＋0.03）m＝1.932kN/m^2$
120mm 厚钢筋混凝土屋面板	$25kN/m^3×0.12m＝3.00kN/m^2$
20mm 厚顶棚抹灰	$17kN/m^3×0.02m＝0.34kN/m^2$

合计 $6.69kN/m^2$

（2）不上人屋面恒载标准值。

上述屋面建筑做法为上人屋面做法，不上人屋面无 40mm 厚 C20 细石混凝土，恒载标准值近似取 $6.69kN/m^2－0.96kN/m^2＝5.73kN/m^2$。

2. 楼面恒载标准值

10mm 厚防滑地砖铺实拍平	$22kN/m^3×0.01m＝0.22kN/m^2$
20mm 厚 1:3 干硬水泥砂浆	$20kN/m^3×0.02m＝0.40kN/m^2$
20mm 厚 1:3 水泥砂浆找平	$20kN/m^3×0.02m＝0.40kN/m^2$
100mm 厚现浇钢筋混凝土楼板	$25kN/m^3×0.10m＝2.50kN/m^2$
20mm 厚顶棚抹灰	$17kN/m^3×0.02m＝0.34kN/m^2$

合计 $3.86kN/m^2$

6.4.3 隔墙恒载标准值

1. 内墙面恒载标准值

20mm 厚水泥砂浆（双侧）	$20kN/m^3×0.02m×2＝0.80kN/m^2$
蒸压加气混凝土砌块（200mm 厚）	$8.0kN/m^3×0.20m＝1.60kN/m^2$

合计 $2.40kN/m^2$

2. 外墙面恒载标准值

喷涂两遍真石漆（外侧）	0.03kN/m²
15mm 厚 1 : 3 水泥砂浆	20kN/m³×0.015m＝0.30kN/m²
5mm 厚干粉类聚合物水泥防水砂浆	20kN/m³×0.005m＝0.10kN/m²
200mm 厚砌筑烧结页岩多孔砖	16kN/m³×0.20m＝3.20kN/m²
50mm 厚热固复合聚苯乙烯泡沫保温板	0.3kN/m³×0.05m＝0.015kN/m²
20mm 厚水泥砂浆（内侧）	20kN/m³×0.02m＝0.40kN/m²

合计 4.05kN/m²

3. 隔墙恒载线荷载标准值

层高为 3300mm，计算隔墙处梁上线荷载时，取一个代表性的梁高扣除近似计算出隔墙高度，隔墙高度近似取 3.300m－0.400m＝2.900m，则墙体线荷载如下。

外墙（200mm 厚）：4.05kN/m²×2.90m＝11.75kN/m

内墙（200mm 厚）：2.40kN/m²×2.90m＝6.96kN/m

4. 其他恒载面荷载标准值

门单位面积荷载： 0.20kN/m²

窗单位面积荷载： 0.40kN/m²

6.4.4 梁上恒载标准值及节点恒载标准值

计算板传到梁上的荷载时无须按板的受力区分单向板、双向板，板所受面荷载以梯形（板的长支撑边）或三角形（板的短支撑边）传到梁上；隔墙荷载以矩形荷载的形式传到梁上，荷载范围与隔墙位置一致。平面外的梁以集中力的形式将梁上剪力传到框架梁上或框架柱上，若平面外梁的中心不在框架柱的中心，还会有一个偏心带来的弯矩。

板传到梁上的荷载应以梁线交点计算，则 AB、CD 跨的梁线荷载会超出梁线范围，而 BC 跨的梁线荷载则小于梁线范围，为使计算简化做以下处理。

（1）三角形荷载值按实际计算结果，缩小偏柱（内偏柱）侧或扩大偏柱（外偏柱）侧三角形长度，按等腰三角形布置荷载。

（2）梯形荷载值按实际计算结果，缩小偏柱（内偏柱）侧或扩大偏柱（外偏柱）侧三角形长度，保持梯形顶边尺寸与实际相符，按等腰梯形布置荷载。恒载编号简图如图 6.4.2 所示。

图 6.4.2 中，$g_{i,j}$ 为恒载作用下的线荷载；i 表示楼层数，第二、第三层结构布置相同，荷载相同，用 2 表示；j 表示荷载编号，j 为 1～3、7 时表示上部隔墙形成的均布荷载（kN/m），j 为 4、5、6、8、9 时表示板传递给梁的三角形荷载或梯形荷载（kN/m），梁自重由有限元软件自动计算。

$G_{i,j}$ 中当 j 为 5 时表示平面外非框架梁传递到计算榀框架梁的集中恒载，j 为 1～4 时表示平面外框架梁传递到计算榀框架柱的集中恒载，框架柱自重由有限元软件自动计算；手算平面外非框架梁、框架梁集中力时无法准确考虑梁的连续性，仅计算手算框架紧邻跨，按单跨各支座简支计算；手算平面外纵向框架梁集中力时无法准确考虑梁的连

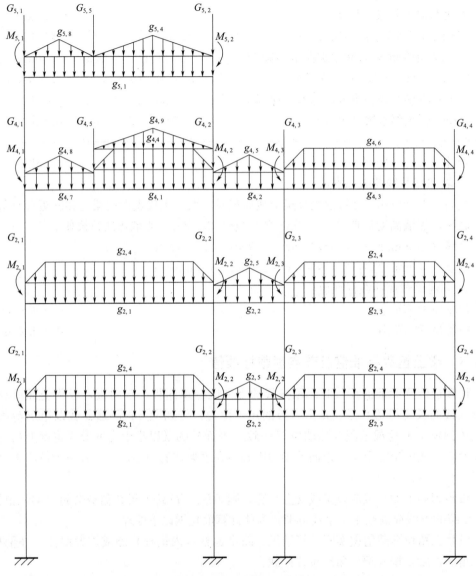

图 6.4.2　恒载编号简图

续性和框架柱刚度的影响，仅计算手算框架紧邻跨，按单跨各支座简支计算。

$M_{i,j}$ 为平面外框架梁传递的集中恒载对框架柱偏心引起的弯矩（kN·m）。

1. 第二、第三层框架梁上恒载标准值

第二、第三层框架梁受力一致，合并计算。

AB、BC 跨没有隔墙，$g_{2,1}$、$g_{2,2}$ 仅含梁自重，由软件自动计算。$g_{2,3}$ 的自重部分由软件自动计算，隔墙荷载为 6.96kN/m。

板传递给 AB 跨框架梁的荷载为梯形荷载，$g_{2,4} = 3.86\text{kN/m}^2 \times 1.5\text{m} \times 2 = 11.58\text{kN/m}$，梯形的顶边尺寸为 5.7m－3.0m＝2.7m，两侧的三角形尺寸各为 (5.475m－2.7m)/2＝1.3875m。

板传递给 BC 跨框架梁的荷载为三角形荷载，$g_{2,5}=3.86\text{kN/m}^2\times2.1=8.11\text{kN/m}$，三角形的底边扩大为 2.35m。

板传递给 CD 跨框架梁的荷载为梯形荷载，$g_{2,6}=g_{2,4}=11.58\text{kN/m}$，梯形的顶边尺寸为 5.1m−3.0m=2.1m，两侧的三角形尺寸各为（4.875m−2.1m）/2=1.3875m。

2. 第二、第三层框架柱节点恒载集中力和节点恒载集中力矩

（1）Ⓐ轴柱的集中力标准值 $G_{2,1}$ 和集中力矩标准值 $M_{2,1}$。

钢筋混凝土的重度按 25kN/m^3 计算，工程中不精确计算梁粉刷层恒载，将混凝土重度增大为 26kN/m^3 近似考虑粉刷荷载。

梁自重形成的集中力为

$$\left(0.2\text{m}\times0.5\text{m}\times3\text{m}\times2+0.2\text{m}\times0.4\text{m}\times\frac{5.7\text{m}}{2}\times\frac{1}{2}\times2\right)\times26\text{kN/m}^3=21.53\text{kN}$$

工程中常考虑门窗洞口的影响对隔墙荷载进行折减，本算例未考虑门窗洞口对隔墙荷载的影响。

隔墙自重形成的集中力为

$$11.75\text{kN/m}\times3\text{m}\times2+6.96\text{kN/m}\times\frac{5.7\text{m}}{2}\times\frac{1}{2}=80.42\text{kN}$$

楼板恒载形成的集中力为

$$\left(3\text{m}\times\frac{5.7\text{m}}{2}\times\frac{1}{2}+\frac{1}{2}\times1.5\text{m}\times1.5\text{m}\right)\times3.86\text{kN/m}^2\times2=41.69\text{kN}$$

则 $G_{2,1}=21.53\text{kN}+80.42\text{kN}+41.69\text{kN}=143.64\text{kN}$

集中力中心外偏柱中心 0.10m，$M_{2,1}=143.64\text{kN}\times0.10\text{m}=14.36\text{kN}\cdot\text{m}$

（2）Ⓑ轴柱的集中力标准值 $G_{2,2}$ 和集中力矩标准值 $M_{2,2}$。

梁自重形成的集中力同Ⓐ轴柱，为 21.53kN。

隔墙自重形成的集中力为

$$6.96\text{kN/m}\times3\text{m}\times2+6.96\text{kN/m}\times\frac{5.7\text{m}}{2}\times\frac{1}{2}=51.68\text{kN}$$

楼板恒载形成的集中力为

$$\left(3\text{m}\times\frac{5.7\text{m}}{2}\times\frac{1}{2}+\frac{1}{2}\times1.5\text{m}\times1.5\text{m}+\frac{6\text{m}-2.1\text{m}+6\text{m}}{2}\times1.05\text{m}\times\frac{1}{2}\right)\times$$
$$3.86\text{kN/m}^2\times2=61.75\text{kN}$$

则 $G_{2,2}=21.53\text{kN}+51.68\text{kN}+61.75\text{kN}=134.96\text{kN}$

集中力中心外偏柱中心 0.125m，$M_{2,2}=134.96\text{kN}\times0.125\text{m}=16.87\text{kN}\cdot\text{m}$

（3）Ⓒ轴柱的集中力标准值 $G_{2,3}$ 和集中力矩标准值 $M_{2,3}$。

梁自重形成的集中力为

$$\left(0.2\text{m}\times0.5\text{m}\times3\text{m}\times2+0.2\text{m}\times0.4\text{m}\times\frac{5.1\text{m}}{2}\times\frac{1}{2}\times2\right)\times26\text{kN/m}^3=20.90\text{kN}$$

隔墙自重形成的集中力为

$$6.96\text{kN/m}\times3\text{m}\times2+6.96\text{kN/m}\times\frac{5.1\text{m}}{2}\times\frac{1}{2}\times2=59.51\text{kN}$$

楼板恒载形成的集中力为

$$\left(3m\times\frac{5.1m}{2}\times\frac{1}{2}+\frac{1}{2}\times1.5m\times1.5m+\frac{6m-2.1m+6m}{2}\times1.05m\times\frac{1}{2}\right)\times$$
$$3.86kN/m^2\times2=58.28kN$$

则 $G_{2,3}=20.90kN+59.51kN+58.28kN=138.69kN$

集中力中心外偏柱中心 0.125m，$M_{2,3}=138.69kN\times0.125m=17.34kN\cdot m$

（4）Ⓓ轴柱的集中力标准值 $G_{2,4}$ 和集中力矩标准值 $M_{2,4}$。

梁自重形成的集中力同Ⓒ轴柱，为 20.90kN。

隔墙自重形成的集中力为

$$11.75kN/m\times3m\times2+6.96kN/m\times\frac{5.1m}{2}\times\frac{1}{2}\times2=88.25kN$$

楼板恒载形成的集中力为

$$\left(3m\times\frac{5.1m}{2}\times\frac{1}{2}+\frac{1}{2}\times1.5m\times1.5m\right)\times3.86kN/m^2\times2=38.21kN$$

则 $G_{2,4}=20.90kN+88.25kN+38.21kN=147.36kN$

集中力中心外偏柱中心 0.10m，$M_{2,4}=147.36kN\times0.10m=14.74kN\cdot m$

3. 第四层框架梁上恒载标准值

AB 跨有局部隔墙，$g_{4,1}$ 的自重部分由软件自动计算，$g_{4,1}=6.96kN/m$，隔墙区间为 $2.00\sim5.475m$。$g_{4,2}$、$g_{4,3}$、$g_{4,7}$ 仅含梁自重，由软件自动计算。

走廊板传递给 AB 跨框架梁的荷载为三角形荷载，$g_{4,8}=3.86kN/m^2\times2.1m=8.11kN/m$；左侧房间传递给框架梁的荷载为梯形荷载，$g_{4,4}=3.86kN/m^2\times1.5m=5.79kN/m$，梯形的顶边尺寸为 $3.6m-3.0m=0.6m$，两侧的三角形尺寸各为（$3.475m-0.6m$）$/2=1.4375m$；右侧房间传递给框架梁的荷载为三角形荷载，$g_{4,9}=3.86kN/m^2\times1.8m=6.95kN/m$。

屋面板传递给 BC 跨框架梁的荷载为三角形荷载，$g_{4,5}=6.69kN/m^2\times2.1=14.05kN/m$，三角形的底边扩大为 2.35m。

屋面板传递给 CD 跨框架梁的荷载为梯形荷载，$g_{4,6}=6.69kN/m^2\times3.0m=20.07kN/m$，梯形的顶边尺寸为 $5.1m-3.0m=2.1m$，两侧的三角形尺寸各为（$4.875m-2.1m$）$/2=1.3875m$。

4. 第四层框架柱节点力和节点力矩、框架梁集中力

（1）Ⓐ轴柱的集中力标准值 $G_{4,1}$ 和集中力矩标准值 $M_{4,1}$。

梁自重形成的集中力为

$$0.2m\times0.5m\times3m\times2\times26kN/m^3=15.60kN$$

隔墙自重形成的集中力为

$$11.75kN/m\times3m\times2=70.50kN$$

走廊梯形的上底为 $6.0m-2.1m=3.9m$，走廊板恒载形成的集中力为

$$\frac{3.9m+6.0m}{2}\times1.05m\times3.86kN/m^2\times\frac{1}{2}\times2=20.06kN$$

则 $G_{4,1}=15.60kN+70.50kN+20.06kN=106.16kN$

集中力中心外偏柱中心 0.10m，$M_{4,1}=106.16kN\times0.10m=10.62kN\cdot m$

（2）Ⓑ轴柱的集中力标准值 $G_{4,2}$ 和集中力矩标准值 $M_{4,2}$。

梁自重形成的集中力为

$$0.2\text{m} \times 0.5\text{m} \times 3\text{m} \times 26\text{kN/m}^2 \times 2 + 0.2\text{m} \times 0.3\text{m} \times \frac{3.6\text{m}}{2} \times$$

$$\left(\frac{3.0\text{m}}{6.0\text{m}} + \frac{1.8\text{m}}{6.0\text{m}}\right) \times 26\text{kN/m}^3 = 17.85\text{kN}$$

隔墙自重形成的集中力为

$$11.75\text{kN/m} \times 3\text{m} \times 2 + 6.96\text{kN/m} \times \frac{3.6\text{m}}{2} \times \left(\frac{1}{2} + \frac{1.8\text{m}}{6.0\text{m}}\right) = 80.52\text{kN}$$

左侧房间板恒载形成的集中力为

$$\left(3\text{m} \times \frac{3.6\text{m}}{2} \times \frac{1}{2} + \frac{1}{2} \times 1.5\text{m} \times 1.5\text{m}\right) \times 3.86\text{kN/m}^2 = 14.76\text{kN}$$

右侧房间板恒载形成的集中力包含非框架梁和框架梁传来的力。

非框架梁传来的力为

$$\left(\frac{1}{2} \times 3.6\text{m} \times 1.8\text{m} + \frac{1.8\text{m} + 3.6\text{m}}{2} \times 0.9\text{m}\right) \times \frac{1}{2} \times \frac{1.8\text{m}}{6.0\text{m}} \times 3.86\text{kN/m}^2 = 3.28\text{kN}$$

框架梁传来的力为

$$\left(\frac{1}{2} \times 1.8\text{m} \times 0.9\text{m} \times \frac{0.9\text{m}}{6.0\text{m}} + \frac{0.6\text{m} + 4.2\text{m}}{2} \times 1.8\text{m} \times \frac{3.9\text{m}}{6.0\text{m}}\right) \times$$

$$3.86\text{kN/m}^2 = 11.31\text{kN}$$

屋面板形成的集中力为

$$\frac{3.9\text{m} + 6.0\text{m}}{2} \times 1.05\text{m} \times 6.69\text{kN/m}^2 \times \frac{1}{2} \times 2 = 34.77\text{kN}$$

则

$$G_{4,2} = 17.85\text{kN} + 80.52\text{kN} + (14.76\text{kN} + 3.28\text{kN} + 11.31\text{kN} + 34.77\text{kN}) = 162.49\text{kN}$$

集中力中心外偏柱中心 0.125m，$M_{4,2} = 162.49\text{kN} \times 0.125\text{m} = 20.31\text{kN} \cdot \text{m}$

（3）Ⓒ轴柱的集中力标准值 $G_{4,3}$ 和集中力矩标准值 $M_{4,3}$。

梁自重形成的集中力为

$$\left(0.2\text{m} \times 0.5\text{m} \times 3\text{m} \times 2 + 0.2\text{m} \times 0.4\text{m} \times \frac{5.1\text{m}}{2} \times \frac{1}{2} \times 2\right) \times 26\text{kN/m}^3 = 20.90\text{kN}$$

无隔墙自重形成的集中力。

屋面板恒载形成的集中力为

$$\left(\frac{3.9\text{m} + 6.0\text{m}}{2} \times 1.05\text{m} + \frac{5.1\text{m}}{2} \times 3\text{m} + \frac{1}{2} \times 1.5\text{m} \times 1.5\text{m} \times 2\right) \times$$

$$6.69\text{kN/m}^2 \times \frac{1}{2} \times 2 = 101.00\text{kN}$$

则 $G_{4,3} = 20.90\text{kN} + 101.00\text{kN} = 121.90\text{kN}$

集中力中心外偏柱中心 0.125m，$M_{4,3} = 121.90\text{kN} \times 0.125\text{m} = 15.24\text{kN} \cdot \text{m}$

（4）Ⓓ轴柱的集中力标准值 $G_{4,4}$ 和集中力矩标准值 $M_{4,4}$。

梁自重形成的集中力同Ⓒ轴柱，为 20.90kN。

上人屋面的女儿墙高度取 1.20m，隔墙自重形成的集中力为

$$4.05\text{kN/m}^2 \times 1.2\text{m} \times 3\text{m} \times 2 = 29.16\text{kN}$$

屋面板恒载形成的集中力为

$$\left(3\text{m} \times \frac{5.1\text{m}}{2} \times \frac{1}{2} + \frac{1}{2} \times 1.5\text{m} \times 1.5\text{m}\right) \times 6.69\text{kN/m}^2 \times 2 = 66.23\text{kN}$$

则 $G_{4,4} = 20.90\text{kN} + 29.16\text{kN} + 66.23\text{kN} = 116.29\text{kN}$

集中力中心外偏柱中心 0.10m，$M_{4,4} = 116.29\text{kN} \times 0.10\text{m} = 11.63\text{kN·m}$

（5）AB 跨的集中力标准值 $G_{4,5}$。

梁自重形成的集中力为 17.85kN。

隔墙自重形成的集中力为

$$6.96\text{kN/m} \times \left(3\text{m} + 4.2\text{m} \times \frac{6.0\text{m} - 2.1\text{m}}{6.0\text{m}}\right) + 6.96\text{kN/m} \times \frac{3.6\text{m}}{2} \times \left(\frac{1}{2} + \frac{1.8\text{m}}{6.0\text{m}}\right) = 49.90\text{kN}$$

走廊板恒载形成的集中力为 20.06kN；左侧房间板恒载形成的集中力为 14.76kN；右侧房间板恒载形成的集中力包含非框架梁和框架梁传来的力，非框架梁传来 3.28kN，框架梁传来 11.31kN，总计

$$G_{4,5} = 17.85\text{kN} + 49.90\text{kN} + 20.06\text{kN} + 14.76\text{kN} + 3.28\text{kN} + 11.31\text{kN} = 117.16\text{kN}$$

5. 屋面层（第五层）框架梁上恒载标准值

$g_{5,1}$ 仅含梁自重，由软件自动计算。

走廊顶部屋面板传递给 AB 跨框架梁的荷载为三角形荷载，为

$$g_{5,8} = 5.73\text{kN/m}^2 \times 2.1\text{m} = 12.03\text{kN/m}$$

房间顶部屋面板传递给 AB 跨框架梁的荷载为三角形荷载，为

$$g_{5,4} = 5.73\text{kN/m}^2 \times 3.6\text{m} = 20.63\text{kN/m}$$

6. 屋面层（第五层）框架柱节点力和节点力矩、框架梁集中力

（1）Ⓐ轴柱的集中力标准值 $G_{5,1}$ 和集中力矩标准值 $M_{5,1}$。

梁自重形成的集中力为

$$0.2\text{m} \times 0.5\text{m} \times 3\text{m} \times 2 \times 26\text{kN/m}^3 = 15.60\text{kN}$$

不上人屋面须设置 500mm 高左右的挡水边，挡水边采用混凝土反边或砌体砌筑，本算例按 0.50m 高砌体计算，隔墙自重形成的集中力为

$$4.05\text{kN/m}^2 \times 0.5\text{m} \times 3\text{m} \times 2 = 12.15\text{kN}$$

走廊顶屋面梯形荷载形成的集中力为

$$\frac{3.9\text{m} + 6.0\text{m}}{2} \times 1.05\text{m} \times 5.73\text{kN/m}^2 \times \frac{1}{2} \times 2 = 29.78\text{kN}$$

则 $G_{5,1} = 15.60\text{kN} + 12.15\text{kN} + 29.78\text{kN} = 57.53\text{kN}$

集中力中心外偏柱中心 0.10m，$M_{5,1} = 57.53\text{kN} \times 0.10\text{m} = 5.75\text{kN·m}$

（2）Ⓑ轴柱的集中力标准值 $G_{5,2}$ 和集中力矩标准值 $M_{5,2}$。

梁自重形成的集中力为 15.60kN，隔墙自重形成的集中力为 12.15kN。

屋面板恒载形成的集中力为

$$\frac{2.4\text{m} + 6.0\text{m}}{2} \times 1.8\text{m} \times 5.73\text{kN/m}^2 \times \frac{1}{2} \times 2 = 43.32\text{kN}$$

则 $G_{5,2} = 15.60\text{kN} + 12.15\text{kN} + 43.32\text{kN} = 71.07\text{kN}$

集中力中心外偏柱中心 0.125m，$M_{5,2} = 71.07\text{kN} \times 0.125\text{m} = 8.88\text{kN·m}$

（3）AB跨的集中力标准值$G_{5,5}$。

梁自重形成的集中力为

$$0.2m \times 0.4m \times 3m \times 2 \times 26kN/m^3 = 12.48kN$$

屋面板形成的集中力为

$$\left(\frac{3.9m+6.0m}{2} \times 1.05m + \frac{2.4m+6.0m}{2} \times 1.8m\right) \times 5.73kN/m^2 \times \frac{1}{2} \times 2 = 73.10kN$$

则$G_{5,5} = 12.48kN + 73.10kN = 85.58kN$

6.4.5 恒载标准值计算简图

上述恒载标准值汇总于表6.4.1。

表6.4.1 恒载标准值汇总表

第二、三层恒载标准值					
框架梁上线荷载 g（kN/m）		框架柱所受集中力 G（kN）		框架柱所受偏心弯矩 M（kN·m）	
$g_{2,1}$	自重	$G_{2,1}$	143.64	$M_{2,1}$	14.36
$g_{2,2}$	自重	$G_{2,2}$	134.96	$M_{2,2}$	16.87
$g_{2,3}$	6.96	$G_{2,3}$	138.69	$M_{2,3}$	17.34
$g_{2,4}$	11.58	$G_{2,4}$	147.36	$M_{2,4}$	14.74
$g_{2,5}$	8.11				
$g_{2,6}$	11.58				
第四层恒载标准值					
框架梁上线荷载 g（kN/m）		框架柱所受集中力 G（kN）		框架柱所受偏心弯矩 M（kN·m）	
$g_{4,1}$	6.96	$G_{4,1}$	106.16	$M_{4,1}$	10.62
$g_{4,2}$	自重	$G_{4,2}$	162.49	$M_{4,2}$	20.31
$g_{4,3}$	自重	$G_{4,3}$	121.90	$M_{4,3}$	15.24
$g_{4,4}$	5.79	$G_{4,4}$	116.29	$M_{4,4}$	11.63
$g_{4,5}$	14.05	$G_{4,5}$	117.16		
$g_{4,6}$	20.07				
$g_{4,7}$	自重				
$g_{4,8}$	8.11				
$g_{4,9}$	6.95				
屋面层恒载标准值					
框架梁上线荷载 g（kN/m）		框架柱所受集中力 G（kN）		框架柱所受偏心弯矩 M（kN·m）	
$g_{5,1}$	自重	$G_{5,1}$	57.53	$M_{5,1}$	5.75
$g_{5,4}$	20.63	$G_{5,2}$	71.07	$M_{5,2}$	8.88
$g_{5,8}$	12.03	$G_{5,5}$	85.58		

恒载标准值计算简图如图6.4.3所示。

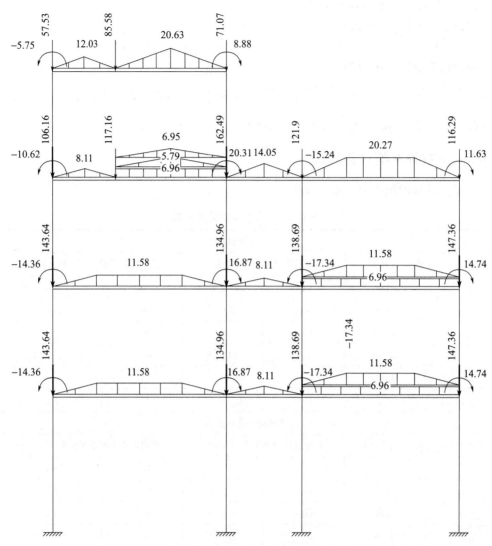

图 6.4.3　恒载标准值计算简图

(集中力单位：kN；均布荷载单位：kN/m；弯矩单位：kN·m)

6.4.6　活载面荷载标准值

板上均布活载标准值通过查荷载规范得到。

上人屋面：	2.0kN/m²
不上人屋面：	0.5kN/m²
办公室：	2.5kN/m²
疏散走廊、会议室：	3.0kN/m²
楼梯间：	3.5kN/m²
屋面雪荷载：	$S_k = u_r S_0 = 1.0 \times 0.45 \text{kN/m}^2 = 0.45 \text{kN/m}^2$

上式中，u_r 为屋面积雪分布系数，当 $\alpha < 25°$ 时，u_r 取 1.0。

活载与雪荷载不同时考虑，二者取较大值。

6.4.7　活载标准值

活载编号简图如图 6.4.4 所示。

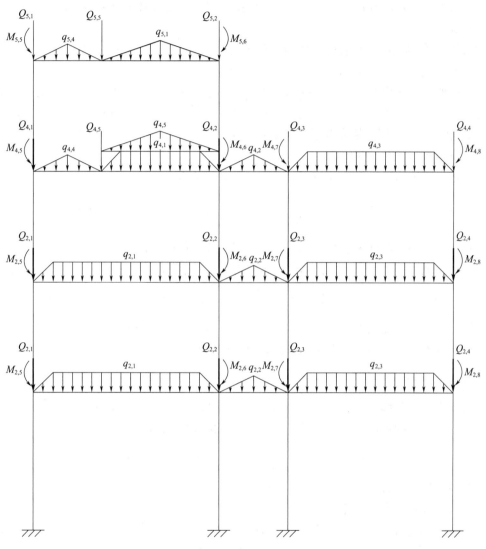

图 6.4.4　活载编号简图

图 6.4.4 中，$q_{i,j}$ 为活载作用下的线荷载，i 表示楼层数，第二、第三层结构布置相同，荷载相同，用 2 表示；j 表示荷载编号，j 为 1～5 时表示板传递的三角形活载或梯形活载（kN/m）。$Q_{i,j}$ 为平面外非框架梁、框架梁传递到计算榀框架梁或框架柱的集中活载（kN），手算非框架梁集中力时无法准确考虑梁的连续性，仅计算手算框架紧邻跨，按单跨各支座简支计算；手算纵向框架梁集中力时无法准确考虑梁的连续性和框架柱刚度的影响，仅计算手算框架紧邻跨，按单跨各支座简支计算。$M_{i,j}$ 为平面外框架梁传递的集中活载对框架柱偏心引起的弯矩（kN・m），$Q_{i,1}$ 对应的弯矩为

$M_{i,5}$，以此类推。

1. 第二、第三层框架梁上活载标准值

第二、第三层受力一致，合并计算。

板传递给 AB 跨框架梁的荷载为梯形荷载，$q_{2,1}=2.5\text{kN/m}^2\times3.0\text{m}=7.50\text{kN/m}$，梯形的顶边尺寸为 $5.7\text{m}-3.0\text{m}=2.7\text{m}$，两侧的三角形尺寸各为 $(5.475\text{m}-2.7\text{m})/2=1.3875\text{m}$。

板传递给 BC 跨框架梁的荷载为三角形荷载，$q_{2,2}=3.0\text{kN/m}^2\times2.1=6.30\text{kN/m}$，三角形的底边扩大为 2.35m。

板传递给 CD 跨框架梁的荷载为梯形荷载，$q_{2,3}=q_{2,1}=7.50\text{kN/m}$，梯形的顶边尺寸为 $5.1\text{m}-3.0\text{m}=2.1\text{m}$，两侧的三角形尺寸各为 $(4.875\text{m}-2.1\text{m})/2=1.3875\text{m}$。

2. 第二、第三层框架柱节点力和节点力矩

仅有楼板形成活载集中力。

(1) Ⓐ轴柱的集中力标准值 $Q_{2,1}$ 和集中力矩标准值 $M_{2,5}$。

$$Q_{2,1}=\left(3\text{m}\times\frac{5.7\text{m}}{2}\times\frac{1}{2}+\frac{1}{2}\times1.5\text{m}\times1.5\text{m}\right)\times2.5\text{kN/m}^2\times2=27.00\text{kN}$$

集中力中心外偏柱中心 0.10m，$M_{2,5}=27.00\text{kN}\times0.10\text{m}=2.70\text{kN}\cdot\text{m}$

(2) Ⓑ轴柱的集中力标准值 $Q_{2,2}$ 和集中力矩标准值 $M_{2,6}$。

$$Q_{2,2}=27.00\text{kN}+\frac{3.9\text{m}+6.0\text{m}}{2}\times1.05\text{m}\times3.0\text{kN/m}^2=42.59\text{kN}$$

集中力中心外偏柱中心 0.125m，$M_{2,6}=42.59\text{kN}\times0.125\text{m}=5.32\text{kN}\cdot\text{m}$

(3) Ⓓ轴柱的集中力标准值 $Q_{2,4}$ 和集中力矩标准值 $M_{2,8}$。

$$Q_{2,4}=\left(3\text{m}\times\frac{5.1\text{m}}{2}\times\frac{1}{2}+\frac{1}{2}\times1.5\text{m}\times1.5\text{m}\right)\times2.5\text{kN/m}^2\times2=24.75\text{kN}$$

集中力中心外偏柱中心 0.10m，$M_{2,8}=24.75\text{kN}\times0.10\text{m}=2.48\text{kN}\cdot\text{m}$

(4) Ⓒ轴柱的集中力标准值 $Q_{2,3}$ 和集中力矩标准值 $M_{2,7}$。

$$Q_{2,3}=24.75\text{kN}+\frac{3.9\text{m}+6.0\text{m}}{2}\times1.05\text{m}\times3.0\text{kN/m}^2=40.34\text{kN}$$

集中力中心外偏柱中心 0.125m，$M_{2,7}=40.34\text{kN}\times0.125\text{m}=5.04\text{kN}\cdot\text{m}$

3. 第四层框架梁上活载标准值

走廊板传递给 AB 跨框架梁的荷载为三角形荷载，$q_{4,4}=3.0\text{kN/m}^2\times2.1\text{m}=6.30\text{kN/m}$；左侧房间传递给框架梁的荷载为梯形荷载，$q_{4,1}=2.5\text{kN/m}^2\times1.5\text{m}=3.75\text{kN/m}$，梯形的顶边尺寸为 $3.6\text{m}-3.0\text{m}=0.6\text{m}$，两侧的三角形尺寸各为 $(3.475\text{m}-0.6\text{m})/2=1.4375\text{m}$；右侧房间传递给框架梁的荷载为三角形荷载，$q_{4,5}=2.5\text{kN/m}^2\times1.8\text{m}=4.50\text{kN/m}$。

屋面板传递给 BC 跨框架梁的荷载为三角形荷载，$q_{4,2}=2.0\text{kN/m}^2\times2.1\text{m}=4.20\text{kN/m}$，三角形的底边扩大为 2.35m。

屋面板传递给 CD 跨框架梁的荷载为梯形荷载，$q_{4,3}=2.0\text{kN/m}^2\times3.0\text{m}=6.00\text{kN/m}$，梯形的顶边尺寸为 $5.1\text{m}-3.0\text{m}=2.1\text{m}$，两侧的三角形尺寸各为 $(4.875\text{m}-2.1\text{m})/2=1.3875\text{m}$。

4. 第四层框架柱节点力和节点力矩、框架梁集中力

(1) Ⓐ轴柱的集中力标准值 $Q_{4,1}$ 和集中力矩标准值 $M_{4,5}$。

走廊梯形的上底为 $6.0m-2.1m=3.9m$，走廊板活载形成的集中力为

$$Q_{4,1} = \frac{3.9m+6.0m}{2} \times 1.05m \times 3.0kN/m^2 \times \frac{1}{2} \times 2 = 15.59kN$$

集中力中心外偏柱中心 $0.10m$，$M_{4,5}=15.59kN\times0.10m=1.56kN\cdot m$

(2) Ⓑ轴柱的集中力标准值 $Q_{4,2}$ 和集中力矩标准值 $M_{4,6}$。

左侧房间板恒载形成的集中力为

$$\left(3m\times\frac{3.6m}{2}\times\frac{1}{2}+\frac{1}{2}\times1.5m\times1.5m\right)\times2.5kN/m^2 = 9.56kN$$

右侧房间板恒载形成的集中力包含非框架梁和框架梁传来的力。

远端走道粗略按 $2.5kN/m^2$ 计算，非框架梁传来的力为

$$\left(\frac{1}{2}\times3.6m\times1.8m+\frac{1.8m+3.6m}{2}\times0.9m\right)\times\frac{1}{2}\times\frac{1.8m}{6.0m}\times2.5kN/m^2 = 2.13kN$$

框架梁传来的力为

$$\left(\frac{1}{2}\times1.8m\times0.9m\times\frac{0.9m}{6.0m}+\frac{0.6m+4.2m}{2}\times1.8m\times\frac{3.9m}{6.0m}\right)\times2.5kN/m^2 = 7.33kN$$

屋面板形成的集中力为

$$\frac{3.9m+6.0m}{2}\times1.05m\times2.0kN/m^2\times\frac{1}{2}\times2 = 10.39kN$$

则 $Q_{4,2}=9.56kN+2.13kN+7.33kN+10.39kN=29.41kN$

集中力中心外偏柱中心 $0.125m$，$M_{4,6}=29.41kN\times0.125m=3.68kN\cdot m$

(3) Ⓒ轴柱的集中力标准值 $Q_{4,3}$ 和集中力矩标准值 $M_{4,7}$。

$$Q_{4,3} = \left(\frac{3.9m+6.0m}{2}\times1.05m+\frac{5.1m}{2}\times3m+\frac{1}{2}\times1.5m\times1.5m\times2\right)\times2.0kN/m^2$$
$$= 30.20kN$$

集中力中心外偏柱中心 $0.125m$，$M_{4,7}=30.20kN\times0.125m=3.77kN\cdot m$

(4) Ⓓ轴柱的集中力标准值 $Q_{4,4}$ 和集中力矩标准值 $M_{4,8}$。

$$Q_{4,4} = \left(3m\times\frac{5.1m}{2}\times\frac{1}{2}+\frac{1}{2}\times1.5m\times1.5m\right)\times2.0kN/m^2\times2 = 19.80kN$$

集中力中心外偏柱中心 $0.10m$，$M_{4,8}=19.80kN\times0.10m=1.98kN\cdot m$

(5) AB 跨的集中力标准值 $Q_{4,5}$。

走廊板活载形成的集中力为 $15.59kN$；左侧房间板活载形成的集中力为 $9.56kN$；右侧房间板活载形成的集中力包含非框架梁和框架梁传来的力，非框架梁传来的力为 $2.13kN$，框架梁传来的力为 $7.33kN$，总计

$$Q_{4,5} = 15.59kN+9.56kN+2.13kN+7.33kN = 34.61kN$$

5. 屋面层（第五层）框架梁上恒载标准值

走廊顶部屋面板传递给 AB 跨框架梁的荷载为三角形荷载，为

$$q_{5,4} = 0.5kN/m^2\times2.1m = 1.05kN/m$$

房间顶部屋面板传递给 AB 跨框架梁的荷载为三角形荷载，为

$$q_{5,1} = 0.5kN/m^2\times3.6m = 1.80kN/m$$

6. 屋面层（第五层）框架柱节点力和节点力矩、框架梁集中力

（1）Ⓐ轴柱的集中力标准值 $Q_{5,1}$ 和集中力矩标准值 $M_{5,5}$。

$$Q_{5,1} = \frac{3.9m + 6.0m}{2} \times 1.05m \times 0.5kN/m^2 = 2.60kN$$

集中力中心外偏柱中心 $0.10m$，$M_{5,5} = 2.60kN \times 0.10m = 0.26kN \cdot m$

（2）Ⓑ轴柱的集中力标准值 $Q_{5,2}$ 和集中力矩标准值 $M_{5,6}$。

$$Q_{5,2} = \frac{2.4m + 6.0m}{2} \times 1.8m \times 0.5kN/m^2 = 3.78kN$$

集中力中心外偏柱中心 $0.125m$，$M_{5,6} = 3.78kN \times 0.125m = 0.47kN \cdot m$

（3）AB 跨的集中力标准值 $Q_{5,5}$。

$$Q_{5,5} = \left(\frac{3.9m + 6.0m}{2} \times 1.05m + \frac{2.4m + 6.0m}{2} \times 1.8m \right) \times 0.5kN/m^2 = 6.38kN$$

6.4.8 活载标准值计算简图

上述活载标准值汇总于表 6.4.2。

表 6.4.2 活载标准值汇总表

第二层（第三层）活载标准值					
框架梁上线荷载 q（kN/m）		框架柱所受集中力 Q（kN）		框架柱所受偏心弯矩 M（kN·m）	
$q_{2,1}$	7.50	$Q_{2,1}$	27.00	$M_{2,5}$	2.70
$q_{2,2}$	6.30	$Q_{2,2}$	42.59	$M_{2,6}$	5.32
$q_{2,3}$	7.50	$Q_{2,3}$	40.34	$M_{2,7}$	5.04
		$Q_{2,4}$	24.75	$M_{2,8}$	2.48
第四层活载标准值					
框架梁上线荷载 q（kN/m）		框架柱所受集中力 Q（kN）		框架柱所受偏心弯矩 M（kN·m）	
$q_{4,1}$	3.75	$Q_{4,1}$	15.59	$M_{4,5}$	1.56
$q_{4,2}$	4.20	$Q_{4,2}$	29.41	$M_{4,6}$	3.68
$q_{4,3}$	6.00	$Q_{4,3}$	30.20	$M_{4,7}$	3.77
$q_{4,4}$	6.30	$Q_{4,4}$	19.80	$M_{4,8}$	1.98
$q_{4,5}$	4.50	$Q_{4,5}$	34.61		
屋面层活载标准值					
框架梁上线荷载 q（kN/m）		框架柱所受集中力 Q（kN）		框架柱所受偏心弯矩 M（kN·m）	
$q_{5,1}$	1.80	$Q_{5,1}$	2.60	$M_{5,5}$	0.26
$q_{5,4}$	1.05	$Q_{5,2}$	3.78	$M_{5,6}$	0.47
		$Q_{5,5}$	6.38		

活载标准值计算简图如图 6.4.5 所示。

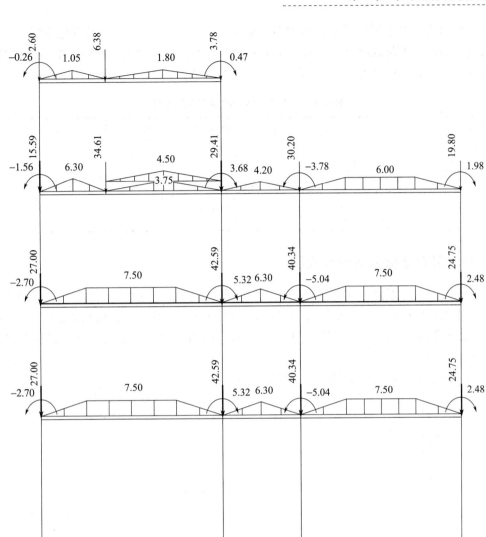

图 6.4.5　活载标准值计算简图

（集中力单位：kN；均布荷载单位：kN/m；弯矩单位：kN·m）

6.4.9　风荷载标准值

风荷载标准值（kN/m²）的计算公式为

$$\omega_k = \beta_z \, \mu_s \, \mu_z \, \omega_0$$

各楼层风荷载标准值（kN/m）的计算公式为

$$q_{(z)} = \omega_k B$$

层集中力标准值的计算公式为

$$F = q_{(z)} h$$

其中 $\omega_0 = 0.35\text{kN/m}^2$，不考虑整栋楼按刚度进行水平力分摊，$B = 6\text{m}$；因结构总高度 $H = 13.5\text{m} < 30\text{m}$，结构第一自振周期较短，风振系数较小，规范规定风振系数按最

小值 1.2 计算；对于矩形平面，体型系数 $\mu_s = 0.8 + 0.5 = 1.3$；而高度变化系数 μ_z，可通过查《建筑结构荷载规范》(GB 50009—2012) 中表 8.2.1 用插值法得到。各楼层风荷载标准值计算结果见表 6.4.3，表中 $q_{(z)}$ 为层顶的值。

表 6.4.3　沿高度变化的风荷载标准值

楼层	z (m)	β_z (kN/m)	μ_z (kN/m)	u_s (kN/m)	w_0 (kN/m)	B (kN/m)	$q_{(z)}$ (kN/m)
4	13.5	1.20	1.091	1.300	0.350	6.000	3.574
3	10.2	1.20	1.005	1.300	0.350	6.000	3.292
2	6.9	1.20	1.000	1.300	0.350	6.000	3.276
1	3.6	1.20	1.000	1.300	0.350	6.000	3.276

6.4.10　风荷载标准值计算简图

根据表 6.4.3 可得 q_z 沿框架结构高度的分布，如图 6.4.6 所示。图 6.4.6 为 PKPM 自动生成的左风荷载简图，手算时右风荷载不需要另行计算，只需给内力加反号即可。鉴于风荷载作用方向的不确定性，内力组合时，分别组合左风和右风，才可得到风荷载作用下的最大支座内力。

PKPM 自动生成的风荷载与手算结果基本相同。

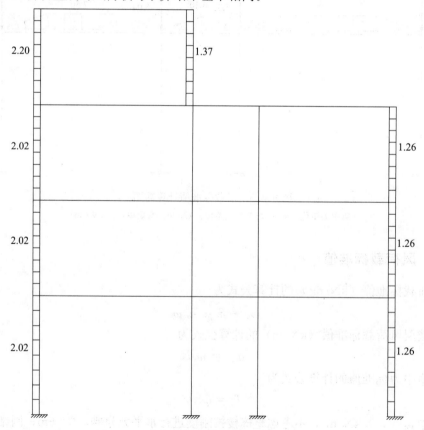

图 6.4.6　框架左风荷载简图（单位：kN/m）

6.4.11 等效风荷载标准值计算简图

计算多层框架时,不考虑风荷载直接作用在外围竖向构件上引起的竖向构件节点间弯矩、剪力,也不考虑风荷载分配给不直接承受风荷载的竖向构件带来的楼层梁、板轴力,可按静力等效原理将沿高度分布的风荷载转换为楼层处节点集中荷载。每层集中力为该层上下各半层的均布荷载或梯形荷载之和,将各层的楼盖视为水平支座,按支座简支求该层上下层水平分布荷载作用下该层的水平支座反力(图6.4.7)。

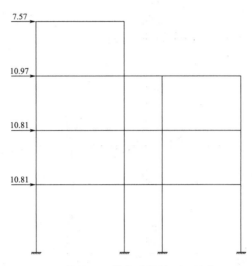

图 6.4.7 等效左风荷载计算简图(单位:kN)

1. 第二层楼面处的风荷载集中力

室外地面以下没有风荷载,室内地面与室外地面之间虽有风荷载,但考虑到风荷载较小,同时室内地面的约束较强,该部分风荷载可不考虑。

$$F_2 = 3.276\text{kN/m} \times 3.3\text{m} = 10.81\text{kN}$$

2. 第三层楼面处的风荷载集中力

第三层中点标高为 $0.3\text{m} + 3.3\text{m} \times 2 + \dfrac{3.3\text{m}}{2} = 8.55\text{m}$,小于10m,中点处风荷载为 $q_{(z)} = 3.276\text{kN/m}$。

$$F_3 = 3.276\text{kN/m} \times 3.3\text{m} = 10.81\text{kN}$$

3. 第四层楼面处的风荷载集中力

第三层中点处风荷载到第四层楼面处风荷载近似按直线过渡;第四层中点处风荷载为 $(3.574\text{kN/m} + 3.292\text{kN/m})/2 = 3.433\text{kN/m}$,第四层楼面到第四层中点处风荷载也近似按直线过渡。

$$F_4 = \frac{3.276\text{kN/m} + 3.292\text{kN/m}}{2} \times 1.65\text{m} + \frac{3.292\text{kN/m} + 3.433\text{kN/m}}{2} \times 1.65\text{m} = 10.97\text{kN}$$

4. 屋面层(第五层)处的风荷载集中力

屋面层以上考虑0.50m挡边的风荷载,不考虑高度影响,挡边 $q_{(z)} = 3.574\text{kN/m}$。

$$F_5 = \frac{3.433\text{kN/m} + 3.574\text{kN/m}}{2} \times 1.65\text{m} + 3.574\text{kN/m} \times 0.50\text{m} = 7.57\text{kN}$$

6.5 竖向荷载作用下的内力计算

6.5.1 恒载作用下的内力计算

利用有限元软件，得到恒载作用下的弯矩图，如图 6.5.1 所示。

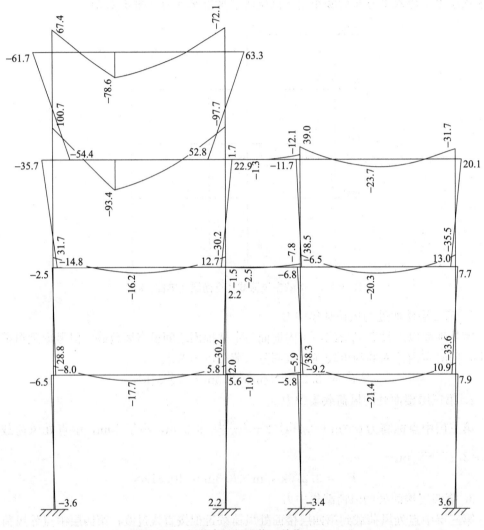

图 6.5.1 恒载弯矩标准值（单位：kN·m）

从图 6.5.1 可以看出，第二、第三层截面尺寸、荷载完全相同，但内力不完全相同；工程中把结构布置、所有构件截面尺寸、竖向荷载布置完全相同的层归为同一个标准层，以简化结构模型的建立，同时简化结构模型的修改。可以看出，恒载较大的小跨梁比恒载较小的大跨梁弯矩更大，说明仅凭跨度确定梁高是不合理的，工程中常进行结构试算以确定合理的梁截面尺寸；顶层边柱的弯矩要比其他部位的弯矩大得多，对于多层单跨框架顶层柱容易出现大偏压受力，可能出现顶层柱配筋率比下面楼层柱配筋率大的现象；柱由于没有水平向的荷载，弯矩总是斜直线，最大弯矩总是出现在节点位置。

对比所有节点弯矩，由于节点外弯矩的存在，各相交杆件的弯矩不能平衡，该不平衡弯矩的数值与外弯矩完全相等，方向相反。

例如，第二层 A 柱的杆件弯矩和为 28.8kN・m－8.0kN・m－6.5kN・m＝14.3kN・m，顺时针方向；节点外力矩为 14.36kN・m，逆时针方向；微小的差别是由于计算结果只取到小数点后一位造成的。恒载作用下的剪力图，如图 6.5.2 所示。

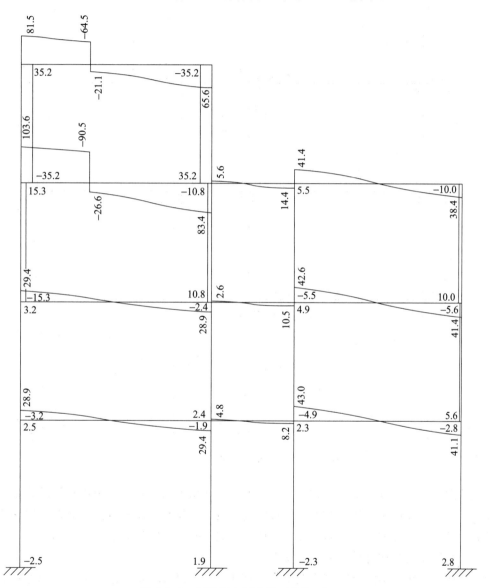

图 6.5.2　恒载剪力标准值（单位：kN）

从图 6.5.2 可以看出，梁剪力最大值出现在梁的端部；柱剪力为水平方向，竖向荷载的柱剪力同层为定值，上部楼层的柱剪力比下面楼层柱剪力大。

Ⓐ轴第四层柱的剪力可由弯矩推算出来，为 $\dfrac{61.7kN \cdot m + 54.4kN \cdot m}{3.3m} = 35.2kN$，

与图 6.5.2 所示基本一致，在第五层处剪力方向为自左向右。⑧轴第四层柱的剪力 35.2kN 可同理得到，在屋面层处剪力方向自右向左。屋面层 AB 跨梁左右柱剪力处于自平衡状态。恒载作用下的轴力图，如图 6.5.3 所示。

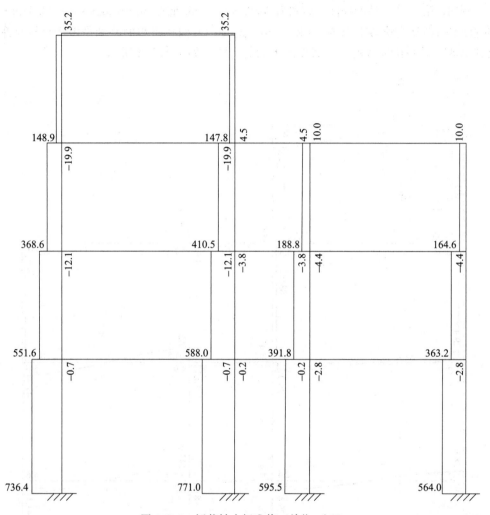

图 6.5.3　恒载轴力标准值（单位：kN）

从图 6.5.3 可以看出，柱轴力具有从上往下逐层增大的特点，下部楼层的梁轴力可以忽略不计，屋面层（第五层）AB 跨梁轴力为 35.2kN，由Ⓐ轴、Ⓑ轴第四层柱剪力形成，从这两个柱的剪力方向可知，屋面层（第五层）AB 跨梁轴力为压力，梁上较小的压力会使按受弯构件计算的梁偏安全。

第四层 AB 跨梁的上层（第四层）柱剪力为 35.2kN，剪力方向为自右向左；下层（第三层）柱剪力为 15.3kN，方向为自左向右；二者合力为 35.2kN－15.3kN＝19.9kN，从剪力方向可知，图 6.5.3 中第四层 AB 跨梁的轴力 19.9kN 为轴拉力，梁上有轴拉力存在时，不计轴力影响按受弯构件设计会使设计的梁偏于不安全。

屋面层（第五层）AB 跨梁的左支座剪力为 81.5kN，Ⓐ轴柱在屋面层（第五层）处的节点竖向集中力为 57.53kN，可知Ⓐ轴柱在屋面层（第五层）处的轴力为 81.5kN＋

57.53kN＝139.03kN，第四层柱自重为 25kN/m³×0.30m×0.40m×3.30m＝9.9kN，则Ⓐ轴柱在第四层底部的轴力为 139.03kN＋9.9kN＝148.93kN，与图 6.5.3 中数据基本一致。

6.5.2 活载作用下的内力计算

为了近似考虑活载不利布置，分三次布置活载，每次仅布置各层的相同一跨，依次布置于 AB、BC、CD 跨。

1. 活载布置在 AB 跨的内力计算

活载布置在 AB 跨时，Ⓑ轴柱的节点集中力和集中力矩应只含 AB 跨板传来的集中力及该集中力形成的集中力矩。

Ⓑ轴柱第二、第三层 AB 跨板传来的集中力为 27.00kN，集中力矩为 27.00kN×0.125m＝3.38kN·m，力矩方向为顺时针方向。

Ⓑ轴柱第四层 AB 跨板传来的集中力为 19.02kN，集中力矩为 19.02kN×0.125m＝2.38kN·m。

活载布置在 AB 跨的荷载简图如图 6.5.4 所示。

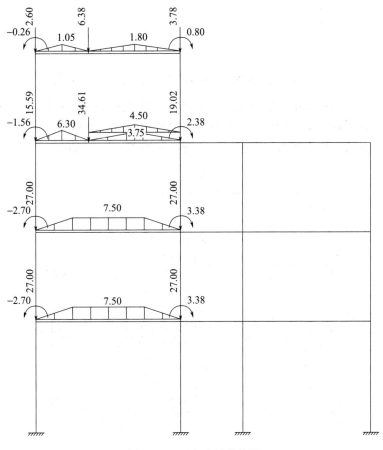

图 6.5.4 AB 跨活载简图

上下层间不考虑活载不利布置（下同），活载布置在 AB 跨的弯矩（标准值，下同）图如图 6.5.5 所示。

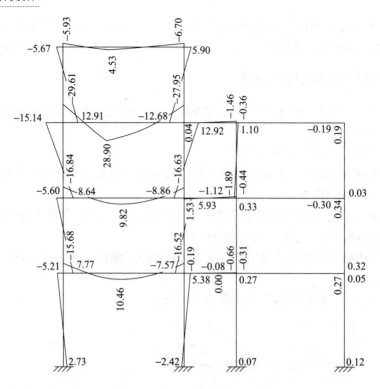

图 6.5.5 AB 跨活载作用下的弯矩图（单位：kN·m）

从图 6.5.5 中的柱弯矩可以看出，上下层同时布置活载可以计算出较为准确的相邻层梁支座负弯矩和柱弯矩，但跨中弯矩计算结果较实际值会偏小。

活载布置在 AB 跨的剪力（标准值，下同）图如图 6.5.6 所示。

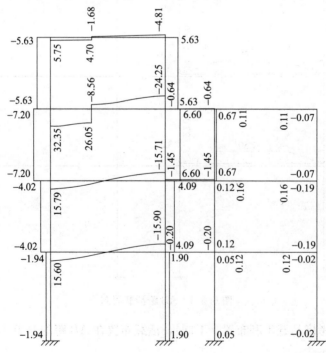

图 6.5.6 AB 跨活载作用下的剪力图（单位：kN）

图 6.5.6 中的剪力表达与力学的剪力表达不同，BC 跨、CD 跨的剪力表达与力学的剪力表达也不同，为了适应工程软件的这种表达方式，这三个剪力图未做修改。

活载布置在 AB 跨的轴力（标准值，下同）图如图 6.5.7 所示。

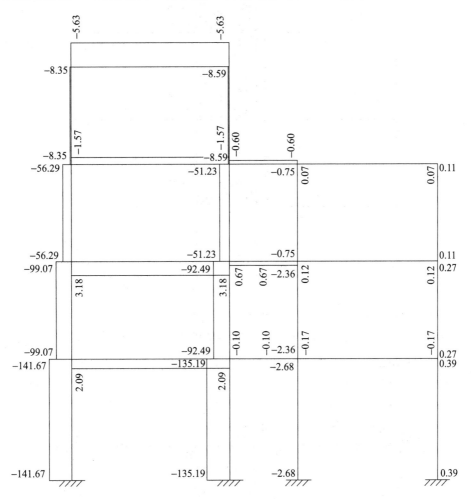

图 6.5.7　AB 跨活载作用下的轴力图（单位：kN）

2. 活载布置在 BC 跨的内力计算

活载布置在 BC 跨时，Ⓑ轴柱、Ⓒ轴柱的节点集中力和集中力矩应只含 BC 跨板传来的集中力及该集中力形成的集中力矩。

Ⓑ轴柱和Ⓒ轴柱第二、第三层 BC 跨走廊板传来的集中力为 15.59kN，集中力矩为 15.59kN×0.125m＝1.95kN·m，Ⓑ轴柱力矩方向为顺时针方向，Ⓒ轴柱力矩方向为逆时针方向。

Ⓑ轴柱和Ⓒ轴柱第四层 BC 跨走廊顶部屋面板传来的集中力为 10.39kN，集中力矩为 10.39kN×0.125m＝1.30kN·m，力矩方向同上。

活载布置在 BC 跨的荷载简图如图 6.5.8 所示。

活载布置在 BC 跨的弯矩图如图 6.5.9 所示。

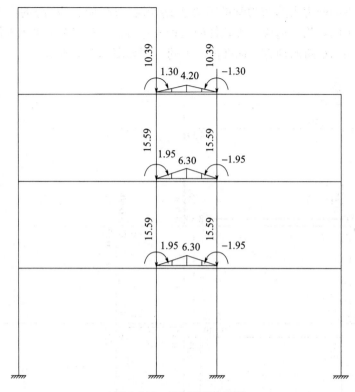

图 6.5.8 BC 跨活载简图

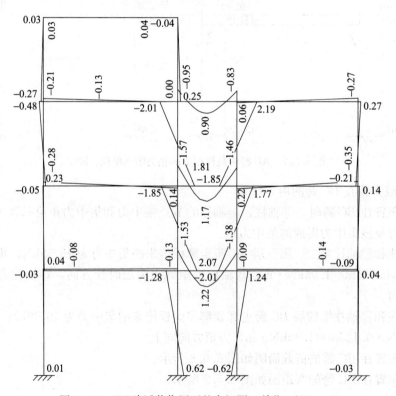

图 6.5.9 BC 跨活载作用下的弯矩图 （单位：kN·m）

活载布置在 *BC* 跨的剪力图如图 6.5.10 所示。

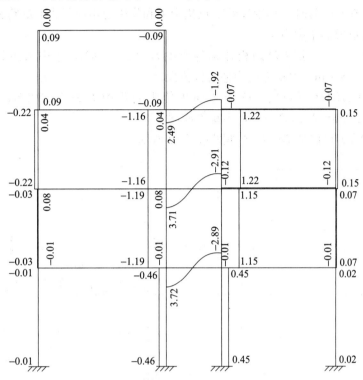

图 6.5.10 *BC* 跨活载作用下的剪力图（单位：kN）

活载布置在 *BC* 跨的轴力图如图 6.5.11 所示。

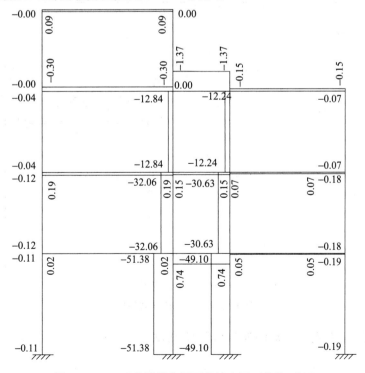

图 6.5.11 *BC* 跨活载作用下的轴力图（单位：kN）

3. 活载布置在 *CD* 跨的内力计算

活载布置在 *CD* 跨时，Ⓒ轴柱的节点集中力和集中力矩应只含 *CD* 跨板传来的集中力及该集中力形成的集中力矩。

Ⓒ轴柱第二、第三层 *CD* 跨板传来的集中力为 24.75kN，集中力矩为 24.75kN × 0.125m＝3.09kN・m，力矩方向为逆时针方向。

Ⓑ轴柱和Ⓒ轴柱第四层 *CD* 跨屋面板传来的集中力为 19.80kN，集中力矩为 19.80kN × 0.125m＝2.48kN・m，力矩方向同上。

活载布置在 *CD* 跨的荷载简图如图 6.5.12 所示。

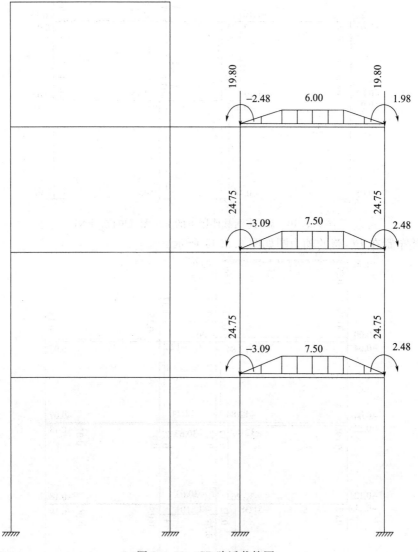

图 6.5.12 *CD* 跨活载简图

活载布置在 *CD* 跨的弯矩图如图 6.5.13 所示。

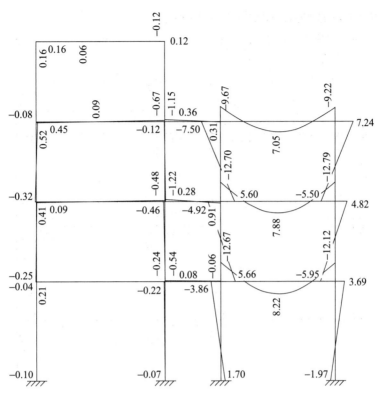

图 6.5.13　CD 跨活载作用下的弯矩图（单位：kN·m）

活载布置在 CD 跨的剪力图如图 6.5.14 所示。

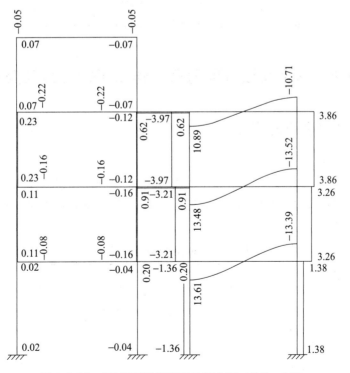

图 6.5.14　CD 跨活载作用下的剪力图（单位：kN）

活载布置在 CD 跨的轴力图如图 6.5.15 所示。

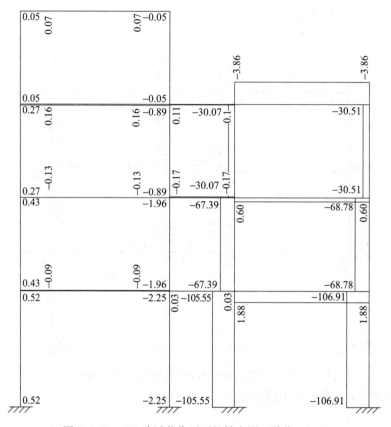

图 6.5.15　CD 跨活载作用下的轴力图（单位：kN）

6.6　水平荷载（风荷载）作用下的内力及变形

6.6.1　风荷载作用下的剪力

1. 框架梁柱线刚度计算

框架梁线刚度 $i_b = EI_b/l$，因取中框架计算，考虑现浇板对梁刚度的放大影响，近似取 $i_b = 2E_cI_0/l$，I_0 为按 $b \cdot h$ 的矩形截面梁计算所得的梁截面惯性矩，计算结果见表 6.6.1。

表 6.6.1　框架梁线刚度计算表

位置	楼层数	E_c（N/mm²）	$b \cdot h$（mm）	I_0（mm⁴）	l（mm）	i_b（N·mm）
AB 跨	第二、第三层	2.8×10⁴	200×400	1.067×10⁹	5475	1.091×10¹⁰
	第四、第五层		200×500	2.083×10⁹	5475	2.131×10¹⁰
BC 跨	第二～第四层		200×300	0.450×10⁹	2350	1.072×10¹⁰
CD 跨	第二～第四层		200×400	1.067×10⁹	4875	1.225×10¹⁰

框架柱线刚度 $i_c = E_c I_c / H_i$，计算结果见表 6.6.2。

表 6.6.2 框架柱线刚度

位置	楼层数	层高（mm）	E_c（N/mm²）	$b \cdot h$（mm）	I_c（mm⁴）	i_c（N·mm）
Ⓐ轴柱	第二～第四层	3300		300×400	1.600×10⁹	1.455×10¹⁰
	第一层	4100				1.171×10¹⁰
Ⓑ轴柱	第二～第四层	3300		300×450	2.278×10⁹	2.071×10¹⁰
	第一层	4100				1.667×10¹⁰
Ⓒ轴柱	第二、第三层	3300	3.0×10⁴	300×450	2.278×10⁹	2.071×10¹⁰
	第一层	4100				1.667×10¹⁰
Ⓓ轴柱	第二、第三层	3300		300×400	1.600×10⁹	1.455×10¹⁰
	第一层	4100				1.171×10¹⁰

2. 框架柱侧向刚度

框架柱的侧向刚度 D 为

$$D = \alpha_c \frac{12\,i_c}{h^2}$$

式中：α_c——柱的侧向刚度修正系数。

对于一般层柱，$\alpha_c = \dfrac{\bar{i}}{2+\bar{i}}$，梁柱线刚度比 $\bar{i} = \dfrac{\sum i_b}{2 i_c}$；对于柱脚固结的底层柱，$\alpha_c = \dfrac{0.5+\bar{i}}{2+\bar{i}}$，$\bar{i} = \dfrac{\sum i_b}{i_c}$。

以第三层Ⓑ轴柱为例，梁柱线刚度比 $\bar{i} = \dfrac{(2.131+1.072+1.091+1.072)\times10^{10}}{2\times2.071\times10^{10}} = 1.2955$，侧向刚度修正系数 $\alpha_c = \dfrac{1.2955}{2+1.2955} = 0.3931$，$D_{3A} = 0.3931 \times \dfrac{12\times2.071\times10^{10}\,\text{N}\cdot\text{mm}}{(3300\text{mm})^2} = 8971\text{N/mm}$。

其余各柱侧向刚度计算过程从略，计算结果见表 6.6.3。

表 6.6.3 各层柱侧向刚度 D 值

楼层数	Ⓐ轴柱 $\bar{i}$	Ⓐ轴柱 α_c	D_{iA}（N/mm）	Ⓑ轴柱 $\bar{i}$	Ⓑ轴柱 α_c	D_{iB}（N/mm）	Ⓒ轴柱 $\bar{i}$	Ⓒ轴柱 α_c	D_{iC}（N/mm）	Ⓓ轴柱 $\bar{i}$	Ⓓ轴柱 α_c	D_{iD}（N/mm）	$\sum D$（N/mm）
第四层	1.4646	0.4227	6778	1.2878	0.3917	8939	—	—	—	—	—	—	15717
第三层	1.1072	0.3563	5713	1.2955	0.3931	8971	1.1091	0.3567	8141	0.8419	0.2963	4750	27575
第二层	0.7498	0.2727	4372	1.0444	0.3431	7828	1.1091	0.3567	8141	0.8419	0.2963	4750	25091
第一层	0.9317	0.4883	4082	1.2975	0.5451	6487	1.3779	0.5559	6616	1.0461	0.5076	4243	21428

从表 6.6.3 可以看出，梁柱线刚度比最大值 1.4646<3，不能用反弯点法求水平力产生的内力，手算时只能用 D 值法求水平力产生的内力。

3. 各柱的层间剪力

第 i 层的层间剪力 V_i 可表示为

$$V_i = \sum_{k=i+1}^{5} F_k$$

式中：F_k——作用于第 k 层楼面处的水平荷载，具体数据如图 6.4.7 所示。

第 i 层第 j 根柱的层间剪力 V_{ij} 可表示为

$$V_{ij} = \frac{D_{ij}}{\sum D_i} V_i$$

按上述公式计算第三层Ⓑ轴柱的层间剪力 V_{3B}。

$$V_3 = \sum_{k=4}^{5} F_k = 7.57\text{kN} + 10.97\text{kN} = 18.54\text{kN}$$

$$V_{3B} = \frac{D_{3B}}{\sum D_3} V_3 = \frac{8971\text{N/mm}}{27575\text{N/mm}} \times 18.54\text{kN} = 6.03\text{kN}$$

其余各柱层间剪力 V_{ij} 的计算过程从略，计算结果见表 6.6.4。

表 6.6.4　各层柱层间剪力 V

楼层数	V_i (kN)	$\dfrac{D_{iA}}{\sum D_i}$	V_{iA} (kN)	$\dfrac{D_{iB}}{\sum D_i}$	V_{iB} (kN)	$\dfrac{D_{iC}}{\sum D_i}$	V_{iC} (kN)	$\dfrac{D_{iD}}{\sum D_i}$	V_{iD} (kN)
第四层	7.57	0.431	3.26	0.569	4.31	—	—	—	—
第三层	18.54	0.207	3.84	0.325	6.03	0.295	5.47	0.172	3.19
第二层	29.35	0.174	5.11	0.312	9.16	0.324	9.52	0.189	5.56
第一层	40.16	0.191	7.65	0.303	12.16	0.309	12.40	0.198	7.95

6.6.2　框架结构侧移验算

第 i 层的层间相对侧移 $(\Delta u)_i$ 可按下式计算。

$$(\Delta u)_i = \frac{V_i}{\sum D_i}$$

第 i 层楼面标高处的侧移为

$$u_i = \sum_{k=1}^{i} (\Delta u)_k$$

各层层间相对侧移及楼面标高处侧移计算结果见表 6.6.5。

表 6.6.5　各层层间侧移计算

楼层数	h_i (mm)	V_i (kN)	$\sum D$	$(\Delta u)_i$ (mm)	$h_i/\Delta u_i$	u_i (mm)	电算位移 u_i (mm)	电算层间位移 Δu_i
第四层	3300	7.57	15716	0.482	6851	4.198	5.87	0.77
第三层	3300	18.54	27575	0.672	4908	3.716	5.10	1.23
第二层	3300	29.35	25092	1.170	2821	3.044	3.87	1.84
第一层	4100	40.16	21428	1.874	2188	1.874	2.03	2.03

由于风荷载为单侧施加，各轴线柱的位移不同，上述电算位移为Ⓑ轴柱的位移。电算位移由于包含了下层错动产生的位移，上部楼层的电算位移、电算层间位移均明显比手算值大。

第三层Ⓐ轴柱的水平位移为3.89mm，Ⓑ轴柱的水平位移为3.87mm，Ⓒ轴柱的水平位移为3.86mm，Ⓓ轴柱的水平位移为3.85mm，从数据可以看出轴向变形远小于弯曲变形。

从表6.6.5可知，最大层间位移出现在第一层，$\Delta u_i/h_i = 1/2188 < 1/550$，各层层间位移角均小于1/550，满足规范侧移限值要求。

6.6.3 风荷载作用下的框架结构内力

1. 反弯点高度

框架各柱的反弯点高度比 y 为

$$y = y_n + y_1 + y_2 + y_3$$

式中：y_n——标准反弯点高度比，查表3.5.3；

y_1——上下层横梁线刚度变化时反弯点高度比的修正值，查表3.5.5；

y_2，y_3——上下层层高变化时反弯点高度比的修正值，查表3.5.6。

第一层柱考虑上层层高变化时反弯点高度比的修正值 y_2，第二层柱考虑下层层高变化时反弯点高度比的修正值 y_3，第三层Ⓐ轴、Ⓑ轴柱考虑上下层横梁线刚度变化时反弯点高度比的修正值 y_1，第四层Ⓑ轴柱考虑上下层横梁线刚度变化时反弯点高度比的修正值 y_1。各层柱反弯点高度比计算结果见表6.6.6。

表6.6.6 各层柱反弯点高度比 y

柱号	楼层数	$\bar{K}$	y_n	y_1	y_2	y_3	y
Ⓐ	第四层	1.4646	0.3732	—	—	—	0.3732
	第三层	1.1072	0.4500	0.0887			0.5387
	第二层	0.7498	0.4500	—		−0.0106	0.4394
	第一层	0.9317	0.6000	—	0		0.6000
Ⓑ	第四层	1.2878	0.3644	0.0500			0.4144
	第三层	1.2955	0.4500	0.0500			0.5000
	第二层	1.0444	0.4522	—		−0.0101	0.4421
	第一层	1.2975	0.5851	—	0		0.5851
Ⓒ	第四层	—	—	—			—
	第三层	1.1091	0.3555				0.3555
	第二层	1.1091	0.4500	—		−0.0094	0.4406
	第一层	1.3779	0.5811	—	0		0.5811
Ⓓ	第四层	—	—				—
	第三层	0.8419	0.3500				0.3500
	第二层	0.8419	0.4500			−0.0106	0.4394
	第一层	1.0461	0.5977		0		0.5977

2. 框架柱弯矩

根据确定的各柱反弯点高度比 y，按下式计算第 i 层第 j 根柱的下端弯矩M_{ij}^{b}和上端弯矩M_{ij}^{u}（表 6.6.7）。

$$M_{ij}^{b} = V_{ij} \cdot yh$$
$$M_{ij}^{u} = V_{ij} \cdot (1-y)h$$

表 6.6.7 风荷载作用下各层框架柱端弯矩计算

柱号	楼层数	h_i (m)	V_{ij} (kN)	y	M_{ij}^{b} (kN·m)	M_{ij}^{u} (kN·m)
Ⓐ	第四层	3.3	3.26	0.37	4.02	6.75
	第三层	3.3	3.84	0.54	6.83	5.85
	第二层	3.3	5.11	0.44	7.42	9.46
	第一层	4.1	7.65	0.60	18.82	12.55
Ⓑ	第四层	3.3	4.31	0.41	5.89	8.32
	第三层	3.3	6.03	0.50	9.95	9.95
	第二层	3.3	9.16	0.44	13.36	16.86
	第一层	4.1	12.16	0.59	29.17	20.68
Ⓒ	第四层	3.3	—			
	第三层	3.3	5.47	0.36	6.42	11.64
	第二层	3.3	9.52	0.44	13.84	17.58
	第一层	4.1	12.40	0.58	29.54	21.30
Ⓓ	第四层	3.3	—			
	第三层	3.3	3.19	0.35	3.69	6.85
	第二层	3.3	5.56	0.44	8.06	10.28
	第一层	4.1	7.95	0.60	19.49	13.12

3. 框架梁弯矩

根据节点的弯矩平衡条件，将节点上下柱端弯矩之和按左右梁的线刚度分配给梁端，即

$$M_{b}^{l} = (M_{i+1,j}^{b} + M_{i,j}^{u}) \frac{i_{b}^{l}}{i_{b}^{l} + i_{b}^{r}}$$

$$M_{b}^{r} = (M_{i+1,j}^{b} + M_{i,j}^{u}) \frac{i_{b}^{r}}{i_{b}^{l} + i_{b}^{r}}$$

式中：i_{b}^{l}，i_{b}^{r}——分别表示节点左右梁的线刚度。

根据梁端弯矩先计算梁端剪力，再由梁端剪力计算柱轴力，这些均由静力平衡条件计算，计算结果见表 6.6.8。

表 6.6.8　风荷载作用下梁端弯矩、剪力及柱轴力计算表

楼层数	梁跨位置	梁净跨	i_b	M_b^l	M_b^r	V_b	N_A	N_B	N_C	N_D
屋面	AB	5.475	2.131	6.75	8.32	−2.75	−2.75	2.75	—	—
	BC	2.350	—	—	—	—				
	CD	4.875	—	—	—	—				
第四层	AB	5.475	2.131	9.87	10.54	−3.73	−6.48	1.91	1.89	2.68
	BC	2.350	1.072	5.30	5.43	−4.57				
	CD	4.875	1.225	6.21	6.85	−2.68				
第三层	AB	5.475	1.091	16.29	13.52	−5.45	−11.93	−3.06	6.82	8.17
	BC	2.350	1.072	13.29	11.20	−10.42				
	CD	4.875	1.225	12.80	13.97	−5.49				
第二层	AB	5.475	1.091	19.96	17.17	−6.78	−18.71	−10.44	12.79	16.36
	BC	2.350	1.072	16.87	16.40	−14.16				
	CD	4.875	1.225	18.74	21.17	−8.19				

注：1. 表中梁端弯矩、剪力均以绕梁端截面顺时针方向旋转为正；柱轴力以受压为正；

　　2. 本表中的 M_b^l 及 M_b^r 分别表示同一跨梁的左端及右端弯矩。

4. 手算弯矩图

风荷载作用下的手算弯矩图如图 6.6.1 所示。

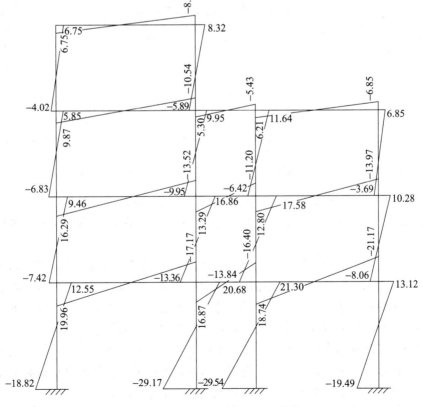

图 6.6.1　风荷载作用下的手算弯矩图（单位：kN·m）

5. 电算内力图

以下电算内力图未进行梁刚度放大。风荷载作用下的电算弯矩图如图 6.6.2 所示。

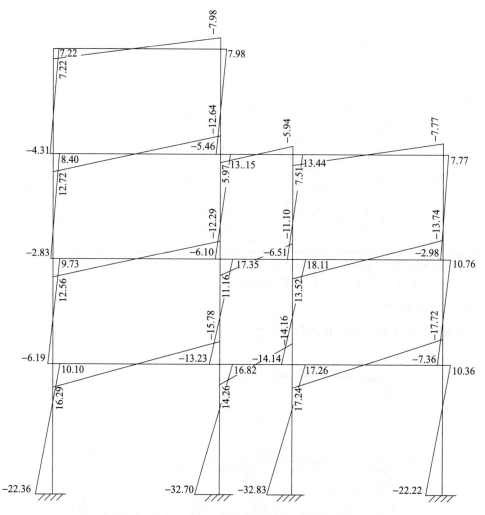

图 6.6.2 风荷载作用下的电算弯矩图（单位：kN·m）

图 6.6.2 中的反弯点高度第一层大约位于 2/3 层高位置，上部各楼层反弯点位置均在 1/2 层高以下，与表 6.6.6 中的反弯点位置存在一定差距，说明 D 值法的准确性仍然不是很高。

水平荷载的梁、柱弯矩均具有从上往下逐层增大的特点，梁、柱弯矩均为斜直线，在左风、右风作用下，梁的两侧支座均会出现正弯矩。当水平荷载较大时，若竖向荷载产生的支座负弯矩小于水平荷载产生的正弯矩，则会出现在水平荷载作用下梁支座下部受拉的现象，故水平荷载较大或层数较多时不应采用弯起钢筋承受剪力。

对比同层各跨梁的弯矩，小跨的小截面梁水平力产生的弯矩与大跨的大截面梁产生的弯矩较为接近，与竖向荷载产生的内力叠加后，小跨梁的底部正弯矩钢筋可能会由水平荷载的支座内力决定，而不是由竖向荷载的跨中正弯矩决定。

风荷载作用下的电算剪力图如图 6.6.3 所示。

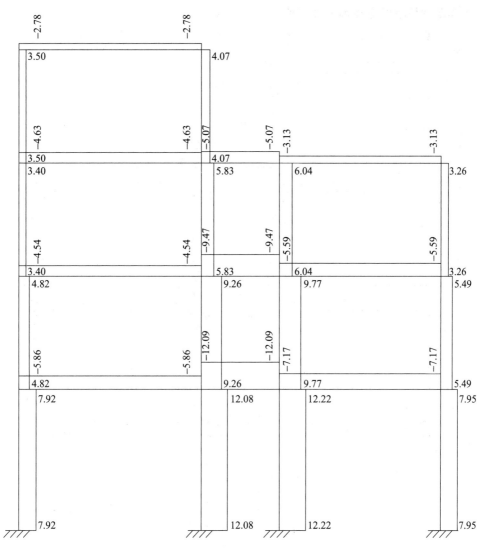

图 6.6.3　风荷载作用下的电算剪力图（单位：kN）

框架柱手算剪力与电算剪力对比见表 6.6.9。

表 6.6.9　框架柱手算剪力与电算剪力对比表

楼层号	V_{iA}		V_{iB}		V_{iC}		V_{iD}	
	手算	电算	手算	电算	手算	电算	手算	电算
第四层	3.26	3.50	4.31	4.07	—	—	—	—
第三层	3.84	3.40	6.03	5.83	5.47	6.04	3.19	3.26
第二层	5.11	4.82	9.16	9.26	9.52	9.77	5.56	5.49
第一层	7.65	7.92	12.16	12.08	12.40	12.22	7.95	7.95

从表 6.6.9 可以看出，手算剪力与电算剪力误差较小，手算的剪力分配能较好地反映实际情况。

风荷载作用下的电算轴力图如图 6.6.4 所示。

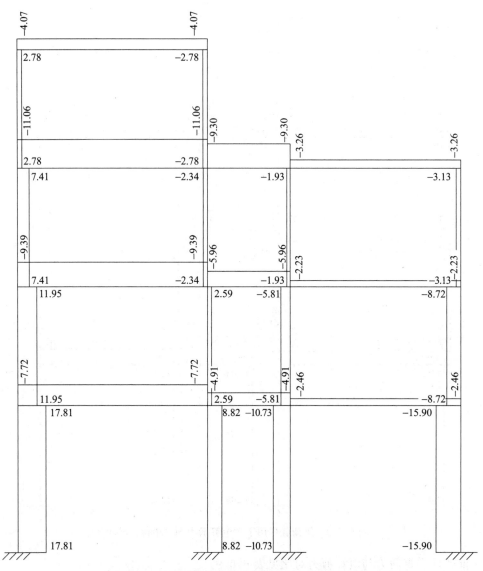

图 6.6.4　风荷载作用下的电算轴力图（单位：kN）

图 6.6.4 反映出Ⓐ轴、Ⓑ轴柱为轴拉力，Ⓒ轴、Ⓓ轴柱均为轴压力，中柱的轴力要小于边柱的轴力，在异常大的水平荷载作用下外侧柱可能出现受拉的现象。进行有限元计算时，风荷载以集中力的形式加在Ⓐ轴柱的楼层节点上，框架梁以承受轴压力的形式将水平力分配给Ⓑ轴、Ⓒ轴、Ⓓ轴柱，框架梁轴力从左至右逐渐减小。实际工程中水平力的分配是由组成楼盖的梁、板完成的，板起的作用更大，故有较大水平力分配需求的楼层在楼板的厚度、配筋率上均有更严格的要求。梁板还有可能承受拉力作用，故有较大水平力分配需求时，梁的顶面钢筋须有一定数量的钢筋贯通，板则需要双向双层配筋。

右风产生的内力不需要另行计算，数值与左风完全相同，符号为反号即可。

6.7 内力组合

求得各种荷载情况下的框架内力后，根据最不利组合的原则进行内力组合。作用在结构上的荷载包含恒载、活载和风荷载，按规范包含以下组合。

（1）1.3恒载＋1.5活载。

（2）1.3恒载＋1.5风荷载。

（3）1.3恒载＋1.5活载＋0.6×1.5风荷载。

（4）1.3恒载＋0.7×1.5活载＋1.5风荷载。

对于柱，在水平荷载较大时，若为大偏心受压构件，恒载的增大可能会使配筋减小，还应增加以下内力组合。

（5）1.0恒载＋1.5风荷载。

（6）1.0恒载＋0.7×1.5活载＋1.5风荷载。

6.7.1 梁的内力基本组合

计算梁的支座负弯矩内力组合时，组合（1）（2）不起控制作用，不需要计算，支座负弯矩计算组合（3）（4），选大值进行梁的面层配筋设计。AB跨、CD跨支座的风荷载内力小于竖向荷载内力，支座不会出现正弯矩，梁的底面配筋由跨中正弯矩决定，风荷载在梁中部的弯矩较小，组合（4）不起控制作用，按组合（3）计算跨中正弯矩；BC跨的恒载负弯矩大多小于风荷载正弯矩，须按组合（2）计算出支座正弯矩，按组合（3）计算出跨中正弯矩，二者取大值进行梁的底层配筋设计。

当考虑结构塑性内力重分布的影响进行内力调幅时，应在内力组合之前对竖向荷载作用的内力进行调幅，然后再与水平荷载的内力进行组合；本算例不进行弯矩调幅。

本算例以第四层梁为例进行内力组合，见表6.7.1，其他层梁可参照进行计算。

表 6.7.1 第四层梁内力组合表 （单位：kN·m）

跨号	控制截面	内力	恒载	活载			左风	右风	正弯矩		负弯矩及相应的V	
				AB跨	BC跨	CD跨			组合号	内力	组合号	内力
AB	左	M	−100.7	−29.61	−0.21	0.52	12.72	−12.72	—	—	(3)	−187.09
											(4)	−181.30
		V	103.6	32.35	0.04	−0.22	4.63		—	—	(3)	187.43
	中	M	93.4	28.90	−0.13	0.09	3.38	负值	(3)	167.95	—	—
	右	M	−97.7	−27.95	0.00	−0.67	−12.64	12.64	—	—	(3)	−181.32
											(4)	−176.02
		V	83.4	24.25	−0.04	0.22	4.63		—	—	(3)	149.29

跨号	控制截面	内力	恒载	活载			左风	右风	正弯矩		负弯矩及相应的 V	
				AB 跨	BC 跨	CD 跨			组合号	内力	组合号	内力
BC	左	M	−1.7	0.04	−0.95	−1.15	5.97	−5.97	(4)	6.79	(3)	−10.73
											(4)	−13.37
		V	5.6	−0.64	2.49	0.62	5.07		—		(4)	18.15
	中	M	1.3	负值	0.90	负值	0.02	负值	(3)	3.06	—	
	右	M	−12.1	−1.46	−0.83	0.31	−5.94	5.94	(4)	−6.49	(3)	−24.51
											(4)	−27.04
		V	14.4	0.64	1.92	−0.62	5.07		—		(4)	29.01
CD	左	M	−39.0	−0.36	0.06	−9.67	7.51	−7.51	—		(3)	−72.50
											(4)	−72.50
		V	41.4	0.11	−0.07	10.89	3.13				(3)	73.14
	中	M	23.7	负值	负值	7.05	负值	0.13	(3)	41.50	—	
	右	M	−31.7	0.19	−0.27	−9.22	−7.77	7.77	—		(3)	−62.44
											(4)	−52.95
		V	38.4	−0.11	0.07	10.71	3.13				(3)	68.91

恒载弯矩标准值以绕节点顺时针旋转为正，绕节点逆时针旋转为负，跨中弯矩以梁底受拉为负，表 6.7.1 中调整为梁面受拉为负，梁底受拉为正。活载、风荷载弯矩标准值规则与表中一致，不需要调整正负号。

AB 跨的剪力 0 点位于集中力位置，AB 跨的跨中弯矩（含风荷载）取集中力作用点的弯矩，其跨中正弯矩计算值与实际完全相符。竖向荷载作用下，BC 跨、CD 跨的跨中最大正弯矩不在跨的正中，恒载、各活载的作用点还不在同一点，本算例竖向荷载弯矩采用简单相加的做法，风荷载取跨的中点内力，使计算结果稍偏大。

表 6.7.1 中风荷载内力采用电算内力进行组合。

下面以 AB 跨左支座、跨中为例说明内力组合计算方法，跨中内力组合不需要计算剪力组合，其他支座内力及跨中弯矩组合计算方法类同，汇总于表 6.7.1 中。

1. AB 跨左支座内力基本组合

剪力以使支座产生负弯矩为正，左风剪力为负值，右风剪力为正值，由于其数值相同，在组合风荷载的弯矩时，必须组合风荷载的剪力，故不区分正负号。恒载不论正负均须参与组合，从表 6.7.1 中可以看出，须组合的项目为恒载、AB 跨活载、BC 跨活载、右风。

组合（3）的弯矩为

$$1.3 \times (-100.7 \text{kN} \cdot \text{m}) + 1.5 \times (-29.61 \text{kN} \cdot \text{m} - 0.21 \text{kN} \cdot \text{m}) +$$
$$0.6 \times 1.5 \times (-12.72 \text{kN} \cdot \text{m}) = -187.09 \text{kN} \cdot \text{m}$$

组合（4）的弯矩为

$$1.3 \times (-100.7\text{kN} \cdot \text{m}) + 0.7 \times 1.5 \times (-29.61\text{kN} \cdot \text{m} - 0.21\text{kN} \cdot \text{m}) +$$
$$1.5 \times (-12.72\text{kN} \cdot \text{m}) = -181.30\text{kN} \cdot \text{m}$$

从上述组合结果可以看出，组合（3）起控制作用，剪力用组合（3）为

$$1.3 \times 103.6\text{kN} + 1.5 \times (32.35\text{kN} + 0.04\text{kN}) + 0.6 \times 1.5 \times 4.63\text{kN} = 187.43\text{kN}$$

2. AB 跨跨中弯矩基本组合

AB 跨的跨中弯矩须组合恒载、AB 跨活载、CD 跨活载、左风。

剪力 0 点位于集中力作用点，左风作用下剪力 0 点的风荷载弯矩标准值为

$$12.72\text{kN} \cdot \text{m} - \frac{12.72\text{kN} \cdot \text{m} - (-12.64\text{kN} \cdot \text{m})}{5.7\text{m}} \times 2.1\text{m} = 3.38\text{kN} \cdot \text{m}$$

由于风荷载产生的正弯矩远小于活载产生的正弯矩，故组合（3）起控制作用。

$$1.3 \times 93.4\text{kN} \cdot \text{m} + 1.5 \times (28.90\text{kN} \cdot \text{m} + 0.09\text{kN} \cdot \text{m}) + 0.6 \times 1.5 \times$$
$$3.38\text{kN} \cdot \text{m} = 167.95\text{kN} \cdot \text{m}$$

从表 6.7.1 中可以看出，BC 跨的最大正弯矩出现在左支座，而不是跨中。

由于梁控制截面的内力值应取自支座边缘处，为此，进行组合前，应先计算各控制截面处的（支座边缘处的）内力值。

梁支座边缘处的内力值为

$$M_{\text{边}} = M - V \frac{b}{2}$$

$$V_{\text{边}} = V - q \frac{b}{2}$$

式中：$M_{\text{边}}$——支座边缘截面的弯矩标准值；

$\quad\quad V_{\text{边}}$——支座边缘截面的剪力标准值；

$\quad\quad M$——梁柱中线交点处的弯矩标准值；

$\quad\quad V$——与 M 相应的梁柱中线交点处的剪力标准值；

$\quad\quad q$——梁单位长度的均布荷载标准值，板传给梁的荷载在柱的截面范围内为三角形荷载或梯形荷载的尖角部分，略去板传荷载的影响，仅考虑梁自重及隔墙荷载；

$\quad\quad b$——梁端支座宽度（柱截面高度）。

计算 $M_{\text{边}}$ 时，未考虑竖向荷载的影响，使计算结果比设计值稍偏小；水平荷载的影响体现在剪力中。

以 AB 跨左支座为例进行计算，其他支座的计算见表 6.7.2。

梁自重基本组合值为 $1.3 \times 0.20\text{m} \times 0.50\text{m} \times 25\text{kN/m}^3 = 3.25\text{kN/m}$，则

$$M_{\text{A,边}} = 187.09\text{KN} \cdot \text{m} - 187.43\text{kN} \times \frac{0.40\text{m}}{2} = 149.60\text{kN} \cdot \text{m}$$

$$V_{\text{A,边}} = 187.43\text{kN} - 3.25\text{kN/m} \times \frac{0.40\text{m}}{2} = 186.78\text{kN}$$

从上述计算可以看出，将梁的支座弯矩移到柱边后减小幅度很大。

用于截面设计的第四层梁控制截面基本组合内力见表 6.7.2。

表 6.7.2　用于截面设计的第四层梁控制截面基本组合内力表　　（单位：kN·m）

跨号	控制截面		节点内力	均布恒载设计值	柱边内力
AB	左	M	−187.09	3.25	−149.60
		V	187.43		186.78
	中	M	167.95	—	—
	右	M	−181.32	12.30	−141.72
		V	176.02		173.25
BC	左	M	−13.37	1.95	−9.29
		V	18.15		17.71
	中	M	6.79	—	—
	右	M	−27.04	1.95	−20.51
		V	29.01		28.57
CD	左	M	−72.50	2.6	−56.04
		V	73.14		72.56
	中	M	41.50	—	—
	右	M	−62.44	2.6	−48.66
		V	68.91		68.39

6.7.2　梁的弯矩准永久组合

　　风荷载没有准永久值，准永久组合不需要组合风荷载。准永久组合用于计算梁的裂缝宽度，不需要组合剪力，只需要组合弯矩。

　　按规范准永久组合包含恒载、活载，走廊、办公室的准永久值系数为 0.5，上人屋面的准永久值系数为 0.4，准永久组合仅含以下一种组合：（7）1.0 恒载＋0.5（0.4，屋面）活载。

　　下面以 AB 跨右支座的弯矩准永久组合值为例说明计算方法，其他位置的计算结果见表 6.7.3。

　　$-97.7\text{kN} \cdot \text{m} + 0.5 \times (-27.95\text{kN} \cdot \text{m}) + 0.4 \times (-0.67\text{kN} \cdot \text{m}) = -111.94\text{kN} \cdot \text{m}$

　　第四层梁的弯矩准永久组合见表 6.7.3。

表 6.7.3　第四层梁的弯矩准永久组合表　　（单位：kN·m）

跨号	控制截面	内力	恒载	活载			准永久组合值
				AB 跨	BC 跨	CD 跨	
AB	左	M	−100.7	−29.61	−0.21	0.52	−115.59
	中	M	93.4	28.90	−0.13	0.09	107.89
	右	M	−97.7	−27.95	0.00	−0.67	−111.94
BC	左	M	−1.7	0.04	−0.95	−1.15	−2.54
	中	M	1.3	负值	0.90	负值	1.66
	右	M	−12.1	−1.46	−0.83	0.31	−13.16

跨号	控制截面	内力	恒载	活载			准永久组合值
				AB 跨	BC 跨	CD 跨	
CD	左	M	−39.0	−0.36	0.06	−9.67	−43.05
	中	M	23.7	负值	负值	7.05	26.52
	右	M	−31.7	0.19	−0.27	−9.22	−35.50

6.7.3 柱的内力基本组合

柱上端控制截面在上层的梁底，柱下端控制截面在下层的梁顶。按计算简图算得的柱端内力值，宜换算到控制截面处的值。为了简化计算，也可采用结构计算简图中线交点处的内力值，这样得的钢筋用量比需要的钢筋用量略微多一点。本算例取结构计算简图中线交点处的内力值进行截面设计。

工程中将控制截面的所有内力组合计算出来，逐个进行截面设计，手算不可能做到这点，本算例同一控制截面取三个目标组合进行计算。

（1）恒载、活载同时出现，且考虑风荷载参与的组合，是轴力最大且弯矩偏大的组合，对应组合号为（3）。

（2）仅恒载参与，且恒载分项系数取 1.0，并考虑风荷载参与的组合，是轴力最小且弯矩偏大的组合，对应组合号为（5）；右风第三、第四层虽为拉力，但反向弯矩太大，本组合仍取左风组合。

（3）由于柱的风荷载弯矩比活载弯矩要大，组合（4）可以得到轴力偏大、弯矩也偏大的内力组合，组合（6）可以得到轴力偏小、弯矩偏大的内力组合；小偏压应算组合（4），大偏压应算组合（6）；本算例计算组合（4）。

本例仅以Ⓑ轴柱的内力组合和截面设计为例，说明设计方法，其他柱从略。忽略柱自重影响，柱顶、柱底取相同轴力，Ⓑ轴柱内力组合结果详见表6.7.4。

表 6.7.4 Ⓑ轴柱内力组合表 （单位：kN·m）

层号	内力	恒载	活载			左风	右风	N_{max}		N_{min}		M_{max}	
			AB 跨	BC 跨	CD 跨			组合	数值	组合	数值	组合	数值
第四层	$M_上$	63.3	5.90	−0.04	0.12	7.98	−7.98	(3)	98.32	(5)	75.27	(4)	100.46
	$M_下$	52.8	12.68	−0.25	−0.36	5.46	−5.46		92.57		60.99		90.14
	N	147.8	8.59	0.00	−0.05	2.78	−2.78		207.53		151.97		205.33
	V	35.2	5.63	−0.09	−0.07	4.07	−4.07		57.87		41.31		57.78
第三层	$M_上$	22.9	12.92	−2.01	−0.12	13.15	−13.15	(3)	57.97	(5)	42.63	(4)	63.06
	$M_下$	12.7	8.86	−1.81	−0.28	6.10	−6.10		32.58		21.85		34.96
	N	410.5	51.23	12.84	−0.89	2.34	−2.34		631.86		414.01		590.95
	V	10.8	6.60	−1.16	−0.12	5.83	−5.83		27.45		19.55		29.72

层号	内力	恒载	活载			左风	右风	N_{max}		N_{min}		M_{max}	
			AB跨	BC跨	CD跨			组合	数值	组合	数值	组合	数值
第二层	$M_上$	2.2	5.93	−1.85	−0.46	17.35	−17.35	(3)	24.60	(5)	28.23	(4)	35.11
	$M_下$	5.8	7.57	−2.07	−0.08	13.23	−13.23		27.70		25.65		35.33
	N	588.0	92.49	32.06	−1.96	−2.59	2.59		948.89		584.12		857.63
	V	2.4	4.09	−1.19	−0.16	9.26	−9.26		15.80		16.29		21.30
第一层	$M_上$	5.6	5.38	−1.28	−0.22	16.82	−16.82	(3)	28.57	(5)	30.83	(4)	38.16
	$M_下$	2.2	2.42	−0.62	0.07	32.70	−32.70		34.99		51.25		54.45
	N	771.0	135.19	51.38	−2.25	−8.82	8.82		1274.22		757.77		1131.02
	V	1.9	1.90	−0.46	−0.04	12.08	−12.08		15.50		20.02		22.59

表 6.7.4 中柱上端弯矩以右侧受拉为正，柱下端弯矩以左侧受拉为正，轴力以受压为正，剪力以使弯矩为正时取正值。

对称配筋时弯矩取上端、下端截面的大值，Ⓑ轴柱用于截面设计的内力基本组合见表 6.7.5。

表 6.7.5　用于截面设计的Ⓑ轴柱内力基本组合表　　　　　　（单位：kN·m）

层号	内力	N_{max}		N_{min}		M_{max}	
		组合	数值	组合	数值	组合	数值
第四层	M_1	(3)	92.57	(5)	60.99	(4)	90.14
	M_2		98.32		75.27		100.46
	N		207.53		151.97		205.33
	V		57.87		41.31		57.78
第三层	M_1	(3)	32.58	(5)	21.85	(4)	34.96
	M_2		57.97		42.63		63.06
	N		631.86		414.01		590.95
	V		27.45		19.55		29.72
第二层	M_1	(3)	24.60	(5)	25.65	(4)	35.11
	M_2		27.70		28.23		35.33
	N		948.89		584.12		857.63
	V		15.80		16.29		21.30
第一层	M_1	(3)	28.57	(5)	30.83	(4)	38.16
	M_2		34.99		51.25		54.45
	N		1274.22		757.77		1131.02
	V		15.50		20.02		22.59

6.8　刚重比复核

当框架结构刚重比满足下列规定时，弹性计算分析时可不考虑重力二阶效应的不利影响。

$$\frac{D_i h_i}{\sum\limits_{j=i}^{n} G_j} \geqslant 20$$

当框架结构刚重比满足下列规定时，弹性计算分析时应考虑重力二阶效应的不利影响。

$$10 \leqslant \frac{D_i h_i}{\sum\limits_{j=i}^{n} G_j} < 20$$

当框架结构刚重比满足下列规定时，

$$\frac{D_i h_i}{\sum\limits_{j=i}^{n} G_j} < 10$$

此时，结构重力二阶效应很大，结构可能失稳，应加大结构刚度才能保证结构安全。

式中：D_i——第 i 楼层的弹性等效侧向刚度，可取该层剪力与层间位移的比值，本算例取表 6.6.3 中的值；

$\quad\quad G_j$——第 j 楼层重力荷载设计值，取 1.3 倍的永久荷载标准值与 1.5 倍的楼面可变荷载标准值的组合值；

$\quad\quad h_i$——第 i 楼层层高；

$\quad\quad n$——结构计算总层数。

工程中取整栋楼进行计算，虽然在某一层以上的总重力相同，该层的层高也相同，但两个主轴方向的刚度不同，故同一层有 2 个主轴方向的刚重比值。弹性等效侧向刚度取层剪力与层间位移的比值时，由于层间位移包含了下层层间错动产生的位移，有限元计算的层间位移值比直接用水平力计算出的层间位移值要大，故出现计算出的刚度比实际刚度小的现象，还会出现风荷载的侧移刚度与地震荷载的刚度不同的现象。工程软件每层会提供风荷载、地震荷载的 4 个刚重比，各层都会不同；刚度均匀、层高相同的结构，工程软件计算出的最小刚重比一般不在最下层。

为了使问题简化，并掌握计算原理，下列计算以计算梲为对象说明计算方法，工程中不应以单梲刚重比计算结果作为判别依据。

表 6.8.1 中刚度取表 6.6.3 中计算值，重力荷载代表值取柱轴力和，活载时轴拉力也应扣除。

表 6.8.1　刚重比计算表

层号	参数	恒载	AB 跨活载	BC 跨活载	CD 跨活载	设计值
第四层	重力荷载（kN）	296.7	16.94	0	0	411.12
	层高（mm）	3300				
	刚度（N/mm）	15716				
	刚重比	126.15				
第三层	重力荷载（kN）	1132.5	108.16	25.19	61.20	1764.08
	层高（mm）	3300				
	刚度（N/mm）	27575				
	刚重比	51.58				
第二层	重力荷载（kN）	1894.6	193.65	62.99	137.70	3054.49
	层高（mm）	3300				
	刚度（N/mm）	25092				
	刚重比	27.11				
第一层	重力荷载（kN）	2666.9	279.15	100.78	214.19	4358.15
	层高（mm）	4100				
	刚度（N/mm）	21428				
	刚重比	20.16				

表 6.8.1 中刚重比逐层减小，最小值出现在第一层，仍大于 20，说明可不考虑重力二阶（P-Δ）效应的不利影响。

下面以第一层为例说明详细计算过程，恒载标准值、活载标准值采用第一层柱轴力累加得到，第一层重力荷载设计值为

$1.3 \times 2666.9\text{kN} + 1.5 \times (279.15\text{kN} + 100.78\text{kN} + 214.19\text{kN}) = 4358.15\text{kN}$

刚重比为

$$\frac{21428\text{N/mm} \times 4100\text{mm}}{4358.15 \times 10^3\text{N}} = 20.16$$

若采用水平力与电算层间位移比计算刚度，由表 6.6.4 得水平剪力为 40.16kN，由 6.6.5 得层间位移为 2.03mm，则第一层刚度为

$$\frac{40.16 \times 10^3\text{N}}{2.03\text{mm}} = 19783\text{N/mm}$$

则电算刚重比为

$$\frac{19783\text{N/mm} \times 4100\text{mm}}{4358.15 \times 10^3\text{N}} = 18.61$$

得出电算第一层刚重比小于 20，还可以得出电算第二层刚度为 15951N/mm，刚重比为 17.23，第二层刚重比甚至比第一层刚重比更小。

手算侧移只计算了力产生的侧移，电算侧移则既考虑了力产生的侧移，还计入了下层错动导致的侧移，电算侧移是真实发生的侧移，是否考虑计算侧移二阶效应（P-Δ 效应）应以真实侧移作为判断依据。

混凝土结构以刚重比作为判断依据，刚度若以实际刚度作为判断依据，则刚度与外力无关，若以总水平剪力与层间位移的比值计算刚度，则刚度与水平外力有关。钢结构用二阶效应系数作为判断依据，其层间侧移采用一阶弹性分析的结果，这种做法是排斥手算的。

重力二阶效应包含侧移二阶效应（$P\text{-}\Delta$ 效应）和挠曲二阶效应（$P\text{-}\delta$ 效应）。侧移二阶效应是因侧移与重力荷载叠加而产生的弯矩增大，放大的是杆端弯矩；挠曲二阶效应是因长细杆件产生杆端间挠曲变形，最大弯矩往杆件中部移动并增大带来的构件弯矩增大。侧移二阶效应属于几何非线性问题，手算求解难度很大，一般采用电算求解；挠曲二阶效应既可借助电脑计算，也可手算。

6.9 柱截面设计

柱混凝土强度等级 C30，$f_c=14.3\text{N/mm}^2$，$f_t=1.43\text{N/mm}^2$，$f_{tk}=2.01\text{N/mm}^2$；

梁混凝土强度等级 C25，$f_c=11.9\text{N/mm}^2$，$f_t=1.27\text{N/mm}^2$，$f_{tk}=1.78\text{N/mm}^2$。

钢筋强度级别 HPB300，$f_y=270\text{N/mm}^2$，$f_{yk}=300\text{N/mm}^2$；

钢筋强度级别 HRB400，$f_y=360\text{N/mm}^2$，$f_{yk}=400\text{N/mm}^2$。

采用 HRB400 纵筋时，$\xi_b=\dfrac{\beta_1}{1+\dfrac{f_y}{E_s\varepsilon_{cu}}}=\dfrac{0.8}{1+\dfrac{360\text{N/mm}^2}{2.0\times10^5\text{N/mm}^2\times0.0033}}=0.518$

下面以第一层 N_{max} 和 N_{min} 的内力组合为例列出详细计算过程，其他层及第一层另一个组合的正截面设计见表 6.9.2，斜截面设计见表 6.9.3。

第一层 N_{max} 的内力组合为：$M_1=28.57\text{kN}\cdot\text{m}$，$M_2=34.99\text{kN}\cdot\text{m}$，$N=1274.22\text{kN}$，$V=15.50\text{kN}$。

第一层 N_{min} 的内力组合为：$M_1=30.83\text{kN}\cdot\text{m}$，$M_2=51.25\text{kN}\cdot\text{m}$，$N=757.77\text{kN}$，$V=20.20\text{kN}$。

6.9.1 第一层框架柱 N_{max} 的正截面设计

1. 轴压比计算

轴压比：$\mu_N=\dfrac{N}{f_cA_c}=\dfrac{1274.22\times10^3\text{N}}{14.3\text{N/mm}^2\times300\text{mm}\times450\text{mm}}=0.66$

进行非抗震设计时，轴压比没有规范规定，部分设计单位内部将轴压比控制在1.05 以下。进行抗震设计时，为了保证柱破坏时截面有一定幅度的转角，依据抗震要求有不同档次的轴压比控制要求，轴压比越小，截面破坏时产生的转角幅度越大。

2. 正截面偏心受压承载力设计

由于同一层柱大多承受正反向弯矩，也为了避免工程中搞反配筋方向，工程中框架柱常采用对称配筋。

柱混凝土强度等级为 C30，保护层厚度为 20mm，箍筋按 10mm 估算，纵筋按 20mm 估算，则截面有效高度：$h_0=450\text{mm}-20\text{mm}-10\text{mm}-\dfrac{20\text{mm}}{2}=410\text{mm}$

$$N_b = \alpha_1 f_c b h_0 \xi_b = 14.3\text{N/mm}^2 \times 300\text{mm} \times 410\text{mm} \times 0.518$$
$$= 911.11 \times 10^3\text{N} = 911.11\text{kN}$$

$N = 1274.22\text{kN} > N_b$，该内力组合为小偏压。小偏心受压包含远端钢筋受拉不屈服、受压不屈服和受压屈服三种情况，部分教材以偏心距作为大小偏心受压判别依据，这种做法缺乏规范和理论依据，对于小偏心受压，当偏心距很大时，由于 $\xi > \xi_b$，最大的可能也是远端钢筋受拉不屈服，故无疑为小偏心受压。当 $N < N_b$ 时，无论偏心距如何小，仍应按大偏心受压计算，只是由于轴力、弯矩均小，配筋为构造配筋。

两端弯矩接近的同向弯曲、长细比较大的杆件容易发生挠曲二阶效应，轴压比过大的杆件挠曲二阶效应影响很大，以下三种情况须计算挠曲二阶效应。

（1）发生两端弯矩接近的同向弯曲时，最大弯矩不在杆端附近而在杆件中部，规范规定 $\frac{M_1}{M_2} > 0.9$ 时，须计算挠曲二阶效应。

（2）轴压比很大时，挠曲二阶效应影响很大，规范规定轴压比 $\mu_N > 0.9$ 时，须计算挠曲二阶效应。

（3）发生反向弯曲或两端弯矩相差较大的同向弯曲，且轴压比不大时，若长细比很大则仍须计算挠曲二阶效应；规范规定 $\frac{M_1}{M_2} \leq 0.9$ 且 $\mu_N \leq 0.9$，在满足 $\frac{l_c}{i} > 34 - 12\frac{M_1}{M_2}$ 的情况下，须计算挠曲二阶效应。

产生两端弯矩相同的同向弯曲时，允许长细比最小，为 22；产生两端弯矩相同的反向弯曲时，允许长细比最大，为 46。

仅一种情况不需要计算挠曲二阶效应，两端弯矩相差较大、轴压比较小、长细比较小三者均满足时，不需要计算挠曲二阶效应。

由于为反向挠曲，小弯矩取负值，$M_1 = -28.57\text{kN} \cdot \text{m}$，则

$$\frac{M_1}{M_2} = \frac{-28.57\text{kN} \cdot \text{m}}{34.99\text{kN} \cdot \text{m}} = -0.817 < 0.9$$

$$\mu_N = 0.66 < 0.9$$

计算长度近似取上下支撑点之间的距离，$l_c = 4100\text{mm}$。回转半径为

$$i = \sqrt{\frac{I}{A}} = \sqrt{\frac{\frac{1}{12} \times 300\text{mm} \times (450\text{mm})^3}{300\text{mm} \times 450\text{mm}}} = 129.90\text{mm}$$

$\frac{l_c}{i} = \frac{4100\text{mm}}{129.90\text{mm}} = 31.56, 34 - 12 \times \frac{M_1}{M_2} = 34 - 12 \times (-0.817) = 43.80$

长细比小于规范限值，可以不算挠曲二阶效应。

$$e_0 = \frac{M_2}{N} = \frac{34.99\text{kN} \cdot \text{m}}{1274.22\text{kN}} = 0.02746\text{m} = 27.46\text{mm}$$

$$e_a = \max\left\{20\text{mm}, \frac{450\text{mm}}{30}\right\} = 20\text{mm}$$

$$e_i = e_0 + e_a = 27.46\text{mm} + 20\text{mm} = 47.46\text{mm}$$

$$e = \frac{h}{2} - a_s + e_i = \frac{450\text{mm}}{2} - 40\text{mm} + 47.46\text{mm} = 232.46\text{mm}$$

$$0.43\alpha_1 f_c bh_0^2 = 0.43 \times 14.3\text{N/mm}^2 \times 300\text{mm} \times (410\text{mm})^2 = 310.09 \times 10^6\text{N} \cdot \text{mm}$$

$$\alpha_1 f_c bh_0 = 14.3\text{N/mm}^2 \times 300\text{mm} \times 410\text{mm} = 1758.90 \times 10^3\text{N}$$

$$\xi = \frac{N - N_b}{\dfrac{Ne - 0.43\alpha_1 f_c bh_0^2}{(\beta_1 - \xi_b)(h_0 - a_s')} + \alpha_1 f_c bh_0} + \xi_b$$

$$= \frac{1274.22 \times 10^3\text{N} - 911.11 \times 10^3\text{N}}{\dfrac{1274.22 \times 10^3\text{N} \times 232.46\text{mm} - 310.09 \times 10^6\text{N} \cdot \text{mm}}{(0.80 - 0.518) \times (410\text{mm} - 40\text{mm})} + 1758.90 \times 10^3\text{N}} + 0.518$$

$$= 0.741$$

$$A_s = A_s' = \frac{Ne - \alpha_1 f_c bh_0^2 \xi(1 - 0.5\xi)}{f_y'(h_0 - a_s')}$$

$$= \frac{1274.22 \times 10^3\text{N} \times 232.46\text{mm} - 14.3\text{N/mm}^2 \times 300\text{mm} \times (410\text{mm})^2 \times 0.741 \times (1 - 0.5 \times 0.741)}{360\text{N/mm}^2 \times (410\text{mm} - 40\text{mm})}$$

$$= -302\text{mm}^2 < 0$$

由于轴力比混凝土的抗压能力小得较多，弯矩较小，单靠混凝土即具有超过承受所需弯矩及轴力的能力，且尚有一定富余，故出现计算配筋用量小于 0 的现象。从数据来看，考虑受附加偏心距影响的外力相对于远端钢筋 A_s 的力矩为 $Ne = 296.2\text{kN} \cdot \text{m}$，相对受压区高度 $\xi = 0.741$ 时，受压区混凝土相对于远端钢筋 A_s 的受弯承载力为 $336.5\text{kN} \cdot \text{m}$，说明不计入受压钢筋 A_s' 的影响，靠混凝土的抗压能力即能满足偏心受压的受弯承载力要求且有富余，故出现计算钢筋用量小于 0 的现象。

按规范取最小配筋率下的钢筋用量，纵向受力筋采用 HRB400，全部纵向钢筋最小配筋率 $\rho_{min} = 0.55\%$。

$$0.55\% \times 300\text{mm} \times 450\text{mm} = 742.5\text{mm}^2$$

单侧纵向钢筋最小配筋率 $\rho_{min} = 0.20\%$。

$$A_s = A_s' = 0.20\% \times 300\text{mm} \times 450\text{mm} = 270\text{mm}^2$$

单侧配 2⏀14 钢筋，实际 $A_s = A_s' = 308\text{mm}^2$

腰筋配 2⏀12 钢筋，总配筋量为 $308\text{mm}^2 + 226\text{mm}^2 + 308\text{mm}^2 = 842\text{mm}^2$

6.9.2　第一层框架柱 N_{min} 的正截面设计

1. 轴压比计算

轴压比：$\mu_N = \dfrac{N}{f_c A_c} = \dfrac{757.77 \times 10^3\text{N}}{14.3\text{N/mm}^2 \times 300\text{mm} \times 450\text{mm}} = 0.393$

2. 正截面偏心受压承载力设计

相对受压区高度 $\xi = \xi_b$ 时的轴力 $N_b = 911.11\text{kN}$。

$N = 757.77\text{kN} < N_b$，该内力组合为大偏压。大偏心受压包含弯矩较大的大偏压和弯矩很小的大偏压，当弯矩很小时，由于框架柱的混凝土具有较弱的抗弯能力，配筋不需要计算。

由于为反向挠曲，小弯矩取负值，$M_1 = -30.83\text{kN} \cdot \text{m}$，则

$$\frac{M_1}{M_2} = \frac{-30.83\text{kN} \cdot \text{m}}{51.25\text{kN} \cdot \text{m}} = -0.602 < 0.9$$

$$\mu_N = 0.393 < 0.9$$

按前面计算结果 $l_c/i=31.56$

$$34-12\times\frac{M_1}{M_2}=34-12\times(-0.602)=41.22$$

计算长细比小于规范限值，可以不算挠曲二阶效应。

$$e_0=\frac{M_2}{N}=\frac{51.25\text{kN}\cdot\text{m}}{757.77\text{kN}}=0.06763\text{m}=67.63\text{mm}$$

$$e_i=e_0+e_a=67.63\text{mm}+20\text{mm}=87.63\text{mm}$$

$$e=\frac{h}{2}-a_s+e_i=\frac{450\text{mm}}{2}-40\text{mm}+87.63\text{mm}=272.63\text{mm}$$

$$\xi=\frac{N}{\alpha_1 f_c b h_0}=\frac{757.77\times10^3\text{N}}{14.3\text{N/mm}^2\times300\text{mm}\times410\text{mm}}=0.431$$

$$A_s=A_s'=\frac{Ne-\alpha_1 f_c b h_0^2\xi(1-0.5\xi)}{f_y'(h_0-a_s')}$$

$$=\frac{757.77\times10^3\text{N}\times272.62\text{mm}-14.3\text{N/mm}^2\times300\text{mm}\times(410\text{mm})^2\times0.431\times(1-0.5\times0.431)}{360\text{N/mm}^2\times(410\text{mm}-40\text{mm})}$$

$$=-280\text{mm}^2<0$$

从数据来看，考虑受附加偏心距影响的外力相对于远端钢筋 A_s 的力矩为 $Ne=206.6\text{kN}\cdot\text{m}$，相对受压区高度 $\xi=0.431$ 时，受压区混凝土相对于远端钢筋 A_s 的受弯承载力为 $243.8\text{kN}\cdot\text{m}$，说明不计入受压钢筋 A_s' 的影响，靠混凝土的抗压能力即能满足偏心受压的受弯承载力要求且有富余，故出现计算钢筋用量小于零的现象。

按规范取最小配筋率下的钢筋用量。

从上面的计算可以看出，同一层选用不同的目标组合，可能出现大偏压、小偏压两种不同的偏心受压状态。

6.9.3　平面外轴心受压承载力验算

当结构两个方向的弯矩有明显差异时，应设计为矩形截面柱，若设计为正方形截面柱，理论上则不需要验算平面外的轴心受压承载力。但由于现有设计公式在由小偏心受压过渡到轴心受压时并不是连续过渡，对于偏心距很小的小偏心受压，其计算承载力反倒比按轴心受压计算的承载力更大，故轴压比较大时仍有按轴心受压进行平面内和平面外的轴心受压承载力验算的必要。

由于平面内轴心受压承载力要大于平面外轴心受压承载力，下面只验算平面外轴心受压承载力。

1. 第一层平面外轴心受压承载力验算

第一层计算长度 $l_0=4100\text{mm}$，$l_0/b=4100\text{mm}/300\text{mm}=13.67$，查表并插值得

$$\varphi=0.95-\frac{0.95-0.92}{14-12}\times(13.67-12)=0.925$$

平面外轴心受压承载力为

$0.9\varphi(f_c A+f_y' A_s')$

$=0.9\times0.925\times(14.3\text{N/mm}^2\times300\text{mm}\times450\text{mm}+360\text{N/mm}^2\times308\text{mm}^2\times2)$

$=1791.76\times10^3\text{N}=1791.76\text{kN}$

第一层最大轴力为 1274.22kN，第一层平面外轴心受压承载力满足规范要求。

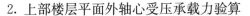

2. 上部楼层平面外轴心受压承载力验算

上部楼层计算长度 $l_0 = 1.25 \times 3300\text{mm} = 4125\text{mm}$

$l_0/b = 4125\text{mm}/300\text{mm} = 13.75$，查表并插值得

$$\varphi = 0.95 - \frac{0.95 - 0.92}{14 - 12} \times (13.75 - 12) = 0.924$$

纵向配筋的配筋率按构造配筋计算，当为受力配筋时平面外轴心受压承载力更大。构造配筋的平面外轴心受压承载力为

$$0.9\varphi(f_c A + f'_y A'_s)$$
$$= 0.9 \times 0.924 \times (14.3\text{N/mm}^2 \times 300\text{mm} \times 450\text{mm} + 360\text{N/mm}^2 \times 308\text{mm}^2 \times 2)$$
$$= 1789.82 \times 10^3 \text{N} = 1789.82\text{kN}$$

上部楼层最大轴力为 948.89kN，上部楼层平面外轴心受压承载力满足规范要求。

6.9.4　Ⓑ轴框架柱正截面设计

1. 挠曲二阶效应计算判定

挠曲二阶效应的计算判定汇总于表 6.9.1。

表 6.9.1　挠曲二阶效应计算判定

层号	目标组合	M_1	M_2	N	M_1/M_2	μ_N	l_c/i	允许长细比	结论
第四层	N_{max}	92.57	98.32	207.53	−0.942	0.108	25.40	45.30	否
	N_{min}	60.99	75.27	151.97	−0.810	0.079	25.40	43.72	否
	M_{max}	90.14	100.46	205.33	−0.897	0.106	25.40	44.77	否
第三层	N_{max}	32.58	57.97	631.86	−0.562	0.327	25.40	40.74	否
	N_{min}	21.85	42.63	414.01	−0.512	0.214	25.40	40.15	否
	M_{max}	34.96	63.06	590.95	−0.554	0.306	25.40	40.65	否
第二层	N_{max}	24.60	27.70	948.89	−0.888	0.492	25.40	44.66	否
	N_{min}	25.65	28.23	584.12	−0.909	0.303	25.40	44.90	否
	M_{max}	35.11	35.33	857.63	−0.994	0.444	25.40	45.93	否
第一层	N_{max}	28.57	34.99	1274.22	−0.816	0.660	31.56	43.80	否
	N_{min}	30.83	51.25	757.77	−0.602	0.393	31.56	41.22	否
	M_{max}	38.16	54.45	1131.02	−0.701	0.586	31.56	42.41	否

从表 6.9.1 可知所有框架柱在各层的所有目标组合均不需要计算挠曲二阶效应。

2. 框架柱正截面设计

各层配筋取值取 3 个目标组合计算配筋量的最大值，当 3 个配筋量均小于最小配筋率对应的配筋量时，取由最小配筋率计算出的配筋量。Ⓑ轴框架柱正截面设计汇总于

表 6.9.2。

表 6.9.2 Ⓑ轴框架柱正截面设计汇总

| 层号 | 目标组合 | M_1 | M_2 | N | 大小偏心受压判断 | | 偏心距 | | | ξ | 计算配筋面积 | 配筋面积取值 |
					N_b	结论	e_0	e_i	e			
第四层	N_{max}	92.57	98.32	207.53	911.11	大	473.76	493.76	678.76	0.118	456	
	N_{min}	60.99	75.27	151.97	911.11	大	495.30	515.30	700.30	0.086	351	475
	M_{max}	90.14	100.46	205.33	911.11	大	489.26	509.26	694.26	0.117	475	
第三层	N_{max}	32.58	57.97	631.86	911.11	大	91.75	101.75	296.75	0.359	−188	
	N_{min}	21.85	42.63	414.01	911.11	大	102.97	122.97	307.97	0.235	−167	270
	M_{max}	34.96	63.06	590.95	911.11	大	106.71	126.71	311.71	0.336	−131	
第二层	N_{max}	24.60	27.70	948.89	911.11	小	29.19	49.19	234.19	0.559	−512	
	N_{min}	25.65	28.23	584.12	911.11	大	48.33	68.33	253.33	0.332	−389	270
	M_{max}	35.11	35.33	857.63	911.11	大	41.19	61.19	246.19	0.488	−411	
第一层	N_{max}	28.57	34.99	1274.22	911.11	小	27.46	47.46	232.46	0.741	−302	
	N_{min}	30.83	51.25	757.77	911.11	大	67.63	87.63	272.63	0.431	−280	270
	M_{max}	38.16	54.45	1131.02	911.11	小	48.14	68.14	253.14	0.662	−248	

从表 6.9.2 可以看出，受弯矩的影响，最大配筋面积计算值并不在最底层。第一~第三层取 2Φ14，实配的配筋面积为 $A_s = A_s' = 308\ mm^2$，第四层取 2Φ14+1Φ16，实配的配筋面积为 $A_s = A_s' = 308\ mm^2 + 201\ mm^2 = 509\ mm^2$。考虑到实际为偏心受压柱，在柱的截面高度方向钢筋净距大于 300mm，故在侧面设置双侧共 2Φ12 的构造钢筋，平面外的轴心受压承载力验算时未计入构造钢筋的作用。

6.9.5 框架柱的斜截面设计

1. 截面尺寸复核

斜压破坏是一种靠增大箍筋用量不能提高抗剪承载力的破坏形态，为了避免斜压破坏的发生，由混凝土抗压强度、框架柱截面共同决定的抗剪承载力极限值须大于剪力值。

$$h_w/b = h_0/b = 410mm/300mm = 1.37 < 4$$
$$0.25\beta_c f_c bh_0 = 0.25 \times 1.0 \times 14.3N/mm^2 \times 300mm \times 410mm$$
$$= 439.73 \times 10^3 N = 439.73kN$$

由表 6.7.4 可知，Ⓑ轴柱最大剪力为 57.87kN，远小于斜压破坏承载力限值，故Ⓑ轴柱各层均不会发生斜压破坏，截面满足要求。

2. 斜截面受剪承载力计算

取剪力最大的第四层组合（3）计算，其他层及第四层另 2 个组合的计算见

表 6.9.3。

第四层组合（3）的轴力 $N=207.53$kN，剪力 $V=57.87$kN。

柱的广义剪跨比 $\lambda=\dfrac{M}{Vh}$，M/V 为反弯点到杆端的距离，由于反弯点一般不在柱的正中间，故弯矩大的一端剪跨比大，抗剪承载力小，同层受剪承载力设计应由弯矩大的一端决定，电算实现难度应该不大。手算时取反弯点为柱的中点，柱高度取有效高度 h_0 近似考虑其不足，剪跨比为

$$\lambda=\frac{H}{2h_0}=\frac{3300\text{mm}}{2\times410\text{mm}}=4.02>3$$

取剪跨比 $\lambda=3$

$0.3f_cA=0.3\times14.3\text{N/mm}^2\times300\text{mm}\times450\text{mm}=579.15\times10^3\text{N}=579.15\text{kN}$

实际轴力 $N=207.53$kN<579.15kN，取实际轴力计算受剪承载力。

混凝土的受剪承载力为

$$\frac{1.75}{\lambda+1}f_tbh_0+0.07N=\frac{1.75}{3+1}\times1.43\text{N/mm}^2\times300\text{mm}\times410\text{mm}+0.07\times207.53\times10^3\text{N}$$
$$=91.48\times10^3\text{N}=91.48\text{kN}$$

实际作用剪力 $V=57.87$kN，小于混凝土的受剪能力，不需要按计算配置受剪箍筋，只需按规范构造要求配置柱箍筋。

箍筋起到在偏心受压承载力极限状态约束纵向受压钢筋鼓曲的作用，箍筋直径不小于纵向钢筋直径的 1/4，大直径纵向钢筋向外鼓曲的力更大，纵向钢筋直径取最大直径。箍筋最小直径 $d_{\min}=\max\{d/4,6\text{mm}\}=\max\{16\text{mm}/4,6\text{mm}\}=6\text{mm}$。

纵向钢筋在偏心受压承载力或轴心受压承载力极限状态能否起到作用，以箍筋约束纵向受压钢筋向外鼓曲为限制条件，箍筋最大间距须小于 $15d$，由于小直径钢筋更易鼓曲，应取最小直径钢筋直径计算，但未用于承载力设计的构造钢筋不算在内。箍筋最大间距为 $\min\{400\text{mm},b,15d\}=\min\{400\text{mm},300\text{mm},15\times14\text{mm}\}=210\text{mm}$。

纵筋未超过 3 根，可不采用复合箍，取箍筋为 2 Φ 6@200。

3. 斜截面受剪承载力设计汇总表

第一层剪跨比为 $\lambda=\dfrac{H}{2h_0}=\dfrac{4100\text{mm}}{2\times410\text{mm}}=5>3$，取剪跨比 $\lambda=3$。

各层受剪箍筋取 3 个目标组合计算箍筋量的最大值，当 3 个箍筋量均为构造配筋时，按构造配筋设计。Ⓑ轴框架柱斜截面受剪承载力设计汇总于表 6.9.3。

表 6.9.3　Ⓑ轴框架柱斜截面受剪承载力设计汇总

层号	目标组合	V	受剪轴力取值			混凝土受剪承载力	是否需要按计算配置箍筋	箍筋配置结果
			N	$0.3f_cA$	取值			
第四层	$N_{\max}$	57.87	207.53	579.15	207.53	91.48	否	2 Φ 6@200
	$N_{\min}$	41.31	151.97	579.15	151.97	87.59	否	
	$M_{\max}$	57.78	205.33	579.15	205.33	91.32	否	

层号	目标组合	V	受剪轴力取值			混凝土受剪承载力	是否需要按计算配置箍筋	箍筋配置结果
			N	$0.3f_cA$	取值			
第三层	N_{max}	27.45	631.86	579.15	579.15	117.49	否	2⏀6@200
	N_{min}	19.55	414.01	579.15	414.01	105.93	否	
	M_{max}	29.72	590.95	579.15	579.15	117.49	否	
第二层	N_{max}	15.80	948.89	579.15	579.15	117.49	否	2⏀6@200
	N_{min}	16.29	584.12	579.15	579.15	117.49	否	
	M_{max}	21.30	857.63	579.15	579.15	117.49	否	
第一层	N_{max}	15.50	1274.22	579.15	579.15	117.49	否	2⏀6@200
	N_{min}	20.02	757.77	579.15	579.15	117.49	否	
	M_{max}	22.59	1131.02	579.15	579.15	117.49	否	

从表6.9.3可以看出，轴压力的存在增大了混凝土的抗剪承载力，混凝土的抗剪承载力均大于作用的剪力，箍筋均按构造要求配置。

6.10 梁截面设计及裂缝宽度验算

6.10.1 第四层梁正截面纵筋计算

下面以第四层A支座负弯矩配筋和AB跨正弯矩为例进行计算，其他正截面纵筋不列出详细过程，计算结果见表6.10.1。

1. 第四层A支座负弯矩配筋计算

按表6.7.2，第四层A支座负弯矩$M=-149.60\text{kN} \cdot \text{m}$，梁上部受拉，下部受压，现浇板位于梁受拉区，按矩形截面设计。

C25混凝土，$\alpha_1 f_c=11.9\text{N/mm}^2$，$b=200\text{mm}$，混凝土保护层厚度为20mm+5mm=25mm，箍筋直径按10mm估算，纵筋直径按20mm估算，钢筋竖排间距为max{25mm，d}=max{25mm，20mm}=25mm，按双排筋计算，截面有效高度为$h_0=500\text{mm}-25\text{mm}-10\text{mm}-20\text{mm}-25\text{mm}/2=432.5\text{mm}$。

内力臂系数为

$$\alpha_s = \frac{M}{\alpha_1 f_c b h_0^2} = \frac{149.60 \times 10^6 \text{N} \cdot \text{mm}}{11.9\text{N/mm}^2 \times 200\text{mm} \times (432.5\text{mm})^2} = 0.336$$

相对受压区高度为

$$\xi = 1 - \sqrt{1-2\alpha_s} = 1 - \sqrt{1-2 \times 0.336} = 0.427$$

$\xi < \xi_b = 0.518$，不会发生超筋破坏。

受弯配筋面积为

$$A_s = \frac{\alpha_1 f_c b h_0 \xi}{f_y} = \frac{11.9\text{N/mm}^2 \times 200\text{mm} \times 432.5\text{mm} \times 0.427}{360\text{N/mm}^2} = 1221\text{mm}^2$$

$$\rho_{\min} = \max\left\{0.20\%, 0.45\frac{f_t}{f_y}\right\} = \max\left\{0.20\%, 0.45\times\frac{1.27\text{N/mm}^2}{360\text{N/mm}^2}\right\} = 0.20\%$$

最小配筋面积为 $A_{s,\min} = \rho_{\min}bh = 0.20\%\times200\text{mm}\times500\text{mm} = 200\text{mm}^2$，计算配筋面积大于最小配筋面积，取 $A_s = 1221\text{mm}^2$，实配 3$\oplus$18（上排）＋2$\oplus$18（下排）（$A_s = 1272\text{mm}^2$）。

2. 第四层 AB 跨正弯矩配筋计算

按表 6.7.2，第四层 AB 跨正弯矩为 $M = 167.95\text{kN}\cdot\text{m}$，梁上部受压，下部受拉，现浇板位于梁受压区，按 T 形截面设计。

T 形截面受压翼缘厚度为板厚 $h'_f = 100\text{mm}$，T 形截面受压翼缘有效宽度为

$b'_f = \min\{l_0/3, b+s_n, b+12h'_f\} = \min\{5700\text{mm}/3, 3000\text{mm}, 200\text{mm}+12\times100\text{mm}\} = 1400\text{mm}$

受压区包含全部现浇板能承受的弯矩为

$$\alpha_1 f_c b'_f h'_f\left(h_0 - \frac{h'_f}{2}\right)$$
$$= 11.9\text{N/mm}^2\times1400\text{mm}\times100\text{mm}\times\left(432.5\text{mm} - \frac{100\text{mm}}{2}\right)$$
$$= 637.25\times10^6\text{N}\cdot\text{mm} = 637.25\text{kN}\cdot\text{m}$$

$M = 167.95\text{kN}\cdot\text{m} < 637.25\text{kN}\cdot\text{m}$，属于受压区在现浇板内的第一类 T 形截面，受压区为矩形，可以按 1400mm×500mm 的矩形截面设计。

内力臂系数为

$$\alpha_s = \frac{M}{\alpha_1 f_c b'_f h_0^2} = \frac{167.95\times10^6\text{N}\cdot\text{mm}}{11.9\text{N/mm}^2\times1400\text{mm}\times(432.5\text{mm})^2} = 0.0539$$

相对受压区高度为

$$\xi = 1 - \sqrt{1-2\alpha_s} = 1 - \sqrt{1-2\times0.0539} = 0.0554$$

$\xi < \xi_b = 0.518$，不会发生超筋破坏。

受弯配筋面积为

$$A_s = \frac{\alpha_1 f_c b'_f h_0\xi}{f_y} = \frac{11.9\text{N/mm}^2\times1400\text{mm}\times432.5\text{mm}\times0.0554}{360\text{N/mm}^2} = 1109\text{mm}^2$$

最小配筋面积为 $A_{s,\min} = 200\text{mm}^2$，计算配筋面积大于最小配筋面积，取 $A_s = 1109\text{mm}^2$，实配 2$\oplus$16（上排）＋3$\oplus$18（下排）（$A_s = 1165\text{mm}^2$）。

3. 第四层梁正截面配筋计算汇总表

BC 跨、CD 跨弯矩较小，纵筋按一排布置。

BC 跨梁高为 300mm，$h_0 = 300\text{mm}-25\text{mm}-10\text{mm}-20\text{mm}/2 = 255\text{mm}$，$BC$ 跨 T 形截面受压翼缘厚度为板厚 $h'_f = 120\text{mm}$，T 形截面受压翼缘有效宽度为

$$b'_f = \min\{l_0/3, b+s_n, b+12h'_f\}$$
$$= \min\{2100\text{mm}/3, 3000\text{mm}, 200\text{mm}+12\times120\text{mm}\} = 700\text{mm}$$

受压区包含全部现浇板能承受的弯矩为

$$\alpha_1 f_c b'_f h'_f\left(h_0 - \frac{h'_f}{2}\right)$$
$$= 11.9\text{N/mm}^2\times700\text{mm}\times120\text{mm}\times\left(255\text{mm} - \frac{120\text{mm}}{2}\right)$$
$$= 194.92\times10^6\text{N}\cdot\text{mm} = 194.92\text{kN}\cdot\text{m}$$

$M = 6.79\text{kN} \cdot \text{m} < 194.92\text{kN} \cdot \text{m}$，属于受压区在现浇板内的第一类 T 形截面，受压区为矩形，跨中正截面承载力可以按 700mm×300mm 的矩形截面设计。

CD 跨梁高为 400mm，$h_0 = 400\text{mm} - 25\text{mm} - 10\text{mm} - 20\text{mm}/2 = 355\text{mm}$，CD 跨 T 形截面受压翼缘厚度为板厚 $h_f' = 120\text{mm}$，T 形截面受压翼缘有效宽度为

$$b_f' = \min\{l_0/3, b + s_n, b + 12h_f'\}$$

$$= \min\{5100\text{mm}/3, 3000\text{mm}, 200\text{mm} + 12 \times 120\text{mm}\} = 1640\text{mm}$$

受压区包含全部现浇板能承受的弯矩，为

$$\alpha_1 f_c b_f' h_f' \left(h_0 - \frac{h_f'}{2}\right)$$

$$= 11.9\text{N/mm}^2 \times 1640\text{mm} \times 120\text{mm} \times \left(355\text{mm} - \frac{120\text{mm}}{2}\right)$$

$$= 690.87 \times 10^6 \text{N} \cdot \text{mm} = 690.87\text{kN} \cdot \text{m}$$

$M = 41.50\text{kN} \cdot \text{m} < 690.87\text{kN} \cdot \text{m}$，属于受压区在现浇板内的第一类 T 形截面，受压区为矩形，跨中正截面承载力可以按 1640mm×400mm 的矩形截面设计。

第四层框架梁的所有正截面配筋面积计算见表 6.10.1。

6.10.1 第四层框架梁正截面配筋面积计算表

计算公式	AB 跨 （200mm×500mm）			BC 跨 （200mm×300mm）			CD 跨 （200mm×400mm）		
	左支座	跨中	右支座	左支座	跨中	右支座	左支座	跨中	右支座
M （kN·m）	−149.60	167.95	−141.72	−9.29	6.79	−20.51	−56.04	41.50	−48.66
截面形式	矩形	T 形 1400mm× 500mm	矩形	矩形	T 形 700mm× 300mm	矩形	矩形	T 形 1640mm× 400mm	矩形
h_0 （mm）	432.5			255			355		
$\alpha_s = \dfrac{M}{\alpha_1 f_c b h_0^2}$	0.3360	0.0539	0.3183	0.0600	0.0125	0.1325	0.1868	0.0169	0.1622
$\xi = 1 - \sqrt{1 - 2\alpha_s}$	0.4273	0.0554	0.3972	0.0619	0.0126	0.1427	0.2086	0.0170	0.1781
$A_s = \dfrac{\alpha_1 f_c b h_0 \xi}{f_y}$	1221	1109	1136	104	74	241	490	328	418
$A_{s,\min}$	200	200	200	120	120	120	160	160	160
配筋面积取值	1221	1109	1136	120	120	241	490	328	418
实配钢筋面积 （mm²）	5⏀18 (1272)	2⏀16+ 3⏀18 (1165)	3⏀18+ 2⏀16 (1165)	3⏀18+ 2⏀16 (1165)	2⏀14 (308)	2⏀18 (509)	2⏀18 (509)	2⏀16 (402)	3⏀14 (461)

BC 跨左支座虽配筋面积计算结果很小，但须与 AB 跨右支座顶面钢筋相同，不能按 BC 跨左支座配筋计算面积配置纵筋。BC 跨右支座虽配筋面积计算结果很小，但须与 CD 跨左支座顶面钢筋相同，也不能按 BC 跨右支座配筋面积计算值配置纵筋。

6.10.2 第四层梁斜截面受剪箍筋计算

下面以第四层 A 支座受剪箍筋和 B 支座右侧受剪箍筋为例进行计算，其他斜截面箍筋不列出详细过程，计算结果见表 6.10.2。

1. AB 跨截面尺寸复核

$$h_w/b = (500\text{mm} - 100\text{mm})/200\text{mm} = 2 < 4$$

$0.25\beta_c f_c b h_0 = 0.25 \times 1.0 \times 11.9\text{N/mm}^2 \times 200\text{mm} \times 432.5\text{mm} = 257.34 \times 10^3 \text{N} = 257.33\text{kN}$

AB 跨最大剪力为 186.78kN，小于斜压破坏承载力限值，故 AB 跨不会发生斜压破坏，截面满足要求。

2. A 支座斜截面受剪箍筋计算

由表 6.7.2 可知，剪力为 $V = 186.78\text{kN}$。

由图 6.5.2 可知，恒载集中力占恒载总剪力的比例为 90.5kN/103.6kN = 87.4%，远超规范规定的 75%，剪跨比为

$$\lambda = \frac{a}{h_0} = \frac{2100\text{mm}}{432.5\text{mm}} = 4.86 > 3$$

取剪跨比 $\lambda = 3$，混凝土的受剪承载力为

$$V_c = \frac{1.75}{\lambda + 1} f_t b h_0 = \frac{1.75}{3+1} \times 1.27\text{N/mm}^2 \times 200\text{mm} \times 432.5\text{mm}$$
$$= 48.06 \times 10^3 \text{N} = 48.06\text{kN}$$

实际作用剪力 $V = 186.78\text{kN}$，大于混凝土的受剪能力，需按计算配置受剪箍筋，选择 ⏀8 双肢箍，则箍筋间距为

$$s \leqslant \frac{f_{yv} n A_{sv1} h_0}{V - V_c} = \frac{360\text{N/mm}^2 \times 2 \times 50.3\text{ mm}^2 \times 432.5\text{mm}}{186.78 \times 10^3 \text{N} - 48.06 \times 10^3 \text{N}} = 113\text{mm}$$

取 ⏀8@100（双肢箍），箍筋加密区须从支座边直到集中力位置。

梁高不大于 800mm 时，箍筋最小直径为 6mm；梁高 $h \in$（300mm，500mm]，且 $V > V_c$ 时，箍筋间距不大于 200mm，还需满足最小配箍率要求。

$$\rho_{sv,\min} = 0.24 \frac{f_t}{f_{yv}} = 0.24 \times \frac{1.27\text{N/mm}^2}{360\text{N/mm}^2} = 0.085\%$$

实际配箍率 $\rho_{sv} = \frac{A_{sv}}{bs} = \frac{2 \times 50.3\text{ mm}^2}{200\text{mm} \times 100\text{mm}} = 0.503\%$，大于最小配箍率，满足最小配箍率要求。

3. BC 跨截面尺寸复核

$$h_w/b = (300\text{mm} - 120\text{mm})/200\text{mm} = 0.9 < 4$$

$$0.25\beta_c f_c b h_0 = 0.25 \times 1.0 \times 11.9\text{N/mm}^2 \times 200\text{mm} \times 255\text{mm}$$
$$= 151.73 \times 10^3 \text{N} = 151.73\text{kN}$$

BC 跨最大剪力为 28.57kN，小于斜压破坏承载力限值，故 AB 跨不会发生斜压破坏，截面满足要求。

4. B 支座右侧斜截面受剪箍筋计算

B 支座右侧剪力即为 BC 跨左支座剪力，由表 6.7.2 可知，剪力为 $V = 17.71\text{kN}$。

该跨没有集中力，混凝土的受剪承载力为

$V_c = 0.7 f_t b h_0 = 0.7 \times 1.27\text{N/mm}^2 \times 200\text{mm} \times 255\text{mm} = 45.34 \times 10^3 \text{N} = 45.34\text{kN}$

实际作用剪力 $V = 17.71\text{kN}$，小于混凝土的受剪能力，只需按构造要求配置受剪箍筋，梁高不大于 800mm 时，箍筋最小直径为 6mm；梁高 $h \in$（150mm，300mm]，且

$V < V_c$ 时，箍筋间距不大于 200mm，不需要满足最小配箍率要求。选择箍筋$\Phi6@200$（双肢箍）。

5. 第四层梁斜截面受剪箍筋表

由图 6.5.2 可知，AB 跨右支座恒载集中力占恒载总剪力的比例为 26.6kN/83.4kN＝31.9％，远小于规范规定的 75％，故 AB 跨右支座的斜截面受剪承载力系数 $\alpha_{cv}=0.7$；BC 跨、CD 跨跨中无集中力，截面受剪承载力系数均为 $\alpha_{cv}=0.7$。

第四层其他部位梁斜截面计算不列出详细计算过程，计算汇总于表 6.10.2。

表 6.10.2　第四层梁斜截面受剪箍筋表

计算位置	AB 跨		BC 跨		CD 跨	
	左支座	右支座	左支座	右支座	左支座	右支座
计算剪力 V（kN）	186.78	173.25	17.71	28.57	72.56	68.39
$0.25\beta_c f_c b h_0$（kN）	257.33		151.73		211.23	
是否集中力为主	是	否	否	否	否	否
$V_c=\alpha_{cv}\beta_h f_t b h_0$（kN）	48.06	76.90	45.34		63.12	
是否构造配箍	否	否	是	是	否	否
选用箍筋	$2\Phi8$		$2\Phi6$		$2\Phi6$	
$A_{sv}=nA_{sv1}$（mm²）	100.6		56.6		56.6	
$s=\dfrac{f_{yv}A_{SV}h_0}{V_b-V_c}$（mm）	113	163	不需要计算	不需要计算	766	1372
允许箍筋最大间距（mm）	200	200	200	200	200	200
选用箍筋间距（mm）	100	150	200	200	200	200
最小配箍率（％）	0.085		无要求	无要求	0.085	
计算配箍率（％）	0.503	0.335	不需要计算	不需要计算	0.142	0.142

从表 6.10.2 中的比较可以看出，集中力为主时混凝土的受剪承载力小于均布荷载为主的混凝土受剪承载力，AB 跨左支座至集中力间均应采用$\Phi8@100$（双肢箍）；AB 跨右支座至集中力间靠支座处应采用$\Phi8@150$（双肢箍），中间部位可用$\Phi8@200$（双肢箍）。

6.10.3　集中力附加筋计算

第四层 AB 跨有集中力作用，须计算集中力附加筋。

由图 6.4.3 可知，恒载集中力标准值为 117.16kN；由图 6.4.5 可知，活载集中力标准值为 34.61kN；则集中力基本组合值为

$$1.3 \times 117.16kN + 1.5 \times 34.61kN = 204.22kN$$

选用附加箍筋传递集中力，为施工方便，除间距外附加箍筋须与受剪箍筋相同，选用$\Phi8$（双肢箍）。单侧需要的箍筋根数为

$$\frac{204.22 \times 10^3 N}{360 N/mm^2 \times 50.3\ mm^2 \times 2 \times 2} = 2.8$$

取 3 根，增设 1 根用于受剪的箍筋，单侧 4Φ8@50。集中力底部离框架梁底部的距离为

$$h_1 = 500\text{mm} - 400\text{mm} = 100\text{mm}$$

单侧附加箍筋有效布置范围为 $h_1 + b = 100\text{mm} + 200\text{mm} = 300\text{mm}$，单侧需要布置范围为 $4 \times 50\text{mm} = 200\text{mm}$，在有效布置范围内。

6.10.4 梁裂缝宽度验算

1. 第四层 AB 跨左支座截面裂缝宽度验算

按表 6.10.1，支座实配 3Φ18（上排）+2Φ18（下排）（$A_s = 1272\text{mm}^2$）。

按表 6.7.3，$M_q = 115.59\text{kN} \cdot \text{m}$

$$\sigma_{sq} = \frac{M_q}{0.87 h_0 A_s} = \frac{115.59 \times 10^6 \text{N} \cdot \text{mm}}{0.87 \times 432.5\text{mm} \times 1272\text{mm}^2} = 241.5\text{N/mm}^2$$

$$\rho_{te} = \frac{A_s}{A_{te}} = \frac{1272\text{mm}^2}{0.5 \times 200\text{mm} \times 500\text{mm}} = 0.02544$$

$$\psi = 1.1 - 0.65 \frac{f_{tk}}{\rho_{te} \sigma_{sq}} = 1.1 - 0.65 \times \frac{1.78\text{N/mm}^2}{0.02544 \times 241.5\text{N/mm}^2} = 0.91$$

$$c_s = 25\text{mm} + 6\text{mm} = 31\text{mm}$$

$$\omega_{max} = \alpha_{cr} \psi \frac{\sigma_{sq}}{E_s} \left(1.9 c_s + 0.08 \frac{d_{eq}}{\rho_{te}} \right)$$

$$= 1.9 \times 0.91 \times \frac{241.5\text{N/mm}^2}{2 \times 10^5 \text{N/mm}^2} \times \left(1.9 \times 31\text{mm} + 0.08 \times \frac{18\text{mm}}{0.02544} \right)$$

$$= 0.241\text{mm} < \omega_{lim} = 0.3\text{mm}$$

2. 第四层 AB 跨跨中截面裂缝宽度验算

按表 6.10.1，梁底实配 2Φ16（上排）+3Φ18（下排）（$A_s = 1165\text{mm}^2$）。

按表 6.7.3，$M_q = 107.89\text{kN} \cdot \text{m}$

$$\sigma_{sq} = \frac{M_q}{0.87 h_0 A_s} = \frac{107.89 \times 10^6 \text{N} \cdot \text{mm}}{0.87 \times 432.5\text{mm} \times 1165\text{mm}^2} = 246.1\text{N/mm}^2$$

$$\rho_{te} = \frac{A_s}{A_{te}} = \frac{1165\text{mm}^2}{0.5 \times 200\text{mm} \times 500\text{mm}} = 0.0233$$

$$\psi = 1.1 - 0.65 \frac{f_{tk}}{\rho_{te} \sigma_{sq}} = 1.1 - 0.65 \times \frac{1.78\text{N/mm}^2}{0.0233 \times 246.1\text{N/mm}^2} = 0.90$$

$$c_s = 25\text{mm} + 6\text{mm} = 31\text{mm}$$

$$d_{eq} = \frac{\sum n_i d_i^2}{\sum n_i v_i d_i} = \frac{2 \times 16^2 + 3 \times 18^2}{2 \times 16 + 3 \times 18} = 17.26$$

$$\omega_{max} = \alpha_{cr} \psi \frac{\sigma_{sq}}{E_s} \left(1.9 c_s + 0.08 \frac{d_{eq}}{\rho_{te}} \right)$$

$$= 1.9 \times 0.90 \times \frac{246.1\text{N/mm}^2}{2 \times 10^5 \text{N/mm}^2} \times \left(1.9 \times 31\text{mm} + 0.08 \times \frac{17.26\text{mm}}{0.0233} \right)$$

$$= 0.249\text{mm} < \omega_{lim} = 0.3\text{mm}$$

3. 第四层框架梁裂缝宽度验算表

AB 跨为一类环境，裂缝宽度限值为 0.3mm；BC 跨、CD 跨梁底为一类环境，裂缝宽度限值为 0.3mm；BC 跨、CD 跨梁面为二 a 类环境，裂缝宽度限值为 0.2mm。

其他部位裂缝宽度不列出详细过程，第四层框架梁的所有裂缝宽度计算见表6.10.3。

表6.10.3　第四层框架梁裂缝宽度计算表

跨号	控制截面	准永久组合值 M_q（kN·m）	实配钢筋面积（mm²）	σ_{sq}（N/mm²）	ρ_{te}	ψ	d_{eq}（mm）	ω_{max}（mm）	ω_{lim}（mm）	是否满足规范要求
AB	左	−115.59	5 ⌀18（1272）	241.51	0.03	0.91	18.00	0.242	0.3	满足
AB	中	107.89	2 ⌀16+3 ⌀18（1165）	246.12	0.02	0.90	17.26	0.248	0.3	满足
AB	右	−111.94	3 ⌀18+2 ⌀16（1165）	255.36	0.02	0.91	17.26	0.260	0.3	满足
BC	左	−2.54	3 ⌀18+2 ⌀16（1165）	9.83	0.04	0.20	17.26	0.002	0.2	满足
BC	中	1.66	2 ⌀14（308）	24.29	0.01	0.20	14.00	0.008	0.3	满足
BC	右	−13.16	2 ⌀18（509）	116.54	0.01	0.51	18.00	0.087	0.2	满足
CD	左	−43.05	2 ⌀18（509）	273.85	0.01	0.68	18.00	0.374	0.2	不满足
CD	中	26.52	2 ⌀16（402）	213.60	0.01	0.56	16.00	0.223	0.3	满足
CD	右	−35.5	3 ⌀14（461）	249.33	0.01	0.64	14.00	0.272	0.2	不满足

梁短期荷载作用产生的裂缝在粉刷前形成，粉刷后短期荷载产生的裂缝均会被粉刷封闭，真正影响梁耐久性的裂缝是考虑荷载长期效应影响产生的裂缝宽度增加值，当裂缝计算宽度超过规范允许值不多时，可以不加处理。

若计算裂缝宽度超出规范较多，工程中可用的办法有：加大梁高、增加配筋量和减小钢筋直径。加大梁高、增加配筋量均能减小钢筋应力，从而减少钢筋伸长量，达到减小裂缝宽度的目的；减小钢筋直径可以增大钢筋与混凝土的接触面积，在较短的长度使混凝土出现较大的拉应力而开裂，让裂缝条数多而单条裂缝宽度小；光圆钢筋传递应力的能力较弱，会出现裂缝条数少而单条裂缝宽度大的现象。

对于手算而言，最好的办法是增大钢筋量，最经济的办法是减小钢筋直径，须采取措施减小裂缝宽度以满足或接近规范要求。

6.11　框架图

6.11.1　Ⓑ轴柱正截面配筋面积对比

Ⓑ轴框架柱配筋面积对比见表6.11.1。

表6.11.1　Ⓑ轴框架柱配筋面积对比表　　　　　　　　　　（单位：mm²）

位置	第一层		第二层		第三层		第四层	
	柱底	柱顶	柱底	柱顶	柱底	柱顶	柱底	柱顶
手算值	负值	负值	负值	负值	负值	负值	475	
电算值（三维模型）	402	402	402	402	402	402	402	508
电算值（平面框架）	371	371	371	371	371	371	479	541

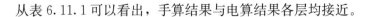

从表 6.11.1 可以看出，手算结果与电算结果各层均接近。

6.11.2 第四层正截面配筋面积对比

表 6.11.2 手算与电算大小规律相同，电算结果均大于手算。支座配筋手算时弯矩取自柱边，电算时取自柱中心线位置，导致支座配筋电算结果更大；跨中配筋手算时按 T 形截面计算，电算时按矩形截面计算，也导致电算结果更大。另外，纵向导荷时平面外的梁按连续梁导荷并考虑了竖向构件刚度的影响，也是产生差异的原因。

表 6.11.2　第四层框架梁配筋面积对比表　　　　　　　　　　（单位：mm²）

位置	AB 跨			BC 跨			CD 跨		
	左支座	跨中	右支座	左支座	跨中	右支座	左支座	跨中	右支座
手算值	1221	1109	1136	104	74	241	490	328	418
电算值（三维模型）	1329	1374	1192	202	129	355	589	446	445
电算值（平面框架）	1558	1345	1505	220	145	394	689	362	571

6.11.3 平面框架图

框架柱纵筋大多采用电渣压力焊接长，传统的柱纵筋搭接接长方式已被淘汰，机械连接方式由于接头较贵，仅用于重要的工程。图 6.11.1 所示为焊接接长方式，为了接长方便，一般选择在离楼面 500mm 开始连接上一层柱纵筋，一根钢筋在一层楼设置一个焊接点。当纵向钢筋数较多时，焊接点宜错开，图中表示焊接点范围在楼面上 500~1000mm 区间焊接。

柱纵筋采用绑扎搭接接长时，由于要利用纵筋周边的混凝土传递钢筋拉力或压力，搭接范围混凝土开裂风险较大，纵筋搭接范围内须进行箍筋加密。当纵筋为受拉时，混凝土也为受拉，混凝土的传力效果不好，纵筋搭接长度须更大，箍筋密度也应更大。钢筋焊接接长不需要利用混凝土传递拉力或压力，故连接范围内箍筋不需要加密。

框架结构施工时，每一层楼主要有两道大的工序，依次如下。

（1）连接本层柱筋，绑扎柱箍筋，搭设柱模板至下一层梁底，浇捣混凝土至下一层梁底。

（2）搭设本层支模架，铺设梁底模，绑扎梁钢筋，铺设梁边模、板底模，绑扎板钢筋，浇捣梁、板（含梁柱节点）混凝土。

手算平面框架配筋图如图 6.11.1 所示，图中第四层框架梁按手算结果配筋，Ⓑ轴框架柱也按手算结果配置钢筋，其他部位构件配筋面积为工程软件生成结果，未做修改。

柱纵筋穿越各下部楼层，柱纵筋在下部楼层不存在锚固问题，顶层中柱纵筋从梁底算起锚入屋面框架梁的长度应满足锚固要求，当柱宽大于梁宽时，可锚入板中。

Ⓑ轴第四层柱纵筋根数（4-4 断面）大于第三层柱纵筋根数（2-2 断面），多出的纵筋应锚入第三层柱，并满足锚固长度要求。

梁底钢筋在不承受拉力时，肋纹钢筋应锚入柱内 12d；当承受拉力时，应满足受拉锚固要求，如第四层 BC 跨梁底纵筋在Ⓑ轴柱应满足受拉锚固要求。图 6.11.1 中各框架梁底筋工程软件均按受拉锚固，图纸未做修改以适应毕业设计须考虑抗震设计的要

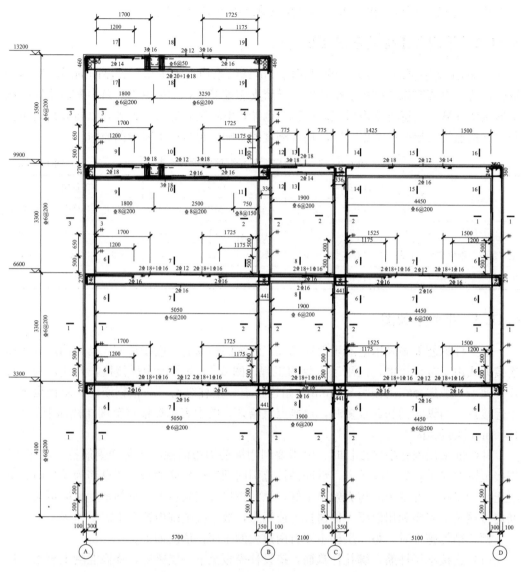

图 6.11.1　平面框架配筋图（单位：mm）

求。梁面纵筋在端支座应按受拉锚固，在中间支座双侧梁面均有受拉需求，采用穿越柱支座的做法，不需要考虑锚固要求，切断点位置结合规范要求、弯矩包络图确定；BC跨的跨度小，负弯矩范围大，一般跨中面筋采用全部或部分拉通的做法，支座两侧的梁面钢筋根数、直径均应一致。AB跨、CD跨的中部顶面为受压区，按计算不需要配置面筋，但为了箍筋的绑扎就位须补充架立筋，架立筋与受力筋的搭接长度无受力需求，一般取150mm，架立筋的直径与框架梁骨架的施工稳定有关，跨度越大直径越大。抗震时，梁面纵筋有分配传递水平力的需求，不允许采用架立筋，而应将与箍筋肢数相同的纵筋拉通。

顶层梁柱边节点在梁柱的外表面均为拉应力，梁柱纵筋不应按锚固要求考虑，而应按搭接要求设计。有两种做法，其一为将梁面纵筋锚入柱中，在梁柱纵筋叠合段满足搭接长度要求；其二为将柱外侧纵筋锚入梁中，在梁柱纵筋叠合段满足搭接长度要求。第一种做法要求顶层柱混凝土不能施工至屋面梁底，只能施工至屋面梁钢筋的起点标高位置，各屋面梁钢筋直径一般不同会使顶层边柱的混凝土面不同，施工较为麻烦，图6.11.1采用第二种做法，将边柱外侧纵筋锚入梁中，共有 3 处须满足顶层边节点要求，依次为屋面层 AB 跨框架梁Ⓐ轴柱节点、Ⓑ轴柱节点，第四层 CD 跨Ⓓ轴柱节点。

平面框架关键断面如图 6.11.2 所示。

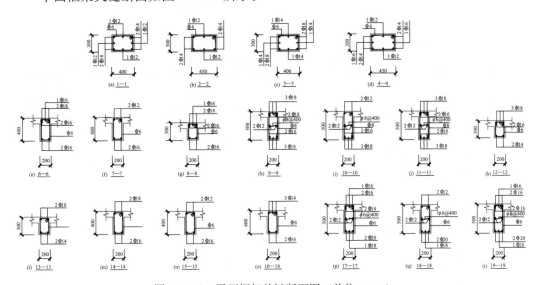

图 6.11.2　平面框架关键断面图（单位：mm）

梁面钢筋在柱的两侧须完全相同，而不是按受力需求配置，如 11—11 与 12—12 的面层钢筋、13—13 与 14—14 的面层钢筋。

附录1

常用材料和构件的自重

附表1　常用材料和构件的自重表

名称		自重	备注
木材 (kN/m³)	杉木	4.0	随含水率而不同
	冷杉、云杉、红松、华山松、樟子松、铁杉、拟赤杨、红椿、杨木、枫杨	4.0～5.0	随含水率而不同
	马尾松、云南松、油松、赤松、广东松、桤木、枫香、柳木、檫木、秦岭落叶松、新疆落叶松	5.0～6.0	随含水率而不同
	东北落叶松、陆均松、榆木、桦木、水曲柳、苦楝、木荷、臭椿	6.0～7.0	随含水率而不同
	普通木板条、椽檩木料	5	随含水率而不同
	锯末	2.0～2.5	加防腐剂时为 3kN/m³
	木丝板	4.0～5.0	—
	软木板	2.5	—
	刨花板	6	—
胶合板材 (kN/m²)	胶合三夹板（杨木）	0.019	—
	胶合五夹板（杨木）	0.03	—
	隔声板（按 10mm 厚计）	0.03	常用厚度为 13mm、20mm
	木屑板（按 10mm 厚计）	0.12	常用厚度为 6mm、10mm
金属矿产 (kN/m³)	锻铁	77.5	—
	钢	78.5	—
	铝	27.0	—
	铝合金	28.0	—
	石棉	10.0	压实
	石棉	4.0	松散、含水量不大于 15%
	石垩（高岭土）	22.0	—
	石膏	13.0～14.5	粗块堆放 $\varphi=30°$
			细块堆放 $\varphi=40°$

续表

名称		自重	备注
土、砂、砂砾、岩石（kN/m³）	腐植土	15.0～16.0	干，$\varphi=40°$；湿，$\varphi=35°$；很湿，$\varphi=25°$
	黏土	13.5	干，松，空隙比为1.0
	黏土	16	干，$\varphi=40°$，压实
	黏土	18	湿，$\varphi=35°$，压实
	黏土	20	很湿，$\varphi=25°$，压实
	砂子	12.2	干，松
	砂土	16	干，$\varphi=35°$，压实
	砂土	18	湿，$\varphi=35°$，压实
	砂土	20	很湿，$\varphi=25°$压实
	砂土	14	干，细砂
	砂土	17	干，细砂
	卵石	16.0～18.0	干
	砂岩	23.6	
	页岩	28	
	页岩	14.8	片石堆置
	花岗石、大理石	28	
	花岗石	15.4	片石堆置
	石灰石	26.4	
	石灰石	15.2	片石堆置
	碎石子	14.0～15.0	堆置
	硅藻土填充料	4.0～6.0	
砖及砖块（kN/m³）	普通砖	18	240mm×115mm×53mm（684块/m³）
	普通砖	19	机器制
	缸砖	21.0～21.5	230mm×110mm×65mm（609块/m³）
	红缸砖	20.4	
	耐火砖	19.0～22.0	230mm×110mm×65mm（609块/m³）
	耐酸瓷砖	23.0～25.0	230mm×113mm×65mm（590块/m³）
	灰砂砖	18	砂：白灰＝92：8
	煤渣砖	17.0～18.5	
	矿渣砖	18.5	硬矿渣：烟灰：石灰＝75：15：10
	焦渣砖	12.0～14.0	
	焦渣空心砖	10	290mm×290mm×140mm（85块/m³）
	水泥空心砖	9.8	290mm×290mm×140mm（85块/m³）

续表

名称		自重	备注
砖及砖块 （kN/m³）	水泥空心砖	10.3	300mm×250mm×110mm（121块/m³）
	水泥空心砖	9.6	300mm×250mm×160mm（83块/m³）
	蒸压粉煤灰砖	14.0～16.0	干重度
	陶粒空心砌块	5	长600、400mm，宽150、250mm，高250、200mm
		6	390mm×290mm×190mm
	粉煤灰轻渣空心砌块	7.0～8.0	390mm×190mm×190mm、390mm×240mm×190mm
	蒸压粉煤灰加气混凝土砌块	5.5	
	混凝土空心小砌块	11.8	390mm×190mm×190mm
	水泥花砖	19.8	200mm×200mm×24mm（1042块/m³）
	瓷面砖	17.8	150mm×150mm×8mm（5556块/m³）
	陶瓷锦砖	0.12kN/m²	厚5mm
石灰、 水泥、灰浆 及混凝土 （kN/m³）	生石灰块	11	堆置，$\varphi=30°$
	生石灰粉	12	堆置，$\varphi=35°$
	熟石灰膏	13.5	
	石灰砂浆、混合砂浆	17	
	灰土	17.5	石灰：土=3：7，夯实
	石灰三合土	17.5	石灰、砂子、卵石
	水泥	12.5	轻质松散，$\varphi=20°$
	水泥	14.5	散装，$\varphi=30°$
	水泥	16	袋装压实，$\varphi=40°$
	矿渣水泥	14.5	
	水泥砂浆	20	
	水泥石至石砂浆	5.0～8.0	
	石棉水泥浆	19	
	膨胀珍珠岩砂浆	7.0～15.0	
	石膏砂浆	12	
	碎砖混凝土	18.5	
	素混凝土	22.0～24.0	振捣或不振捣
	矿渣混凝土	20	
	焦渣混凝土	16.0～17.0	承重用
	焦渣混凝土	10.0～14.0	填充用
	铁屑混凝土	28.0～65.0	
	浮石混凝土	9.0～14.0	
	沥青混凝土	20	

续表

名称		自重	备注
石灰、水泥、灰浆及混凝土（kN/m³）	无砂大孔性混凝土	16.0～19.0	
	泡沫混凝土	4.0～6.0	
	加气混凝土	5.5～7.5	单块
	石灰粉煤灰加气混凝土	6.0～6.5	
	钢筋混凝土	24.0～25.0	
	碎砖钢筋混凝土	20	
	钢丝网水泥	25	用于承重结构
	水玻璃耐酸混凝土	20.0～23.5	
	粉煤灰陶砾混凝土	19.5	
杂项（kN/m³）	普通玻璃	25.6	
	钢丝玻璃	26	
	玻璃棉	0.5～1.0	作绝缘层填充料用
	岩棉	0.5～2.5	
	玻璃钢	14.0～22.0	
	矿渣棉	1.2～1.5	松散、导热系数 0.031～0.044 [W/（m·K）]
	矿渣棉制品（板、砖、管）	3.5～4.0	导热系数 0.041～0.052 [W/（m·K）]
	沥青矿渣棉	1.2～1.6	导热系数 0.041～0.052 [W/（m·K）]
	沥青矿渣棉	1.2～1.6	导热系数 0.041～0.052 [W/（m·K）]
	水泥珍珠岩制品、憎水珍珠岩制品	3.5～4.0	强度 1N/mm²，导热系数 0.058～0.081 [W/（m·K）]
	膨胀蛭石	0.8～2.0	导热系数 0.052～0.07 [W/（m·K）]
	沥青蛭石制品	3.5～4.5	导热系数 0.81～0.105 [W/（m·K）]
	水泥蛭石制品	4.0～6.0	导热系数 0.093～0.14 [W/（m·K）]
	石棉板	13	含水率不大于3%
	稻草	1.2	
	建筑碎料（建筑垃圾）	15	
砌体（kN/m³）	浆砌细方石	26.4	花岗岩，方整石块
	浆砌细方石	25.6	石灰石
	浆砌细方石	22.4	砂岩
	浆砌毛方石	24.8	花岗岩，上下面大致平整
	浆砌毛方石	24	石灰石
	浆砌毛方石	20.8	砂岩
	干砌毛石	20.8	花岗岩，上下面大致平整

名称		自重	备注
砌体 (kN/m³)	干砌毛石	20	石灰石
	干砌毛石	17.6	砂岩
	装砌普通砖	18	
	浆砌机砖	19	
	装砌缸砖	21	
	浆砌耐火砖	22	
	浆砌矿渣砖	21	
	浆砌焦油渣	12.5～14.0	
	土坯砖砌体	16	
	黏土砖空斗砌体	17	中填碎瓦砾，一眠一斗
	黏土砖空斗砌体	13	全斗
	黏土砖空斗砌体	12.5	不能承重
	黏土砖空斗砌体	15	能承重
	粉煤灰泡沫砌块砌体	8.0～8.5	粉煤灰：电石渣：废石膏＝74：22：4
	三合土	17	灰：砂：土＝1：1：9～1：1：4
隔墙与墙面 (kN/m²)	双面抹灰板条隔墙	0.9	每面抹灰厚16～24mm，龙骨在内
	单面抹灰板条隔墙	0.5	灰厚16～24mm，龙骨在内
	贴瓷砖墙面	0.5	包括水泥砂浆打底，其厚25mm
	水泥粉刷墙面	0.36	20mm厚，水泥粗砂
屋架、门窗 (kN/m²)	木屋架	0.07＋0.007L	按屋面水平投影面积计算、跨度L以米计
	钢屋架	0.12＋0.011L	无天窗、包括支撑、按屋面水平投影面积计算、跨度L以米计
	木框玻璃窗	0.20～0.30	
	钢框玻璃窗	0.40～0.50	
	木门	0.10～0.20	
	钢铁门	0.40～0.50	
屋顶 (kN/m²)	黏土平瓦屋面	0.55	按实际面积计算、下同
	水泥平瓦屋面	0.50～0.55	
	小青瓦屋面	0.90～1.10	
	石棉板瓦	0.18	仅瓦自重
	波形石棉瓦	0.2	1820mm×725mm×8mm
	镀锌薄钢板	0.05	24号
	瓦楞铁	0.05	26号

续表

名称		自重	备注
屋顶 (kN/m²)	彩色钢板波形瓦	0.12～0.13	0.6mm 厚彩色钢板
	拱型彩色钢板屋面	0.3	包括保温及灯具重 0.15kN/m²
	有机玻璃屋面	0.06	厚 1.0mm
	玻璃屋顶	0.3	9.5mm 铅丝玻璃、框架自重在内
	玻璃砖顶	0.65	框架自重在内
	油毡防水层（包括改性沥青防水卷材）	0.05	一层油毡刷油两遍
		0.25～0.30	四层作法、一毡二油上铺小石子
		0.30～0.35	六层作法、二毡三油上铺小石子
		0.35～0.40	八层作法、三毡四油上铺小石子
	屋顶天窗	0.35～0.40	9.5mm 铅丝玻璃、框架自重在内
顶棚 (kN/m²)	木丝板吊顶棚	0.26	厚 25mm，吊木及盖缝条在内
	木丝板吊顶棚	0.29	厚 30mm，吊木及盖缝条在内
	隔声纸板顶棚	0.17	厚 10mm，吊木及盖缝条在内
	隔声纸板顶棚	0.18	厚 13mm，吊木及盖缝条在内
	隔声纸板顶棚	0.2	厚 20mm，吊木及盖缝条在内
	V 型轻钢龙骨吊顶	0.12	一层 9mm 纸面石膏板，无保温层
		0.17	一层 9mm 纸面石膏板，有厚 50mm 的岩棉板保温层
		0.2	二层 9mm 纸面石膏板，无保温层
		0.25	二层 9mm 纸面石膏板，有厚 50mm 的岩棉板保温层
	V 型轻钢龙骨及铝合金龙骨吊顶	0.10～0.12	一层矿棉吸声板厚 15mm，无保温层
	顶棚上铺焦渣锯末绝缘层	0.2	厚 50mm 焦渣、锯末按 1∶5 混合
地面 (kN/m²)	地板格栅	0.2	仅格栅自重
	硬木地板	0.2	厚 25mm，剪刀撑，钉子等自重在内，不包括格栅自重
	小瓷砖地面	0.55	包括水泥粗砂打底
	水泥花砖地面	0.6	砖厚 25mm，包括水泥粗砂打底
	水磨石地面	0.65	10mm 面层，20mm 水泥砂浆打底
	缸砖地面	1.70～2.10	60mm 砂垫层，53mm 面层，平铺
	缸砖地面	3.3	60mm 砂垫层，115mm 面层，侧铺

名称		自重	备注
建筑用压型钢板（kN/m²）	单波型 V-300（S-30）	0.12	波高 173mm，板厚 0.8mm
	双波型 W-550	0.11	波高 130mm，板厚 0.8mm
	三波型 V-200	0.135	波高 70mm，板厚 1mm
	多波型 V-125	0.065	波高 35mm，板厚 0.6mm
	多波型 V-115	0.079	波高 35mm，板厚 0.6mm
建筑墙板（kN/m²）	彩色钢板金属幕墙板	0.11	两层，彩色钢板厚 0.6mm，聚苯已烯芯材厚 25mm
	彩色钢板岩棉夹心板	0.24	板厚 100mm，两层彩色钢板，Z 型龙骨岩棉芯材
		0.25	板厚 120mm，两层彩色钢板，Z 型龙骨岩棉芯材
	GRC 空心隔墙板	0.3	长 2400～2800mm，宽 600mm，厚 60mm
	GRC 内隔墙板	0.35	长 2400～2800mm，宽 600mm，厚 60mm
	轻质 GRC 空心隔墙板	0.17	3000mm×600mm×60mm
	轻质 GRC 保温板	0.14	3000mm×600mm×60mm
	GRC 墙板	0.11	厚 10mm
	蜂窝复合板	0.14	厚 75mm
	石膏珍珠岩空心条板	0.45	长 2500～3000mm、宽 600mm、厚 60mm
	加强型水泥石膏聚苯保温板	0.17	3000mm×600mm×60mm
	玻璃幕墙	1.00～1.50	一般可按单位面积玻璃自重增大 20％～30％采用

附录2

等截面等跨连续梁在常用荷载作用下的内力系数表

2.1 在均布及三角形荷载作用下：

$M=$表中系数$\times ql^2$（或$\times gl^2$）；$V=$表中系数$\times ql$（或$\times gl$）

2.2 在集中荷载作用下：

$M=$表中系数$\times Ql$（或$\times Gl$）；$V=$表中系数$\times Q$（或$\times G$）

2.3 内力正负号规定：

M——使截面上部受压、下部受拉为正；

V——对邻近截面所产生的力矩沿顺时针方向者为正。

附表 2.1 两跨梁

荷载图	跨内最大弯矩		支座弯矩	剪力		
	M_1	M_2	M_B	V_A	$V_{B左}$ $V_{B右}$	V_C
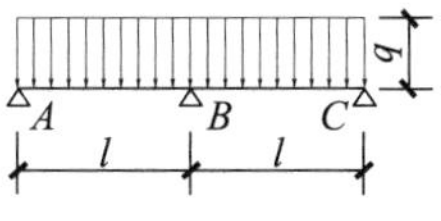	0.070	0.070	−0.125	0.375	−0.625 0.625	−0.375
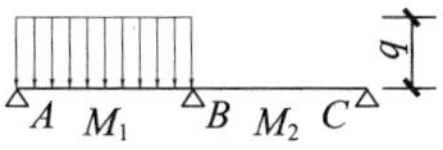	0.096	—	−0.063	0.437	−0.563 0.063	0.063
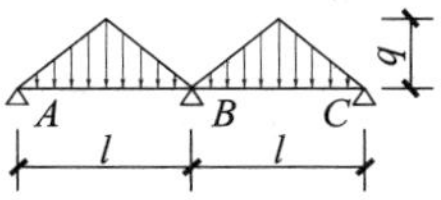	0.048	0.048	−0.078	0.172	−0.328 0.328	−0.172

荷载图	跨内最大弯矩		支座弯矩	剪力		
	M_1	M_2	M_B	V_A	$V_{B左}$ $V_{B右}$	V_C
	0.064	—	−0.039	0.211	−0.289 0.039	0.039
	0.156	0.156	−0.188	0.312	−0.688 0.688	−0.312
	0.203	—	−0.094	0.406	−0.594 0.094	0.094
	0.222	0.222	−0.333	0.667	−1.333 1.333	−0.667
	0.278	—	−0.167	0.833	−1.167 0.167	0.167

附表 2.2　三跨梁

荷载图	跨内最大弯矩		支座弯矩		剪力			
	M_1	M_2	M_B	M_C	V_A	$V_{B左}$ $V_{B右}$	$V_{C左}$ $V_{C右}$	V_D
	0.080	0.025	−0.100	−0.100	0.400	−0.600 0.500	−0.500 0.600	−0.400
	0.101	—	−0.050	−0.050	0.450	−0.550 0	0 0.550	−0.450
	—	0.075	−0.050	−0.050	−0.050	−0.050 0.500	−0.500 0.050	0.050
	0.073	0.054	−0.117	−0.033	0.383	−0.617 0.583	−0.417 0.033	0.033
	0.094	—	−0.067	0.017	0.433	−0.567 0.083	0.083 −0.017	−0.017
	0.054	0.021	−0.063	−0.063	0.188	−0.313 0.250	−0.250 0.313	−0.188
	0.068	—	−0.031	−0.031	0.219	−0.281 0	0 0.281	−0.219

续表

荷载图	跨内最大弯矩		支座弯矩		剪力			
	M_1	M_2	M_B	M_C	V_A	$V_{B左}$ / $V_{B右}$	$V_{C左}$ / $V_{C右}$	V_D
	—	0.052	−0.031	−0.031	−0.031	−0.031 / 0.250	−0.250 / 0.031	0.031
	0.050	0.038	−0.073	−0.021	0.177	−0.323 / 0.302	−0.198 / 0.021	0.021
	0.063	—	−0.042	0.010	0.208	−0.292 / 0.052	0.052 / −0.010	−0.010
	0.175	0.100	−0.150	−0.150	0.350	−0.650 / 0.500	−0.500 / 0.650	−0.350
	0.213	—	−0.075	−0.075	0.425	−0.575 / 0	0 / 0.575	−0.425
	—	0.175	−0.075	−0.075	−0.075	−0.075 / 0.500	−0.500 / 0.075	0.075
	0.162	0.137	−0.175	−0.050	0.325	−0.675 / 0.625	−0.375 / 0.050	0.050
	0.200	—	−0.100	0.025	0.400	−0.600 / 0.125	0.125 / −0.025	−0.025
	0.244	0.067	−0.267	−0.267	0.733	−1.267 / 1.000	−1.000 / 1.267	−0.733
	0.289	—	−0.133	−0.133	0.866	−1.134 / 0	0 / 1.134	−0.866
	—	0.200	−0.133	−0.133	−0.133	−0.133 / 1.000	−1.000 / 0.133	0.133
	0.229	0.170	−0.311	−0.089	0.689	−1.311 / 1.222	−0.778 / 0.089	0.089
	0.274	—	−0.178	0.044	0.822	−1.178 / 0.222	0.222 / −0.044	−0.044

附表 2.3　四跨梁

荷载图	跨内最大弯矩				支座弯矩			剪力				
	M_1	M_2	M_3	M_4	M_B	M_C	M_D	V_A	$V_{B左}$ / $V_{B右}$	$V_{C左}$ / $V_{C右}$	$V_{D左}$ / $V_{D右}$	V_E
	0.077	0.036	0.036	0.077	−0.107	−0.071	−0.107	0.393	−0.607 / 0.536	−0.464 / 0.464	−0.536 / 0.607	−0.393
	0.100	—	0.081	—	−0.054	−0.036	−0.054	0.446	−0.554 / 0.018	0.018 / 0.482	−0.518 / 0.054	0.054
	0.072	0.061	—	0.098	−0.121	−0.018	−0.058	0.380	−0.620 / 0.603	−0.397 / −0.040	−0.040 / 0.558	−0.442
	—	0.056	0.056	—	−0.036	−0.107	−0.036	−0.036	−0.036 / 0.429	−0.571 / 0.571	−0.429 / 0.036	0.036
	0.094	—	—	—	−0.067	0.018	−0.004	0.433	−0.567 / 0.085	0.085 / −0.022	−0.022 / 0.004	0.004
	—	0.074	—	—	−0.049	−0.054	0.013	−0.049	−0.049 / 0.496	−0.504 / 0.067	0.067 / −0.013	−0.013
	0.052	0.028	0.028	0.052	−0.067	−0.045	−0.067	0.183	−0.317 / 0.272	−0.228 / 0.228	−0.272 / 0.317	−0.183
	0.067	—	0.055	—	−0.034	−0.022	−0.034	0.217	−0.284 / 0.011	0.011 / 0.239	0.261 / 0.034	0.034

续表

荷载图	跨内最大弯矩				支座弯矩			剪力				
	M_1	M_2	M_3	M_4	M_B	M_C	M_D	V_A	$V_{B左}$ / $V_{B右}$	$V_{C左}$ / $V_{C右}$	$V_{D左}$ / $V_{D右}$	V_E
(荷载图)	0.049	0.042	—	0.066	−0.075	−0.011	−0.036	0.175	−0.325 / 0.314	−0.186 / −0.025	−0.025 / 0.286	−0.214
(荷载图)	—	0.040	0.040	—	−0.022	−0.067	−0.022	−0.022	−0.022 / 0.205	−0.295 / 0.295	−0.205 / 0.022	0.022
(荷载图)	0.063	0.051	—	—	−0.042	0.011	−0.003	0.208	−0.292 / 0.053	0.053 / −0.014	−0.014 / 0.003	0.003
(荷载图)	—	—	—	—	−0.031	−0.034	0.008	−0.031	−0.031 / 0.247	−0.253 / 0.042	0.042 / −0.008	−0.008
(荷载图)	0.169	0.116	0.116	0.169	−0.161	−0.107	−0.161	0.339	−0.661 / 0.554	−0.446 / 0.446	−0.554 / 0.661	−0.339
(荷载图)	0.210	—	0.183	—	−0.080	−0.054	−0.080	0.420	−0.580 / 0.027	0.027 / 0.473	−0.527 / 0.080	0.080
(荷载图)	0.159	0.146	—	0.206	−0.181	−0.027	−0.087	0.319	−0.681 / 0.654	−0.346 / −0.060	−0.060 / 0.587	−0.413
(荷载图)	—	0.142	0.142	—	−0.054	−0.161	−0.054	−0.054	−0.054 / 0.393	−0.607 / 0.607	−0.393 / 0.054	0.054

续表

荷载图	跨内最大弯矩				支座弯矩			剪力				
	M_1	M_2	M_3	M_4	M_B	M_C	M_D	V_A	$V_{B左}$ / $V_{B右}$	$V_{C左}$ / $V_{C右}$	$V_{D左}$ / $V_{D右}$	V_E
	0.200	—	—	—	−0.100	0.027	−0.007	0.400	−0.600 / 0.127	0.127 / −0.033	−0.033 / 0.007	0.007
	—	0.173	—	—	−0.074	−0.080	0.020	−0.074	−0.074 / 0.493	−0.507 / 0.100	0.100 / −0.020	−0.020
	0.238	0.111	0.111	0.238	−0.286	−0.191	−0.286	0.714	−1.286 / 1.095	−0.905 / 0.905	−1.095 / 1.286	−0.714
	0.286	—	0.222	—	−0.143	−0.095	−0.143	0.857	−1.143 / 0.048	0.048 / 0.952	−1.048 / 0.143	0.143
	0.226	0.194	—	0.282	−0.321	−0.048	−0.155	0.679	−1.321 / 1.274	−0.726 / −0.107	−0.107 / 1.155	−0.845
	—	0.175	0.175	—	−0.095	−0.286	−0.095	−0.095	−0.095 / 0.810	−1.190 / 1.190	−0.810 / 0.095	0.095
	0.274	—	—	—	−0.178	0.048	−0.012	0.822	−1.178 / 0.226	0.226 / −0.060	−0.060 / 0.012	0.012
	—	0.198	—	—	−0.131	−0.143	0.036	−0.131	−0.131 / 0.988	−1.012 / 0.178	0.178 / −0.036	−0.036

附表 2.4 五跨梁

荷载图	跨内最大弯矩 M_1	M_2	M_3	支座弯矩 M_B	M_C	M_D	M_E	剪力 V_A	$V_{B左}$ / $V_{B右}$	$V_{C左}$ / $V_{C右}$	$V_{D左}$ / $V_{D右}$	$V_{E左}$ / $V_{E右}$	V_F
	0.078	0.033	0.046	−0.105	−0.079	−0.079	−0.105	0.394	−0.606 / 0.526	−0.474 / 0.500	−0.500 / 0.474	−0.526 / 0.606	−0.394
	0.100	—	0.085	−0.053	−0.040	−0.040	−0.053	0.447	−0.553 / 0.013	0.013 / 0.500	−0.500 / 0.013	−0.013 / 0.553	−0.447
	—	0.079	—	−0.053	−0.040	−0.040	−0.053	−0.053	−0.053 / 0.513	−0.487 / 0	0 / 0.487	−0.513 / 0.053	0.053
	0.073	❷ 0.059 / 0.078	0.064	−0.119	−0.022	−0.044	−0.051	0.380	−0.620 / 0.598	−0.402 / −0.023	−0.023 / 0.493	−0.507 / 0.052	0.052
	❶ — / 0.098	0.055	—	−0.035	−0.111	−0.020	−0.057	−0.035	−0.035 / 0.424	−0.576 / 0.591	−0.409 / −0.037	−0.037 / 0.557	−0.443
	0.094	—	—	−0.067	0.018	−0.005	0.001	−0.433	−0.567 / 0.085	0.085 / −0.023	−0.023 / 0.006	0.006 / −0.001	−0.001
	—	0.074	—	−0.049	−0.054	0.014	−0.004	−0.049	−0.049 / 0.495	−0.505 / 0.068	0.068 / −0.018	−0.018 / 0.004	0.004
	—	—	0.072	0.013	−0.053	−0.053	0.013	0.013	0.013 / −0.066	−0.066 / 0.500	−0.500 / 0.066	0.066 / −0.013	−0.013

续表

荷载图	M_1	M_2	M_3	M_B	M_C	M_D	M_E	V_A	$V_{B左}$ / $V_{B右}$	$V_{C左}$ / $V_{C右}$	$V_{D左}$ / $V_{D右}$	$V_{E左}$ / $V_{E右}$	V_F
		跨内最大弯矩			支座弯矩					剪力			
（荷载图）	0.053	0.026	0.034	−0.066	−0.049	−0.049	−0.066	0.184	−0.316 / 0.266	−0.234 / 0.250	−0.250 / 0.234	−0.266 / 0.316	−0.184
（荷载图）	0.067	—	0.059	−0.033	−0.025	−0.025	−0.033	0.217	−0.283 / 0.008	0.008 / 0.250	−0.250 / −0.008	−0.008 / 0.283	−0.217
（荷载图）	—	0.055	—	−0.033	−0.025	−0.025	−0.033	−0.033	−0.033 / 0.258	−0.242 / 0	0 / 0.242	−0.258 / 0.033	0.033
（荷载图）	0.049	❷0.041 / 0.053	0.044	−0.075	−0.014	−0.028	−0.032	0.175	−0.325 / 0.311	−0.189 / −0.014	−0.014 / 0.246	−0.255 / 0.032	0.032
（荷载图）	❶— / 0.066	0.039	—	−0.022	−0.070	−0.013	−0.036	−0.022	−0.022 / 0.202	−0.298 / 0.307	−0.193 / −0.023	−0.023 / 0.286	−0.214
（荷载图）	0.063	—	—	−0.042	0.011	−0.003	0.001	0.208	−0.292 / 0.053	0.053 / −0.014	−0.014 / 0.004	0.004 / −0.001	−0.001
（荷载图）	—	0.051	—	−0.031	−0.034	0.009	−0.002	−0.031	−0.031 / 0.247	−0.253 / 0.043	0.043 / −0.011	−0.011 / 0.002	0.002
（荷载图）	—	—	0.050	0.008	−0.033	−0.033	0.008	0.008	0.008 / −0.041	−0.041 / 0.250	−0.250 / 0.041	0.041 / −0.008	−0.008

续表

荷载图	跨内最大弯矩			支座弯矩				剪力					
	M_1	M_2	M_3	M_B	M_C	M_D	M_E	V_A	$V_{B左}$ / $V_{B右}$	$V_{C左}$ / $V_{C右}$	$V_{D左}$ / $V_{D右}$	$V_{E左}$ / $V_{E右}$	V_F
	0.171	0.112	0.132	−0.158	−0.118	−0.118	−0.158	0.342	−0.658 / 0.540	−0.460 / 0.500	−0.500 / 0.460	−0.540 / 0.658	−0.342
	0.211	—	0.191	−0.079	−0.059	−0.059	−0.079	0.421	−0.579 / 0.020	0.020 / 0.500	−0.500 / −0.020	−0.020 / 0.579	−0.421
	—	0.181	—	−0.079	−0.059	−0.059	−0.079	−0.079	−0.079 / 0.520	−0.480 / 0	0 / 0.480	−0.520 / 0.079	0.079
	0.160	❷ 0.144 / 0.178	—	−0.179	−0.032	−0.066	−0.077	0.321	−0.679 / 0.647	−0.353 / −0.034	−0.034 / 0.489	−0.511 / 0.077	0.077
	❶ — / 0.207	0.140	0.151	−0.052	−0.167	−0.031	−0.086	−0.052	−0.052 / 0.385	−0.615 / 0.637	−0.363 / −0.056	−0.056 / 0.586	−0.414
	0.200	—	—	−0.100	0.027	−0.007	0.002	0.400	−0.600 / 0.127	0.127 / −0.034	−0.034 / 0.009	0.009 / −0.002	−0.002
	—	0.173	—	−0.073	−0.081	0.022	−0.005	−0.073	−0.073 / 0.493	−0.507 / 0.102	0.102 / −0.027	−0.027 / 0.005	0.005
	—	—	0.171	0.020	−0.079	−0.079	0.020	0.020	0.020 / −0.099	−0.099 / 0.500	−0.500 / 0.099	0.099 / −0.020	−0.020

续表

荷载图	跨内最大弯矩			支座弯矩				剪力					
	M_1	M_2	M_3	M_B	M_C	M_D	M_E	V_A	$V_{B左}$ / $V_{B右}$	$V_{C左}$ / $V_{C右}$	$V_{D左}$ / $V_{D右}$	$V_{E左}$ / $V_{E右}$	V_F
	0.240	0.1	0.122	-0.281	-0.211	-0.211	-0.281	0.719	-1.281 / 1.070	-0.930 / 1.000	-1.000 / 0.930	-1.070 / 1.281	-0.719
	0.287	—	0.228	-0.140	-0.105	-0.105	-0.140	0.860	-1.140 / 0.035	0.035 / 1.000	-1.000 / -0.035	0.035 / 1.140	-0.860
	—	0.216	—	-0.140	-0.105	-0.105	-0.140	-0.140	-0.140 / 1.035	-0.965 / 0	0 / 0.965	-1.035 / 0.140	0.140
	0.227	❷ 0.189 / 0.209	—	-0.319	-0.057	-0.118	-0.137	0.681	-1.319 / 1.262	-0.738 / -0.061	-0.061 / 0.981	-1.019 / 0.137	0.137
	❶ — / 0.282	0.172	0.198	-0.093	-0.297	-0.054	-0.153	-0.093	-0.093 / 0.796	-1.204 / 1.243	-0.757 / -0.099	-0.099 / 1.153	-0.847
	0.274	—	—	-0.179	0.048	-0.013	0.003	0.821	-1.179 / 0.227	0.227 / -0.061	-0.061 / 0.016	0.016 / -0.003	-0.003
	—	0.198	—	-0.131	-0.144	0.038	-0.010	-0.131	-0.131 / 0.987	-1.103 / 0.182	0.182 / -0.048	-0.048 / 0.010	0.010
	—	—	0.193	0.035	-0.140	-0.140	0.035	0.035	0.035 / -0.175	-0.175 / 1.000	-1.000 / 0.175	0.175 / -0.035	-0.035

❶分子及分母分别为 M_1 及 M_5 的弯矩系数;❷分子及分母分别为 M_2 及 M_4 的弯矩系数。

附录3

双向板按弹性分析的计算系数表

3.1 符号说明

$D = \dfrac{E t^3}{12(1-\nu^2)}$——刚度，其中：$E$ 为弹性模量，t 为板厚，ν 为泊松比；

f，f_{max}——分别为板中心点的挠度和最大挠度；

f_{0x}，f_{0y}——分别为平行于 l_x 和 l_y 方向自由边的中点挠度；

M_x，M_{xmax}——分别为平行于 l_x 方向板中心点的弯矩和板跨内最大弯矩；

M_y，M_{ymax}——分别为平行于 l_y 方向板中心点的弯矩和板跨内最大弯矩；

M_x^0——固定边中点沿 l_x 方向的弯矩；

M_y^0——固定边中点沿 l_y 方向的弯矩；

———— 代表简支边   └┴┴┴┴┘ 代表固定边

正负号规定：

弯矩——使板的受荷面受压为正；

挠度——变形方向与荷载方向相同为正。

3.2 均布荷载作用下的矩形板

$$\upsilon = 0$$

$$挠度 = 表中系数 \times \frac{q l^4}{D}$$

$$弯矩 = 表中系数 \times q l^2$$

$$式中 l 取 l_x 和 l_y 中较小值$$

（1）均布荷载作用下的四边简支矩形板

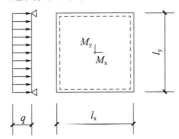

附表 3.1　弯矩和挠度系数

l_x/l_y	f	M_x	M_y	l_x/l_y	f	M_x	M_y	l_x/l_y	f	M_x	M_y
0.50	0.01013	0.0965	0.0174	0.70	0.00727	0.0683	0.0296	0.90	0.00496	0.0456	0.0358
0.55	0.00940	0.0892	0.0210	0.75	0.00663	0.0620	0.0317	0.95	0.00449	0.0410	0.0364
0.60	0.99867	0.0820	0.0242	0.80	0.00603	0.0561	0.0334	1.00	0.00406	0.0368	0.0368
0.65	0.00796	0.075	0.0271	0.85	0.00547	0.0506	0.0348				

（2）均布荷载作用下的一边固定三边简支矩形板

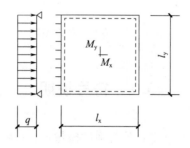

附表 3.2　弯矩和挠度系数

l_x/l_y	l_y/l_x	f	f_{max}	M_x	M_{xmax}	M_y	M_{ymax}	M_x^0
0.50		0.00488	0.00504	0.0583	0.0646	0.0060	0.0063	−0.1212
0.55		0.00471	0.00492	0.0563	0.0618	0.0081	0.0087	−0.1187
0.60		0.00453	0.00472	0.0539	0.0589	0.0104	0.0111	−0.1158
0.65		0.00432	0.00448	0.0513	0.0559	0.0126	0.0133	−0.1124
0.70		0.00410	0.00422	0.0485	0.0529	0.0148	0.0154	−0.1087
0.75		0.00388	0.00399	0.0457	0.0496	0.0168	0.0174	−0.1048
0.80		0.00365	0.00376	0.0428	0.0463	0.0187	0.0193	−0.1007
0.85		0.00343	0.00352	0.0400	0.0431	0.0204	0.0211	−0.0965
0.90		0.00321	0.00329	0.0372	0.0400	0.0219	0.0226	−0.0922
0.95		0.00299	0.00306	0.0345	0.0369	0.0232	0.0239	−0.0880
1.00	1.00	0.00279	0.00285	0.0319	0.0340	0.0243	0.0249	−0.0839
	0.95	0.00316	0.00324	0.0324	0.0345	0.0280	0.0287	−0.0882
	0.90	0.00360	0.00368	0.0328	0.0347	0.0322	0.0330	−0.0926
	0.85	0.00409	0.00417	0.0329	0.0347	0.0370	0.0378	−0.0970
	0.80	0.00464	0.00473	0.0326	0.0343	0.0424	0.0433	−0.1014
	0.75	0.00526	0.00536	0.0319	0.0335	0.0485	0.0494	−0.1056
	0.70	0.00595	0.00605	0.0308	0.0323	0.0553	0.0562	−0.1096
	0.65	0.00670	0.00680	0.0291	0.0306	0.0627	0.0637	−0.1133
	0.60	0.00752	0.00762	0.0268	0.0289	0.0707	0.0717	−0.1166
	0.55	0.00838	0.00848	0.0239	0.0271	0.0792	0.0801	−0.1193
	0.50	0.00927	0.00935	0.0205	0.0249	0.0880	0.0888	−0.1215

（3）均布荷载作用下的两对边固定两对边简支矩形板

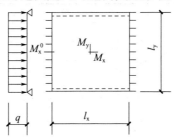

附表 3.3　弯矩和挠度系数

l_x/l_y	f	M_x	M_y	M_x^0	l_y/l_x	f	M_x	M_y	M_x^0
0.50	0.00261	0.0416	0.0017	−0.0843	1.00	0.00192	0.0285	0.0158	−0.0698
0.55	0.00259	0.0410	0.0028	−0.0840	0.95	0.00223	0.0296	0.0189	−0.0746
0.60	0.00255	0.0402	0.0042	−0.0834	0.90	0.00260	0.0306	0.0224	−0.0797
0.65	0.00250	0.0392	0.0057	−0.0826	0.85	0.00303	0.0314	0.0266	−0.0850
0.70	0.00243	0.0379	0.0072	−0.0814	0.80	0.00354	0.0319	0.0316	−0.0904
0.75	0.00236	0.0366	0.0088	−0.0799	0.75	0.00413	0.0321	0.0374	−0.0959
0.80	0.00228	0.0351	0.0103	−0.0782	0.70	0.00482	0.0318	0.0441	−0.1013
0.85	0.00220	0.0335	0.0118	−0.0763	0.65	0.00560	0.0308	0.0518	−0.1066
0.90	0.00211	0.0319	0.0133	−0.0743	0.60	0.00647	0.0292	0.0604	−0.1114
0.95	0.00201	0.0302	0.0146	−0.0721	0.55	0.00743	0.0267	0.0698	−0.1156
1.00	0.00192	0.0285	0.0158	−0.0698	0.50	0.00844	0.0234	0.0798	−0.1191

（4）均布荷载作用下的四边固定矩形板

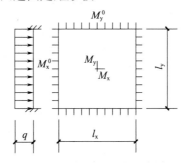

附表 3.4　弯矩和挠度系数

l_x/l_y	f	M_x	M_y	M_x^0	M_y^0
0.50	0.00253	0.0400	0.0038	−0.0829	−0.0570
0.55	0.00246	0.0385	0.0056	−0.0814	−0.0571
0.60	0.00236	0.0367	0.0076	−0.0793	−0.0571
0.65	0.00224	0.0345	0.0095	−0.0766	−0.0571
0.70	0.00211	0.0321	0.0113	−0.0735	−0.0569

l_x/l_y	f	M_x	M_y	M_x^0	M_y^0
0.75	0.00197	0.0296	0.0130	-0.0701	-0.0565
0.80	0.00182	0.0271	0.0144	-0.0664	-0.0559
0.85	0.00168	0.0246	0.0156	-0.0626	-0.0551
0.90	0.00153	0.0221	0.0165	-0.0588	-0.0541
0.95	0.00140	0.0198	0.0172	-0.0550	-0.0528
1.00	0.00127	0.0176	0.0176	-0.0513	-0.0513

（5）均布荷载作用下的两邻边固定两邻边简支矩形板

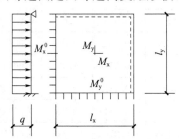

附表 3.5　弯矩和挠度系数

l_x/l_y	f	f_{max}	M_x	M_{xmax}	M_y	M_{ymax}	M_x^0	M_y^0
0.50	0.00468	0.00471	0.0559	0.0562	0.0079	0.0135	-0.1179	-0.0786
0.55	0.00445	0.00454	0.0529	0.0530	0.0104	0.0153	-0.1140	-0.0785
0.60	0.00419	0.00429	0.0496	0.0498	0.0129	0.0169	-0.1095	-0.0782
0.65	0.00391	0.00399	0.0461	0.0465	0.0151	0.0183	-0.1045	-0.0777
0.70	0.00363	0.00368	0.0426	0.0432	0.0172	0.0195	-0.0992	-0.0770
0.75	0.00335	0.00340	0.0390	0.0396	0.0189	0.0206	-0.0938	-0.0760
0.80	0.00308	0.00313	0.0356	0.0361	0.0204	0.0218	-0.0883	-0.0748
0.85	0.00281	0.00286	0.0322	0.0328	0.0215	0.0229	-0.0829	-0.0733
0.90	0.00256	0.00261	0.0291	0.0297	0.0224	0.0238	-0.0776	-0.0716
0.95	0.00232	0.00237	0.0261	0.0267	0.0230	0.0244	-0.0726	-0.0698
1.00	0.00210	0.00215	0.0234	0.0240	0.0234	0.0249	-0.0677	-0.0677

（6）均布荷载作用下的三边固定-边简支矩形板

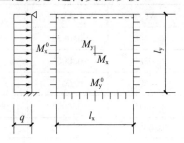

附表3.6 弯矩和挠度系数

l_x/l_y	l_y/l_x	f	f_{max}	M_x	M_{xmax}	M_y	M_{ymax}	M_x^0	M_y^0
0.50		0.00257	0.00258	0.0408	0.0409	0.0028	0.0089	−0.0836	−0.0569
0.55		0.00252	0.00255	0.0398	0.0399	0.0042	0.0093	−0.0827	−0.0570
0.60		0.00245	0.00249	0.0384	0.0386	0.0059	0.0105	−0.0814	−0.0571
0.65		0.00237	0.00240	0.0368	0.0371	0.0076	0.0116	−0.0796	−0.0572
0.70		0.00227	0.00229	0.0350	0.0354	0.0093	0.0127	−0.0774	−0.0572
0.75		0.00216	0.00219	0.0331	0.0335	0.0109	0.0137	−0.0750	−0.0572
0.80		0.00205	0.00208	0.0310	0.0314	0.0124	0.0147	−0.0722	−0.0570
0.85		0.00193	0.00196	0.0289	0.0293	0.0138	0.0155	−0.0693	−0.0567
0.90		0.00181	0.00184	0.0268	0.0273	0.0159	0.0163	−0.0663	−0.0563
0.95		0.00169	0.00172	0.0247	0.0252	0.0160	0.0172	−0.0631	−0.0558
1.00	1.00	0.00157	0.00160	0.0227	0.0231	0.0168	0.0180	−0.0600	−0.0550
	0.95	0.00178	0.00182	0.0229	0.0234	0.0194	0.0207	−0.0629	−0.0599
	0.90	0.00201	0.00206	0.0228	0.0234	0.0223	0.0238	−0.0656	−0.0653
	0.85	0.00227	0.00233	0.0225	0.0231	0.0255	0.0273	−0.0683	−0.0711
	0.80	0.00256	0.00262	0.0219	0.0224	0.0290	0.0311	−0.0707	−0.0772
	0.75	0.00286	0.00294	0.0208	0.0214	0.0329	0.0354	−0.0729	−0.0837
	0.70	0.00319	0.00327	0.0194	0.0200	0.0370	0.0400	−0.0748	−0.0903
	0.65	0.00352	0.00365	0.0175	0.0182	0.0412	0.0446	−0.0762	−0.0970
	0.60	0.00386	0.00403	0.0153	0.0160	0.0454	0.0493	−0.0773	−0.1033
	0.55	0.00419	0.00437	0.0127	0.0133	0.0496	0.0541	−0.0780	−0.1093
	0.50	0.00449	0.00463	0.0099	0.0103	0.0534	0.0588	−0.0784	−0.1146

附录4

等效均布荷载

附表4　等效均布荷载 q_1

序号	荷载简图	q_1	序号	荷载简图	q_1
1	$l_0/2$　$l_0/2$	$\dfrac{3}{2}\dfrac{F}{l_0}$	10	$a/l_0=\alpha$	$\dfrac{\alpha(3-\alpha^2)}{2}q$
2	$l_0/3$　$l_0/3$　$l_0/3$	$\dfrac{8}{3}\dfrac{F}{l_0}$	11	$l_0/4$　$l_0/2$　$l_0/4$	$\dfrac{11}{16}q$
3	$l_0/4$　$l_0/4$　$l_0/4$　$l_0/4$	$\dfrac{15}{4}\dfrac{F}{l_0}$	12	$a/l_0=\alpha$ $b/l_0=\beta$ a　b　a	$\dfrac{2(2+\beta)a^2}{l^2}q$
4	$l_0/5$　$l_0/5$　$l_0/5$　$l_0/5$　$l_0/5$	$\dfrac{24}{5}\dfrac{F}{l_0}$	13	$l_0/3$　$l_0/3$　$l_0/3$	$\dfrac{14}{27}q$
5	a a a a a $l_0=na$	$\dfrac{n^2-1}{n}\dfrac{F}{l_0}$	14		$\dfrac{5}{8}q$
6	$l_0/6$　$l_0/3$　$l_0/3$　$l_0/6$	$\dfrac{19}{6}\dfrac{F}{l_0}$	15		$\dfrac{17}{32}q$

序号	荷载简图	q_1	序号	荷载简图	q_1
7	$l_0/8$ $l_0/4$ $l_0/4$ $l_0/4$ $l_0/8$ F F F F	$\dfrac{33}{8}\dfrac{F}{l_0}$	16	q $\quad a$ $\quad a/l_0=\alpha$	$\dfrac{\alpha}{4}\left(3-\dfrac{\alpha^2}{2}\right)q$
8	$a/2$ F a F a F a F $a/2$ $l_0=na$	$\dfrac{2n^2+1}{2n}\dfrac{F}{l_0}$	17	q $\quad a \quad b \quad a$ $\quad a/l_0=\alpha$	$(1-2\alpha^2+\alpha^3)\,q$
9	F $\qquad F$ $l_0/4$ $l_0/2$ $l_0/4$	$\dfrac{9}{4}\dfrac{F}{l_0}$	18	F $a/l_0=\alpha$ $b/l_0=\beta$ $a \quad b$ l_0	$q_{1左}=$ $4\beta(1-\beta^2)\dfrac{F}{l_0}$ $q_{1右}=$ $4\alpha(1-\alpha^2)\dfrac{F}{l_0}$

参考文献

[1] 中华人民共和国住房和城乡建设部. 工程结构设计基本术语标准：GB/T 50083—2014 [S]. 北京：中国建筑工业出版社，2015.

[2] 中华人民共和国住房和城乡建设部. 工程结构通用规范：GB 55001—2021 [S]. 北京：中国建筑工业出版社，2022.

[3] 中华人民共和国住房和城乡建设部. 混凝土结构通用规范：GB 55008—2021 [S]. 北京：中国建筑工业出版社，2022.

[4] 中华人民共和国住房和城乡建设部. 建筑结构荷载规范：GB 50009—2012 [S]. 北京：中国建筑工业出版社，2012.

[5] 中华人民共和国住房和城乡建设部. 混凝土结构设计规范：GB 50010—2010 [S]. 北京：中国建筑工业出版社，2011.

[6] 中华人民共和国住房和城乡建设部. 钢结构设计标准：GB 50017—2017 [S]. 北京：中国建筑工业出版社，2018.

[7] 中华人民共和国住房和城乡建设部. 门式刚架轻型房屋钢结构技术规范：GB 51022—2015 [S]. 北京：中国建筑工业出版社，2016.

[8] 中华人民共和国住房和城乡建设部. 建筑钢结构防火技术规范：GB 51249—2017 [S]. 北京：中国建筑工业出版社，2018.

[9] 中国建筑标准设计研究院，中国建筑科学研究院. 装配式混凝土结构技术规程：JGJ 1—2014 [S]. 北京：中国建筑工业出版社，2014.

[10] 中华人民共和国住房和城乡建设部. 装配式混凝土建筑技术标准：GB/T 51231—2016 [S]. 北京：中国建筑工业出版社，2017.

[11] 中华人民共和国住房和城乡建设部. 装配式建筑评价标准：GB/T 51129—2017 [S]. 北京：中国建筑工业出版社，2018.

[12] 李国强，黄宏伟，吴迅，等. 工程结构荷载与可靠度设计原理 [M]. 北京：中国建筑工业出版社，2005.

[13] 计学闰，计锋，王力. 结构概念和体系 [M]. 北京：高等教育出版社，2009.

[14] 周建龙. 超高层建筑结构设计与工程实践 [M]. 上海：同济大学出版社，2017.

[15] 张晋元. 混凝土结构设计 [M]. 2版. 天津：天津大学出版社，2012.

[16] 郭学明，李青山. 装配式混凝土建筑：结构设计与拆分设计200问 [M]. 北京：机械工业出版社，2018.

[17] 沙会清. 装配式混凝土结构全流程图解：设计·制作·施工 [M]. 北京：化学工业出版社，2022.

[18] 王含晓. 装配式建筑产业园运行模式选择研究 [D]. 扬州大学，2022.

[19] 蒲开良. 装配式建筑发展的必然性与迫切性探讨 [J]. 建筑实践，2020 (7)：93-94.

[20] 中国建筑标准设计研究院. 15G366-1 桁架钢筋混凝土叠合板（60mm 厚度板）[M]. 北京：中国计划出版社，2015.

[21] 郑俊雄. 混凝土叠合板预制底板脱模、吊装及施工阶段受力分析 [J]. 广东建材，2020 (11)：34-37.

［22］姚谏．建筑结构静力计算实用手册［M］．3版．北京：中国建筑工业出版社，2021.

［23］金伟良．混凝土结构设计［M］．北京：中国建材工业出版社，2015.

［24］张晋元．混凝土结构设计［M］．天津：天津大学出版社，2015.

［25］孙跃东．混凝土结构设计［M］．北京：科学出版社，2015.

［26］殷志文，刘凡．混凝土结构设计［M］．西安：西北工业大学出版社，2018.

［27］陈伯望．混凝土结构设计［M］．长沙：湖南大学出版社，2016.

［28］杨维国．混凝土结构设计原理［M］．北京：北京交通大学出版社，2012.

［29］梁兴文，史庆轩．混凝土结构设计［M］．北京：中国建筑工业出版社，2015.

［30］李国胜．混凝土结构设计常见规范条文解读与应用［M］．北京：机械工业出版社，2012.

［31］李星荣．PKPM结构系列软件应用与设计实例［M］．北京：机械工业出版社，2014.